化工工程与生产安全管理

李 超 邓 斌 陈宇阳 著

吉林科学技术出版社

图书在版编目（CIP）数据

化工工程与生产安全管理 / 李超，邓斌，陈宇阳著. -- 长春：吉林科学技术出版社，2024.3
ISBN 978-7-5744-1126-5

Ⅰ. ①化… Ⅱ. ①李… ②邓… ③陈… Ⅲ. ①化工过程②化工生产－安全管理 Ⅳ. ① TQ02 ② TQ06

中国国家版本馆 CIP 数据核字 (2024) 第 061468 号

化工工程与生产安全管理

著　　李　超　邓　斌　陈宇阳
出 版 人　宛　霞
责任编辑　王凌宇
封面设计　周书意
制　　版　周书意
幅面尺寸　185mm × 260mm
开　　本　16
字　　数　350 千字
印　　张　17.75
印　　数　1~1500 册
版　　次　2024 年3月第1 版
印　　次　2024年10月第1次印刷

出　　版　吉林科学技术出版社
发　　行　吉林科学技术出版社
地　　址　长春市福祉大路5788 号出版大厦A 座
邮　　编　130118
发行部电话/传真　0431-81629529 81629530 81629531
81629532 81629533 81629534
储运部电话　0431-86059116
编辑部电话　0431-81629510
印　　刷　廊坊市印艺阁数字科技有限公司

书　　号　ISBN 978-7-5744-1126-5
定　　价　72.00元

前　言

不同运行单元及不同化工工艺在运行过程中，需要注意的安全要点内容较多，安全专业初学者或刚刚走上安全员岗位的从业人员对此往往感到无从下手。材料、化工安全生产和环境保护是促进经济发展、构建和谐社会的重要保障；是关系到广大员工生命财产和国家财产不受损失，保证国民经济可持续发展的重大问题。材料、化工生产具有易燃、易爆、有毒、有害、腐蚀性强等不安全因素，安全生产难度大。同时材料、化工生产工艺过程复杂、工艺条件要求苛刻，伴随产成品的生产会产生各种形态不同的三废物质，对生态环境和生命环境具有极大的破坏作用。因此，我国一直高度重视安全生产和环境保护工作。

安全生产是经济社会发展永恒的主题。只要人类从事生产经营活动发展经济，就一定会有人员伤害、死亡、设备损坏、爆炸等影响生产成果获得的事故或灾害发生。总之，安全问题将伴随着生产经营活动的始终。我们从事安全生产工作，就是要防范和遏制这些事故、灾害发生。积极普及安全生产知识，学习掌握安全要领，立足岗位、行业特点，加强教育培训，提升安全素质，无疑是防范和遏制事故发生的重要措施，搞好安全生产举措是最基础、最有效的工作。化工行业是高危行业，化工安全是安全生产的重中之重。近年来，政府和企业在化工安全上倾注了大量心血，花费了大量投入，如开展专项整治、组织设计诊断、危险辨识、重大危险源监控、高危工艺自控改造，在役装置设施现状评价、高危工艺操作列入特种作业范围等，出台了相关政策法规、管理措施，出版了相关的安全设计、技术措施、管理、培训等方面的书籍，对推动化工安全生产起到了积极作用。

本书围绕“化工工程与生产安全管理”这一主题，以石油化工基础知识为切入点，由浅入深地阐述了化工生产安全管理、化工及炼油工业对环境的污染及防治、危险化学品重大危险源安全监管等内容，诠释了危险化学品事故应急管理、特殊化学品及化工工艺监管有关要求、电池电芯、电池模组与电池包结构、锂离子电池安全性的设计方法等内容，以期为读者理解与践行化工工程与生产安全管理研究提供有价值的参考和借鉴。本书内容翔实、条理清晰、逻辑合理，兼具理论性与实践性，适用于从事相关工作与研究的专业人员。

由于作者水平有限，不足之处在所难免，恳请读者批评指正。

目　　录

第一章　石油化工基础知识 1

第一节　石油化工生产工艺流程和工艺流程图 1

第二节　石油化工生产过程 5

第三节　石油化工生产过程中的主要效率指标 6

第四节　石油化工物质危险性 9

第五节　职业危害控制技术 22

第二章　化工生产安全管理 34

第一节　石油化工安全管理的内容 34

第二节　危险源辨识、风险评价和风险控制策划 38

第三节　化工生产的安全管理 43

第四节　化工生产的火灾爆炸危险性评价 49

第五节　化工企业检修的安全技术及管理 58

第三章　化工及炼油工业对环境的污染及防治 72

第一节　化工、炼油工业污染物及危害 72

第二节　化工、炼油工业废水的处理 75

第三节　大气污染及其防治 77

第四节　固体废物的处理和综合利用 81

第五节　噪声污染及其控制 85

第四章　化工生产环境管理 89

第一节　环境质量评价概述 89

第二节　环境管理 92

第三节　环境保护法 95

第四节　化工、炼油工业清洁生产 96

第五节　突发环境事件应急处理 100

第五章　危险化学品重大危险源安全监管 ········ 105
第一节　重大危险源安全监管基本要求 ········ 105
第二节　重大危险源辨识 ········ 109
第三节　重大危险源评价分级 ········ 114
第四节　重大危险源登记建档与备案 ········ 129
第五节　重大危险源安全监控 ········ 130
第六章　危险化学品事故应急管理 ········ 136
第一节　应急预案 ········ 136
第二节　应急演练 ········ 142
第三节　应急救援队伍建设与管理 ········ 146
第四节　事故报告与调查处理 ········ 149
第七章　特殊化学品及化工工艺监管有关要求 ········ 155
第一节　重点监管的危险化学品 ········ 155
第二节　重点监管的危险化工工艺 ········ 160
第三节　剧毒化学品安全监管 ········ 167
第四节　易制毒化学品安全监管 ········ 174
第五节　易制爆危险化学品安全监管 ········ 191
第八章　危险化学品安全生产监督检查 ········ 194
第一节　规范监督检查的必要性 ········ 194
第二节　统一监督检查的操作性 ········ 194
第三节　实施监督检查的有效性 ········ 196
第四节　监督检查工作要求 ········ 197
第九章　电池电芯 ········ 205
第一节　电芯构造 ········ 205
第二节　电芯构型 ········ 212
第三节　电芯制造 ········ 217
第四节　电芯性能 ········ 224
第十章　电池模组与电池包结构 ········ 228
第一节　电池模组构型 ········ 228
第二节　电池模组连接 ········ 229

第三节　电池模组生产 …… 232
第四节　电池包结构设计 …… 233
第五节　电池包结构分析 …… 237
第十一章　锂离子电池安全性的设计方法 …… 239
第一节　概述 …… 239
第二节　锂离子电池材料方面的措施 …… 245
第三节　锂离子电池结构的设计 …… 258
第四节　锂离子电池充电器的设计 …… 263
第五节　改进安全性的其他保护措施 …… 267
参考文献 …… 273

第一章　石油化工基础知识

第一节　石油化工生产工艺流程和工艺流程图

一、工艺流程

原料需要经过物质和能量转换等一系列加工过程，才能转变成目标产品。实施这些转变需要有相应的功能单元，按物料加工顺序将这些功能单元有机地组合起来，就构成了工艺流程。将化工原料转变成化工产品的工艺流程称为化工生产工艺流程。

二、工艺流程图

工艺流程可采用图示方法表达，即将整个生产过程的主要设备，如控制仪表、工艺管线等按其内在联系结合起来，实现从原料到产品的生产过程，称为化工工艺流程图。工艺流程图是化学工程与化工产品信息的载体，属于特定的工程技术语言，是工程技术信息交流的重要工具。

工艺流程图按用途可分为方框流程图、工艺流程示意图（也叫方案流程图或工艺流程草图）、物料流程图和带控制点的工艺流程图（也叫施工流程图）四种。这些图的设计可以通过计算机辅助设计（Computer Aided Design，CAD）软件来完成。

（一）方框流程图

方框流程图用方框表示生产装置或设备，各方框之间用带箭头的直线连接，箭头的方向表示物料流动的方向。该图是在工艺路线选定后进行概念性设计时完成的图纸，不列入设计文件。图 1-1 所示为裂解气分离制取烯烃的方框流程图，是最简要的生产过程。

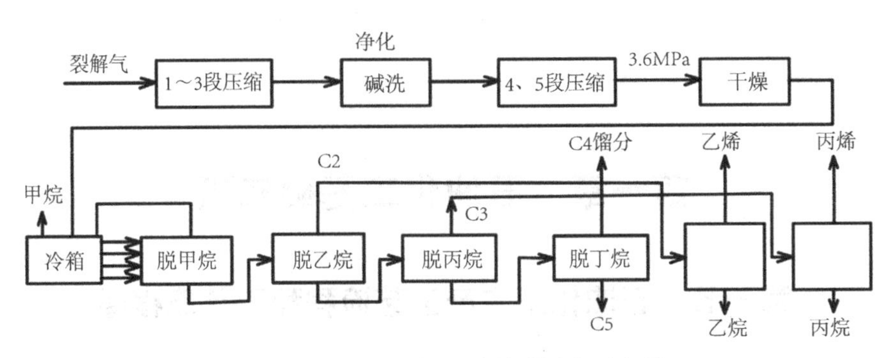

图 1–1　裂解气分离制取烯烃的方框流程图

(二) 工艺流程示意图

该图实际上是方框流程图的一种变体和深入，带有示意的性质，供化工计算时使用，也不列入设计文件，如图 1-2 所示。该图以形象的设备外形描述裂解气分离制取烯烃的生产过程，各设备之间用带箭头的直线连接，箭头的方向表示物料流动的方向。

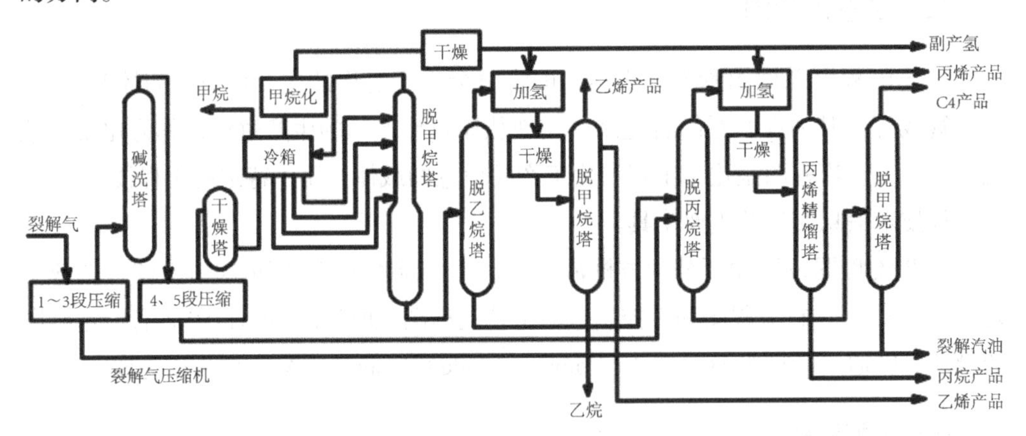

图 1–2　裂解气分离制取烯烃的工艺流程示意图

(三) 物料流程图

物料流程图（Process Flow Diagram，PFD）以工艺流程示意图为基础，用形象的图样（设备外形）符号和代号表示化工设备、管道和主要附件等，通过方框的形式绘制出物料衡算和热量衡算的结果，使设计流程定量化。该图是在初步设计阶段完成物料衡算后绘制的一种图纸，每条管线菱形框中的数字表示物流号，方框中的数字表示压力 p（MPa）和温度 T（℃），物流号中还应列表标出物料的流量、组成、密度、熔点等。物料流程图一般会列入初步设计阶段的设计文件中。

物料流程图表达了一个生产工艺过程中的关键设备或主要设备，或一些关键节点的物料性质、流量和组成。通过物料流程图，可以对整个工艺过程和与该工艺有关的基础资料有一个根本性的了解。

(四) 带控制点的工艺流程图

带控制点的工艺流程图用 PID 表示，其中 P（proportion）为比例，I（integration）为积分，D（differentiation）为微分。带控制点的工艺流程图一般需要按一定比例画出所有工艺设备、物料管线、辅助管线、阀门、控制仪表的图例、符号以及各工艺参数的测量点、自动控制方案，并列表标出管道号、仪表位号、管道管径、压力等级、泵位号等比较详细的资料，该图可列入施工阶段的设计文件。

一般在教科书中，工艺流程图主要采用工艺流程示意图来表示，它简明地反映出由原料变为目标产品的生产过程中各物料的流向和经历的加工步骤，从中可以了解每个操作单元或设备的功能以及相互间的关系，掌握能量的传递和利用、副产物和“三废”的排放及其处理方法等重要的工艺和工程知识。

三、工艺流程的组织原则及评价方法

(一) 工艺流程的组织原则

在化工生产中评价工艺流程的标准，就是要达到技术先进、安全可靠，经济合理，还要切实可行。因此，在组织工艺流程时应遵循以下原则。

1. 技术先进、安全可靠、经济合理

第一，要满足产品性能和规格的要求，即生产的产品必须优质、高产，达到设计要求。

第二，要采用先进的生产技术，注意吸收国内外同类产品生产厂的先进生产技术和装置，积极开发新技术、新工艺。

第三，选用的工艺路线必须具备良好的生产条件，关键性技术成熟可靠，操作方法和控制手段稳定、有效。

第四，应注意从基建投资、产品成本、消耗定额和劳动生产率等方面进行比较，从而选择出技术水平领先、成熟可靠和经济指标合理的工艺路线。

2. 原料和能量利用充分、合理

第一，尽量提高原料的转化率和主反应的选择性，这就要求采用先进的工艺技术、有效的生产设备、适宜的工艺条件和高效的催化剂。

第二，充分利用原料，对未参加反应的原料应采用分离、回收等措施循环利用以提高总转化率；反应副产物也要加工成副产品；对生产过程中使用的溶剂、助剂等，有条件的也应建立回收系统，减少废物的产生与排放。

第三，要尽量组建物质和能量的闭路循环系统，力争实现清洁生产。

第四，合理利用能量，降低单位产品能耗。化工过程需要消耗大量的能量，尤其是热能，组织工艺流程时要合理匹配冷、热物流，充分利用系统自身的冷量和热量，减少外部供冷或供热，以达到节能的目的。

3. 单元操作适宜，设备选型合理

根据化工过程的需要，正确选择适宜的单元操作，确定每个单元操作中的流程方案及所需的设备形式，合理配置每个单元操作过程和设备的连接顺序。同时，还要考虑操作弹性和设备的利用率，并通过调查研究和生产实践确定操作弹性的幅度，尽可能使所有设备相匹配，以免造成浪费。

4. 生产过程的连续化和自动化

化学工业作为国民经济的支柱产业，其生产技术日新月异，使得生产装置大型化、生产过程连续化、控制过程高度自动化成为化工生产的趋势。因此，组织工艺流程时，对于大吨位化工产品的生产，工艺流程应采用连续化操作，尽量使设备大型化，仪表控制自动化，以提高生产效率、降低生产成本。

5. 强化安全防范措施，注重“三废”治理

对一些原料组成或反应特性存在易燃、易爆、有毒等危险因素的单元操作过程，要采取必要的安全防范措施，如在设备本体或适当的管路上安装安全防爆装置，增设阻火器、安保氮气。根据反应情况，对工艺条件要做相应的严格规定，一般要安装自动报警装置以确保生产安全。对生产过程中产生的“三废”要加以回收，无法回收的要设置相应的处理设施进行综合处理，以避免造成环境污染。

（二）工艺流程的评价方法

化工生产工艺流程的组织原则是化工生产过程开发和设计中的重要环节。组织工艺流程要有化工生产的理论基础以及工程知识，要结合生产实践，借鉴前人的经验，同时还要在一定的原则基础上运用推论分析、功能分析、形态分析等方法进行流程的评价。

1. 推论分析法

推论分析法是从生产目标出发，寻找实现该目标的方法，即将具有不同功能的单元进行逻辑组合，形成一个具有整体功能的系统。对于一个具有化学反应的化工过程来讲，其工艺流程的组织要以主反应产品为中心，寻找参与反应的原料的制备工艺和产物分离，精制的功能单元，并配置合理的换热网络，形成一个具有整体功能的操作系统。

2. 功能分析法

功能分析法研究的是每个功能单元的基本功能和基本属性，可提出几个方案加以比较，以供选择。因为每个功能单元的实施方法和设备通常有许多种选择，因此可组织出具有相同整体功能的多种流程方案。再通过形态分析和数学模拟进行评价和选择，以确定最佳工艺流程方案。

3. 形态分析法

形态分析法是把由功能分析法得到的每种可供选择的方案进行精确的分析和评价，择优汰劣。评价需要有判据，而判据是针对具体化工过程而定的，原则上应包括是否满足所要求的技术指标、技术资料的完整性和可信度、经济指标的先进性以及环境、安全和法律等。

第二节　石油化工生产过程

石油化工生产过程一般包括原料预处理、化学反应和产品的分离及精制三大部分。

一、原料预处理

原料预处理的主要目的是使初始原料达到反应所需要的状态和规格。例如，固体原料需要粉碎、过筛。液体原料需要加热或汽化，有的需要除水。有些原料要预先脱除杂质，或配制成一定浓度的溶液。在多数生产过程中，原料预处理本身就很复杂，要用到许多物理和化学的方法和技术，有些原料预处理成本占总生产成本的绝大部分。

二、化学反应

通过化学反应完成由原料到产物的转变，是化工生产过程的核心。反应温度、压力、反应物浓度、催化剂（多数反应需要）或其他物料的性质以及反应设备的大小和技术水平等因素对产品的数量和质量有重要影响，是石油化工工艺学研究的重点内容。

（一）化学反应类型

化学反应类型繁多，若按反应特性分，有氧化、还原、加氢、脱氢、歧化、异构化、磺化、硝化、卤代、重氮化等反应；若按反应体系中物料的相态分，可分为均相反应和非均相反应（多相反应）；若按是否使用催化剂来分，可分为催化反应和非催化反应。

(二) 反应器类型

实现化学反应过程的设备称为反应器，工业反应器的类型众多，不同反应过程所用的反应器不同。反应器若按结构特点分，有管式反应器(可装填催化剂，也可以是空管)、床式反应器(装填催化剂，有固定床、移动床、流化床及沸腾床等)，釜式反应器和塔式反应器等；若按操作方式分，有间歇式反应器，连续式反应器和半连续式反应器；若按换热状况分，有等温反应器、绝热反应器和变温反应器；若按换热方式分，有间接换热反应器和直接换热反应器。

(三) 产品的分离和精制

化工生产的目的是获取符合规格的产品，并回收、利用副产品。在多数反应过程中，由于诸多原因，致使反应后的产物是包括目标产物在内的许多物质的混合物，有时目标产物的浓度甚至很低。因此，为了得到符合规格的产品，必须对反应后的混合物进行分离和精制。同时要回收剩余反应物，使其返回系统循环使用，以提高原料利用率。

分离技术和精制方法是多种多样的，通常有冷凝、吸附、冷冻、萃取、闪蒸、精馏、渗透膜分离、过滤和干燥等。到目前为止，应用最多、最广泛的方法是精馏。不同生产过程可以采用不同的分离技术和精制方法，并将分离出来的副产品和“三废”加以处理和利用。

第三节 石油化工生产过程中的主要效率指标

一、生产能力、生产强度和开工因子

(一) 生产能力

生产能力是指一个设备、一套装置或一个工厂在单位时间内生产的产品量，或在单位时间内处理的原料量，其单位为 kg/h、t/d、kt/a 等。以化学反应为主的化工过程一般以产量表示生产能力，如 500kt/a 乙烯装置表示该装置生产能力为每年可生产 500kt 乙烯。以非化学反应为主的化工过程一般以原料处理量表示生产能力，如 500kt/a 炼油装置表示该装置生产能力为每年可处理(加工)500kt 原油。

生产能力包括设计生产能力、查定生产能力和计划生产能力三种。

设计生产能力是企业建厂时在基建任务书和技术文件中所规定的生产能力，是

根据设计文件规定的产品方案、技术工艺和设备，通过计算得到的最大年产量，即装置在最佳条件下可以达到的最大生产能力。企业投产后往往要经过一段熟悉和掌握生产技术的过程，甚至改进某些设计不合理的地方，才能达到设计生产能力。设计生产能力也不是不可突破的，当操作人员熟悉了生产工艺、掌握了内在规律以后，通过适当的改造可以使实际生产能力大大超过设计生产能力。

查定生产能力又称查定能力，是指经过技术改造或革新，原有的设计能力发生实际变化，而重新审查核定的企业最大生产能力。

计划生产能力是指在计划年度内依据现有生产装置的技术条件和组织管理水平能够实现的生产能力。

(二) 生产强度

生产强度是指设备单位特征几何量的生产能力，即设备单位体积或单位面积的生产能力。其单位为 kg/（h・m^3）、kg/（h・m^2）等。生产强度指标主要用于比较相同反应过程或物理加工过程的设备或装置的优劣。设备中进行的过程速率高，该设备生产强度就高。

在分析对比催化反应器的生产强度时，通常要看在单位时间内单位体积或单位质量催化剂所获得的产品量，即催化剂的生产强度，有时也称时空收率，其单位为 kg/（m^3・h)(催化剂)、kg/（kg・h)(催化剂）。

(三) 开工因子 (有效生产周期)

工厂的有效生产周期经常用开工因子来表示，开工因子通常在 0.9 左右。开工因子大，表示停工检修的时间短，设备先进可靠，催化剂使用寿命较长，一般效益好。

二、转化率、选择性和收率

化工过程的核心是化学反应，提高反应的转化率、选择性和产率是提高化工过程效率的关键。

(一) 转化率 (conversion)

转化率指某一反应物的转化量占该反应物起始量的分率或百分率，用符号 X 表示。

转化率表示原料在反应过程中转化的程度，转化率愈大，则说明该原料参加反应的量就愈多。一般情况下，进入反应系统中的每一种原料都难以全部参加化学反应，所以转化率通常是小于 100% 的。

人们通常对关键反应物的转化率感兴趣。所谓关键反应物指的是反应中价值最高的组分，为使其尽可能全部转化，常使其他反应物过量。对于不可逆反应，关键反应物的转化率最大为 100%；对于可逆反应，关键反应物的转化率最大为其平衡转化率。

计算转化率时，反应物起始量的确定很重要。对于间歇过程，以反应开始时装入反应器的某反应物的量为起始量；对于连续过程，一般以反应器进口物料中某反应物的量为起始量。在计算过程中，要注意计算公式中分子、分母单位一致，因为转化率是无量纲量。

在实际生产中，由于受到平衡转化率或副反应等的影响，许多反应物都不能一次性全部反应，要将其分离，再循环反应。

（二）选择性（selectivity）

对于复杂反应体系，同时存在生成目标产物的主反应和生成副产物的多个副反应，仅用转化率来衡量是不够的。因为尽管有的反应体系原料转化率很高，但大多数转变成副产物了，目标产物很少，意味着许多原料浪费了。所以需要用选择性这个指标来评价反应过程的效率。选择性是指体系中转化为目标产物的某反应物的量与参加所有反应的该反应物转化的总量之比，用符号 S 表示。

在复杂反应体系中，产物的选择性是个很重要的指标，它表达了主、副反应进行程度的相对大小，能确切反映原料的利用是否合理。

（三）收率（产率，yield）

收率是从产物角度描述反应过程的一个效率指标，它是指反应过程中生成目标产物所消耗的某反应物的量占进入反应器的该反应物的起始量的百分数。收率高说明得到的目标产物产量大，即设备生产能力也大。

三、平衡转化率和平衡产率

可逆反应达到平衡时的转化率称为平衡转化率。此时所得产物的产率为平衡产率。平衡转化率和平衡产率是可逆反应所能达到的极限值（最大值），但是，反应达到平衡往往需要相当长的时间。随着反应的进行，正反应速率降低，逆反应速率升高，所以净反应速率不断下降直到为零。在实际生产中应保持较高的净反应速率，不能等待反应达到平衡，所以实际转化率和产率比平衡值低。若平衡产率高，则可获得较高的实际产率。化工工艺学的任务之一是通过热力学分析，寻找提高平衡产率的有利条件，并计算出平衡产率。

四、绿色化学的“原子经济性”

（一）原子经济性（AE）

“原子经济性”（atom economy）是绿色化学以及化学反应的一个专有名词。绿色化学的“原子经济性”是指在化学品合成过程中，合成方法和工艺应设计成能把反应过程中所用的所有原材料，尽可能多地转化到最终产物中。化学反应的“原子经济性”概念是绿色化学的核心内容之一。

（二）原子利用率

原子利用率常被用来衡量化学过程的原子经济性。在合成反应中，要减少废物排放的关键是提高目标产物的选择性和原子利用率，即在化学反应中，到底有多少反应物的原子转变到了目标产物中。原子利用率可用下式表示：

原子利用率 =（预期产物的总质量 / 生成物的总质量）

（三）环境因子（E）

环境因子由荷兰化学家 Sheldon 提出。

E 越大，则反应过程产生的废物越多，造成的资源浪费和环境污染也越大。对于原子利用率为 100% 的原子经济性反应，E=0。

E 反映了合成目标产物造成的废物量，降低 E 就会降低环境负荷。一般来说，石油化学工业，E 约为 0.1；化学工业，E 为 1 ~ 5；精细化工，E 为 5 ~ 50；医药品，E 为 25 ~ 100。

第四节　石油化工物质危险性

石油化工物质的危险程度取决于储存和加工物质的性质、应用的设备以及所属的过程。化工产品生产线一般由几个甚至上百个单元操作过程构成。尽管单元过程种类和数量繁多，但是其设计基础只是一些基本的物理化学原理。应用这些原理，可以足够准确地预测物质的行为方式，如流动、相变、反应或分解、产生压力、放热或吸热、混合或分层、膨胀或收缩等，可以比较充分地评估每一单元过程伴随的危险。无论是大型化工装置，还是小型实验室，都是物质的性质、物理化学和化工原理决定着物质的行为，加工规模通常不是决定的因素。

一、化学物质的危险性

针对化学物质具有的理化危险、健康危险和环境危险等特征，对化学物质的危险性进行详细说明。

（一）理化危险

1. 爆炸性危险

爆炸性是指物质或制剂在明火影响下，或是在震动 / 摩擦情况下比二硝基苯更敏感而产生爆炸。该定义取自危险物品运输的国际标准，用二硝基苯作为标准参考基础。爆炸性所释放的能量形式一般是热、光、声和机械振动等。化工爆炸的能源最常见的是化学反应，但是机械能或原子核能的释放也会引起爆炸。

任何易燃的粉尘、蒸气、气体与空气或其他助燃剂混合，在适当条件下遇火都会产生爆炸。能引起爆炸的可燃物质有：可燃固体，包括一些金属的粉尘；易燃液体的蒸气；易燃气体。可燃物质爆炸的 3 个要素是：可燃物质、空气或任何其他助燃剂、火源或高于着火点的温度。

2. 氧化性危险

氧化性是指物质或制剂，特别是易燃物质接触产生强放热反应。氧化性物质依据其作用可分为中性氧化性物质，如臭氧、氧化铅、硝基甲苯等；碱性氧化性物质，如高锰酸钾、氧等；酸性氧化性物质，如氯酸、硝酸、硫酸等。

绝大多数氧化剂是高毒性化合物。按照其生物作用，有些能产生刺激性气体，如硫酸、氯酸烟雾和过氧化氢等；有些能产生窒息性气体，如硝酸烟雾、氯气等。所有刺激性气体，尽管其物理和化学性质不同，但与之直接接触一般都能引起细胞组织表层的炎症。如硫酸、硝酸和氟气，可以造成皮肤和黏膜的灼伤；另外一些，如过氧化氢，可以引起皮炎。含有铬、锰和铅的氧化性化合物具有特殊的危险，例如，铬化合物长期吸入会导致肺癌，锰化合物可以引起中枢神经系统和肺部的严重疾患。

作为氧源的氧化性物质具有助燃作用，而且会增加燃烧强度。由于氧化反应的放热特征，反应热会使接触物质过热，而且各种反应副产物往往比氧化剂本身更具毒性。

3. 易燃性危险

易燃性危险可以细分为极度易燃性、高度易燃性和易燃性 3 个危险类别。

极度易燃性是指闪点低于 0℃、沸点低于或等于 35℃的物质或制剂具有的特征。例如，乙醚、甲酸乙酯、乙醛就属于这个类别。能满足上述界定的还有其他许多物质，如氢气、甲烷、乙烷、乙烯、丙烯、一氧化碳、环氧乙烷、液化石油气，以及在环境温度下为气态、可形成较宽爆炸极限范围的气体——空气混合物的石油化工产品。

高度易燃性是指无须能量，与常温空气接触就能变热起火的物质或制剂具有的特征。这个危险类别包括与火源短暂接触就能起火，火源移去后仍能继续燃烧的固体物质或制剂；闪点低于21℃的液体物质或制剂；通常压力下空气中的易燃气体。金属的氢化合物、烷基铝、磷以及多种溶剂都属于这个类别。

易燃性是指闪点在21～55℃的液体物质或制剂具有的特征。这个类别包括大多数有机溶剂和许多石油馏分。

（二）健康危险

1. 毒性危险

毒性危险可造成急性或慢性中毒甚至致死，应用试验动物的半致死剂量表征。毒性反应的大小很大程度上取决于物质与生物系统接受部位反应生成的化学键类型。对毒性反应起重要作用的化学键的基本类型是共价键、离子键和氢键，还有范德华力。

有机化合物的毒性与其组成、结构和性质有密切关系。例如，卤素原子引入有机分子几乎总是伴随着有机物毒性的增加，多键的引入也会增加物质的毒性作用。硝基亚硝基或氨基官能团引入会剧烈改变化合物的毒性，而羟基的存在或乙酰化则会降低化合物的毒性。

2. 腐蚀性和刺激性危险

腐蚀性物质是能够严重损伤活性细胞组织的一类物质。一般腐蚀性物质除具有生物危险外，还能损伤金属、木材等。

在化工中最具代表性的腐蚀性物质有：酸和酸酐、碱、卤素和含卤盐、卤代烃、卤代有机酸、酯和盐，以及不属于以上四类中任何一类其他腐蚀性物质，如多硫化氢、2- 氯苯甲醛和过氧化氢等。

刺激性是指物质和制剂与皮肤或黏膜直接、长期或重复接触会引起炎症。

腐蚀性作用常引起深层损伤，而刺激性一般只有浅表特征，但两者之间并没有明确的界线。

3. 致癌性和致变性危险

致癌性是指一些物质或制剂通过呼吸、饮食或皮肤注射进入人体而诱发癌症或增加癌变危险。

在致癌物质领域，由于目前人们对癌变的机制还不甚了解，还不足以建立起符合科学论证的管理网络。但是对于物质的总毒性，却可以测出一个浓度水平，在此浓度水平之下，物质不再显示出致癌作用。对于某些致癌物质，已经有了剂量反应的曲线图。这意味着对于所有致癌物质，都有一个足够低但是非零的浓度水平，在此浓度水平之下，有机体的防护不会受到致癌物质的危害。另外，动物试验结果与对人体作用之间的换算目前在科学上还未解决。

致变性是指一些物质或制剂可以诱发生物活性。对于具体物质诱发的生物活性的类型，如细胞、细菌、酵母或更复杂有机体的生物活性，目前还无法确定。致变性又称变异性。受其影响的如果是人或动物的生殖细胞，受害个体的正常功能会有不同程度的变化；如果是躯体细胞，则会诱发癌变。前者称为生物变异，可传至后代；后者称为躯体变异，只影响受害个体。

(三) 环境危险

与化工有关的环境危险主要是水质污染和空气污染，是指物质或制剂在水和空气中的浓度超过正常量，进而危害人或动物的健康以及植物的生长。

环境危险是一个不易确定的综合概念。环境危险往往是物理化学危险和生物危险的聚结，并通过生物和非生物降解达到平衡。为了评价化学物质对环境的危险，必须进行全面评估，考虑化学物质的固有危险及其处理量、化学物质的最终去向及其散落入环境的程度、化学物质分解产物的性质及其所具有的新陈代谢功能。

二、易燃易爆物质的性质及易燃性评估

(一) 易燃物质的性质

1. 闪点

闪点定义为易挥发可燃物质表面形成的蒸气和空气的混合物遇火燃烧的最低温度。液体的闪点一般采用闭杯测试仪测定；另一种常用的闪点测定方法是开杯法。闭杯法测定的是饱和蒸汽和空气的混合物，而开杯法测定的是蒸气与空气自由接触，所以闭杯法闪点测定值一般要比开杯法的测定值低几度。一般来说，开杯法测定值比闭杯法的测定值更接近实际情况。

2. 着火点

着火点是指蒸气和空气的混合物在开口容器中可以点燃并持续燃烧的最低温度。着火点一般高于闪点。当缺少闪点数据时，着火点至少可以像闪点一样标示出物质的火险。

3. 自燃温度

当可燃性物质与空气接触时，就会发生缓慢的氧化反应，产生热量，但速度一般很慢，同时向周围散发热量，不能像燃烧那样发光。如果温度升高或其他条件改变，氧化过程就会加快，放出热量增多，不能全部散发掉就会积累，使其温度逐步升高。当达到物质的自行燃烧温度时，就会自行燃烧起来，这就叫自燃。使某种物质受热发生自燃的最低温度就是该物质的自燃点，也叫自燃温度。自燃温度受加热表面的大小、形状、加热速率以及其他因素的影响。

4. 蒸气相对密度

蒸气相对密度代表的是蒸气密度与空气密度之比。绝大多数易燃液体的蒸气密度比空气大，它们极易积聚在低位区域、下水道和类似场所。因此，厂房的排气口应设在近地平面处。对于密度比空气小的可燃气体或蒸气，排气口应设在厂房内最高处或近顶板处。

5. 熔点

熔点定义为固液两态平衡共存的温度。熔点是指室温下固体物质成为易燃液体的温度。熔点测定通常用毛细管法和熔点测定仪法。

6. 沸点

沸点定义为一个大气压下气液两态平衡共存的温度。沸点可表征物质的挥发性，是易燃液体所包含的火险的直接量度。

7. 分子式

在缺少物性信息的情况下，物质的分子式可以提供物质火险的线索。例如，组成只有碳和氢的烃类物质是可燃的，甚至是易燃的。如果是低沸点烃类，即可认为具有火险。

8. 燃烧极限

燃烧极限也称为爆炸极限或爆炸范围，用可燃蒸气或气体在空气中的体积分数表示，是可燃蒸气或气体与空气的混合物遇引爆源引爆（能发生燃烧或爆炸）的浓度范围，用爆炸下限和爆炸上限来表示。可燃气体爆炸范围一般是在常温、常压下测定的。

9. 蒸发潜热

纯物质在其相态变化（温度不变时）所吸收或放出的热量叫潜热。蒸发潜热定义为单位质量的液体完全汽化所需要的热量。蒸发潜热随温度而变，日常计算过程中给出的一般是常压沸点的值。

10. 燃烧热

通常使用的大多是物质的标准燃烧热，是指单位质量的物质在25℃的氧中燃烧释放出的热量。燃烧产物（包括水），都假定为气态。

（二）物质易燃性评估及火险等级

美国消防协会将易燃物质划分为以下5个类别。

“0”——不能燃烧的物质；

“1”——必须预热方能引燃的物质；

“2”——必须适度加热或暴露在相当高的环境温度中方能引燃的物质；

“3”——在任意环境温度下都能引燃的液体和固体；

“4”——在常温大气压下能够迅速或完全汽化，或容易分散到空气中，并且容易燃烧的物质。

美国科学院将易燃物质的火险划分为以下5个等级。

“0”——无危险；

“1”——闪点在60℃以上；

“2”——闪点在38~60℃之间；

“3”——闪点在38℃以下，而沸点在38℃以上；

“4”——闪点在38℃以下，沸点也在38℃以下。

评估气体的易燃性需要测定气体在空气中的燃烧极限、最大爆炸压力、自燃温度、爆炸混合物的类别、与基于水的灭火剂反应的类型、最小点火能、表示爆炸性危险的氧含量、完全燃烧的速率、最大安全（火焰熄灭）距离或直径。可依据以上气体物性数据对气体易燃性做出评估。

评估可燃液体的易燃性需要测定蒸气的闪点、着火点，桶装灭火剂的最小灭火浓度、燃烧速率以及燃烧过程中的温升速率。

评估可燃固体的易燃性需要测定其可燃性类别、着火点及自燃温度、与基于水的灭火剂反应的类型。对于疏松、纤维状或块状的固体，还需要测定其自热温度、不完全燃烧温度和自燃温度。如果固体是粉状的，容易形成粉尘云，则另需测定的参数有燃烧低限、最大爆炸压力、空气中粉尘爆炸所需的最小能量以及表示爆炸性危险的最小氧含量。

评估物质的易燃性必须研究物质的性质，考虑物质在一定条件下应用时随时间变化的可能性。可燃物质易燃性评估一般在实验室中进行，一些参数偶尔在中试生产阶段测得。只有在用作建筑材料或被加工的易燃物质的火险资料齐备后才能着手工业化和中试工厂、储存和运输设备的设计。

三、毒性物质的危害性

(一) 毒性物质侵入人体的途径及危害

有毒物质侵入人体的途径有3个：呼吸道、皮肤和消化道。在生产过程中，有毒物质最主要的是通过呼吸道侵入，其次是皮肤，而经消化道侵入的较少。当生产时发生意外事故时，有毒物质可能直接冲入口腔。

有毒物质侵入人体后，通过血液循环分布到全身各组织或器官。由于有毒物质本身的理化特性及各组织的生化、生理特点，从而破坏人的各种正常生理机能，导致中毒。中毒可大致分为急性中毒和慢性中毒两种情况。急性中毒指短时间内大量有毒物质迅速作用于人体后所发生的病变，表现为发病急剧、病情变化快，症状较重。慢性中毒指有毒物质由较缓慢的速度作用于人体，在较长时间后才发生的病变。慢性中毒一般潜伏期长、发病缓慢、病理变化缓慢且不易在短时期内治好。职业中毒以慢性中毒为主，而急性中毒多见于事故场合，一般较为少见，但危害甚大。由于有毒物质不同，作用于人体的不同系统，对各系统的危害也不同。

(二) 毒性物质的临界限度和毒性指标

有毒物质伤害的程度与毒性物质的有效剂量直接相关。在有效剂量的诸多因素中，最重要的是物质的量或浓度、物质的分散状态和暴露时间、物质在人体组织液中的溶解度和对人体组织的亲和力。很显然，上述各因素变化范围很宽而且存在多种可能性。

对于毒性物质的有效剂量，被广泛接受的是美国工业卫生学家联合会设定的临界限度。临界限度表示所有工人日复一日地重复暴露在环境中而不会受到危害所承受的最高浓度。临界限度值是指一个标准工作日的时间加权平均浓度。临界限度的概念与美国标准协会颁布的最大可接受浓度的概念类似，但并不相同。这些概念都是永远不应超越的极限浓度。

对于气体和蒸气，临界限度一般是以在空气中的百万分数来表示；对于烟尘、烟雾和某些粉尘，临界限度则由每立方米的毫克数表示；对于某些粉尘，特别是含有二氧化硅的粉尘，临界限度用每立方英尺空气中粒子的百万个数表示。

1. 临界限度危险性原因

基于以下原因，单纯从字面上理解和应用临界限度是危险的。

(1) 在所有已公开的临界限度数据中，大多是以推测、判断或实验室有限的动物试验数据为基础的。几乎没有多少数据是建立在以人为对象，并联系足够的环境观测严格考察的基础上的。

(2) 对于一切工作环境，有毒有害物质的浓度在整个工作日中很少保持恒定，产生波动是经常的。

(3) 化工暴露往往是混合物而不是单一的化合物，而对于混合物的毒性作用，人们还知之甚少。

(4) 不同个体对毒性物质的敏感性截然不同，其原因目前还无法清楚了解。因而不能假定对某个个人安全的条件对所有人都安全。

(5) 对于以不同溶解度的盐或化合物，或以不同物态的形式存在的物质，给出的往往是单一的临界限度值。

2. 毒性指标

在试验工业毒理学中，常需要采用毒性指标来评价毒性物质危害人的生命或产生其他有害影响的程度。常用的毒性评价指标有以下 4 种。

(1) 绝对致死剂量或绝对致死浓度，该量是指全组染毒实验动物全部死亡的最小剂量或浓度；

(2) 半数致死剂量或半数致死浓度，该量是指染毒实验动物半数死亡的剂量或浓度，是将动物实验的数据经统计处理而得到的；

(3) 最小致死剂量或最小致死浓度，该量是指全组染毒实验动物中有个别动物死亡的剂量或浓度；

(4) 最大耐受量或最大耐受浓度，该量是指全组染毒实验动物全部存活的最大剂量或浓度。

其中，剂量常用每千克动物体重所承受毒物的毫克数（单位为 mg/kg）来表示，浓度常用每立方米空气中所含毒物的毫克或克数（单位为 mg/m^3 或 g/m^3）来表示。

除用实验动物死亡表示毒性外，还可以用机体的其他反应表示，如引起某种病理变化、上呼吸道刺激、出现麻醉和某些体液的生物化学变化等。

引起机体发生某种有害作用的最小剂量或最小浓度称为阈剂量或阈浓度，不同的反应指标有不同的阈剂量或阈浓度，如麻醉阈剂量、上呼吸道刺激阈浓度、嗅觉阈浓度等。最小致死剂量（浓度）也是阈剂量（浓度）的一种。

一次染毒所得的阈剂量或阈浓度称为急性阈剂量或急性阈浓度，长期多次染毒所得的阈剂量或阈浓度称为慢性阈剂量或慢性阈浓度。

致死浓度与急性浓度，以及急性阈浓度与慢性阈浓度之间的浓度差距，分别对了解发生急性与慢性中毒的危险性有很大意义。前者的差距越大，其急性中毒的危险性越小；后者的差距越大，则慢性中毒的危险性越大。

(三) 毒性物质的毒性等级和危险等级

毒性物质的毒性分为以下 5 个等级。

1. “U”——未知（unknown）

“U”这个标识适用于以下几个类别的物质。

(1) 在文献中查找不到有关物质的任何毒性信息，人们对此一无所知;

(2) 有基于动物试验的有限信息，但不适用于人的暴露;

(3) 已出版的毒性数据存疑。

2. “0”——无毒性

“0”这个标识适用于以下类别的物质。

(1) 在任何应用条件下都不会引起伤害的物质;

(2) 仅在最不寻常的条件下或超大剂量应用时才对人产生毒性作用。

3. “1”——轻度毒性

(1) 急性局部中毒：物质一次性连续暴露几秒钟、几分钟或几小时，不管暴露的程度如何，仅引起对皮肤或黏膜的轻度影响。

(2) 急性全身中毒：物质一次性连续暴露几秒钟、几分钟或几小时，通过呼吸或皮肤吸收进入人体，或一次性服入，不管吸收的量和暴露的程度，仅产生轻度影响。

(3) 慢性局部中毒：物质连续或重复暴露持续数日、数月或数年，暴露的程度或大或小，仅引起对皮肤或黏膜的轻度伤害。

(4) 慢性全身中毒：物质连续或重复暴露持续数日、数月或数年，通过呼吸或皮肤吸收进入人体，暴露的程度或大或小，仅产生轻度伤害。

一般来说，列为“轻度毒性”类的物质在人体中产生的变化是可逆的，会随着暴露的终止、经医治或无须医治而逐渐消失。

4. “2”——中度毒性

(1) 急性局部中毒：物质一次性连续暴露几秒钟、几分钟或几小时，会引起对皮肤或黏膜的中度影响；上述影响可起因于几秒钟的强暴露或几小时的中度暴露。

(2) 急性全身中毒：物质一次性连续暴露几秒钟、几分钟或几小时，通过呼吸或皮肤吸收进入人体，或一次性服入，产生中度影响。

(3) 慢性局部中毒：物质连续或重复暴露持续数日、数月或数年，引起对皮肤或黏膜的中度伤害。

(4) 慢性全身中毒：物质连续或重复暴露持续数日、数月或数年，通过呼吸或皮肤吸收进入人体，产生中度影响。

列为“中度毒性”类的物质会在人体中产生不可逆的同时也有可逆的变化。但是这些变化还不至于严重到危及生命或造成对身体的永久伤害。

5. “3”——重度毒性

(1) 急性局部中毒：物质一次性连续暴露几秒钟、几分钟或几小时，引起对皮肤或黏膜的严重损伤，会危及生命或造成对身体的永久伤害。

(2) 急性全身中毒：物质一次性连续暴露几秒钟、几分钟或几小时，通过呼吸或皮肤吸收进入人体，或一次性服入，产生会危及生命的严重伤害。

(3) 慢性局部中毒：物质连续或重复暴露持续数日、数月或数年，引起皮肤或黏膜的不可逆的严重损伤，会危及生命或造成永久伤害。

(4) 慢性全身中毒：物质小剂量连续或重复暴露持续数日、数月或数年，通过呼吸或皮肤吸收进入人体，能够致死或造成身体的严重损伤。

四、反应性物质的性质和危害性

(一) 化学物质的反应性能

1. 自燃性质

有些物质极具反应性，与空气接触会引起氧化，氧化所产生的热又不容易散失，使温度逐渐升高、氧化加快，以致最后达到着火点而自发地燃烧，这些物质称为自燃化合物。许多不同类型的化合物具有自燃性质，但是只有少数具有结构特征的物质可以看出具有自燃功能。具有自燃性质的物质有：

(1) 粉状金属，如钙、钛等；

(2) 金属氢化物，如氢化钾、氢化锗等；

(3) 部分或完全烷基化的金属氢化物，如氢化三乙基铝、三乙基铋等；

(4) 烷基金属衍生物，如二乙基乙氧基铝、氯化二甲基铋等；

(5) 非金属的类似衍生物，如乙硼烷、二甲基亚磷酸酯、三乙基砷等；

(6) 金属羰基化合物，如八羰基二钴等。

在应用上述物质时，为了避免可能的火灾或爆炸，需要在惰性气氛下并采用适当的处理技术和设备。

2. 过氧化性质

过氧化物是指分子中含有过氧基（—O—O—）的一类化合物。有些液体物质与空气有限接触、对光暴露储存都会发生缓慢的氧化反应，初始生成氢的过氧化物，继续反应生成聚合过氧化物。许多聚合过氧化物在蒸馏过程中极不稳定。可过氧化的有机化合物的一般结构特征是存在对自氧化转变为过氧化氢基团敏感的氢原子。对过氧化反应敏感的典型结构有：

(1) 醚、环醚中的 O—C—H;

(2) 在异丙基化合物、十氢萘中的 (CH2) C—H ;

(3) 在烯丙基化合物中的 C 双键 C=C—C—H ;

(4) 在乙烯基化合物中的 C=C—H ;

(5) 异丙基苯、四氢萘、苯乙烯中的 C—CH—Ar。

几种常用的有机溶剂，如乙醚、四氢呋喃、二氧杂环已烷、1，2- 二甲氧基乙烷等，一般不加抗氧剂储存，因而对过氧化反应非常敏感，有不少涉及应用含过氧化物的溶剂进行蒸馏的事故见诸报道。这些溶剂在使用前应做过氧化物检验，一旦发现有过氧化物，则要采取适当方法消除。例如，久藏的乙醚常含有少量过氧化物，检验和除去的方法为：在干燥洁净的试管中放入 2 ~ 3 滴浓硫酸，1ml2% 的碘化钾溶液 (若碘化钾溶液已被空气氧化，可用稀亚硫酸钠溶液滴到黄色消失) 和 1 ~ 2 滴淀粉溶液，混合均匀后加入乙醚，出现蓝色即表示有过氧化物存在。除去过氧化物用新配制的硫酸亚铁溶液。需要特别提到的是二异丙基醚，它具有过氧化反应的理想结构，而从醚溶液中分离出的过氧化物是易爆燃的晶体，因而极具危险性。该溶剂如果使用不慎，就会造成伤亡事故。一些单体，如 1，1- 二氯乙烯或丁二烯，其过氧化物极具爆炸性。在储存中，即使不发生爆炸，过氧化物的存在也会激发乙烯单体放热的，有时是剧烈的聚合反应。但是，含有的空气不应用氮气取代，因为有效的抗氧化需要一些空气。少数无机化合物，如钾和较强的碱金属、氨基钠，能够自动氧化生成危险的过氧化物或类似产物。许多金属有机物也能够自动氧化，需要按自燃化合物相同的方法处理。

3. 水敏性质

水是最常见的反应试剂。与水发生剧烈反应的一类化合物叫水敏性物质。常见的水敏性物质有：

(1) 碱金属和碱土金属 (如钾、钙等);

(2) 无水金属卤化物 (如三溴化铝、四氯化锗等);

(3) 无水金属氧化物 (如氧化钙等);

(4) 金属卤化物 (如三溴化硼、五氯化磷等);

(5) 非金属卤化氧化物 (如无机酸卤化物、磷酰氯、硫酰氯、氯磺酸等);

(6) 非金属氧化物 (如酸酐、三氧化硫等)。

有些酸和碱的浓溶液用水稀释也放出热量，但这只是物理作用。

(二) 反应物质的氧差额

决定反应系统历程的一个基本因素是系统的元素总组成。事实上多数反应化学品事故涉及氧化系统，特别是在有机系统中，氧差额是一个重要判据。氧差额定义为系统的氧含量与系统中的碳、氢和其他可氧化元素完全氧化所需的氧量之间的差值。系统缺氧，氧差额为负值；系统剩余氧，氧差额为正值。

在氧化反应系统中，应设计操作使负的氧差额保持最大值 (绝对值)，以尽可能减少潜能的释放。应尽可能慢地把氧化剂加至反应系统中，并适当控制冷却、混合等操作，从而在整个反应过程中使氧化剂的有效浓度维持在最低限度。否则，氧化剂在反应开始前就可能积累至相当高的浓度，从而使反应失去控制。几种水溶性的有机化合物，如乙醇、乙醛、乙酸、丙酮等，常常与含水过氧化氢形成混合物的浓度达到一定限度时就容易发生爆炸。2，4，6—三甲基 -1，3，5- 三氧杂环己烷用硝酸氧化制乙二醛要经历一个诱导期，加酸过快，反应会相当剧烈，亚硝酸存在则会消除诱导期。

氧差额的概念更多用于孤立的化合物而非前述的反应混合物。通过观察具体化合物的结构式，就可以判断出发生爆炸性分解的潜在可能性。如果化合物的氧含量没有达到使其他元素呈最低价态所需要的量，该化合物的稳定性就值得注意。这与绝大多数工业高爆炸物远在零氧差额之下所具有的危险的事实是一致的。

五、压力系统热力学行为与危险性

失控反应的破坏作用总是与压力有关。除了温度的升高，二次分解反应常常导致小分子的产生，这些物质常呈气态并具有高的蒸气压，从而造成容器内压力增大。由于分解反应常伴随高能量的释放，温度升高导致反应混合物的高温分解，在此情况下，热失控总是伴随着压力增大。在失控的第一阶段，失控加速前压力升高可能会导致反应釜的破裂。因此，需要对压力效应进行研究。如果温升发生在含有挥发性化合物的反应混合物中，其蒸气压也会导致压力增长。

(一) 温度对蒸气压的影响

1. 空气中易燃蒸气的产生

由于环境温度变化较大，例如，在世界较热地区运输和应用易燃溶剂，可能会出现闪点被超过的情形。又如，在冬季用明火烘烤柴油桶使柴油熔化，烘烤油脂或沥青桶降低其内装物的黏度以便倾倒出来，这些实例都会产生易燃蒸气和空气的混合物，同时有火源提供，就会产生危险。如果进行火焰切割，熔焊接或电焊操作而又没有充分的预防措施，也会出现危险。例如，有人试图热切割开一个曾装有易燃脂蜡状固体的圆桶，切割围绕圆桶的钢箍释放出的热引起黏附在其中的残余物的蒸发。在切断顶盖时，割炬的火焰点燃了圆桶中的内装物形成的爆炸混合物，造成人员伤亡。这类事故的预测由于残余物裂解产生更易挥发的组元而复杂化。

一般来说，操作产生了相对不挥发的易燃物质，温升超过其闪点的化工操作还没有引起广泛重视。还有，把装过易燃物质的空桶用作管件或钢制件火焰切割、焊接的支撑物都包含严重危险。因此，用过的桶除非清除或洗净所有残余物及排净所有蒸气，一般不能作为空桶处理。

2. 空气中毒性蒸气过高浓度的产生

前面提到，空气中污染组元的浓度与其饱和蒸气压成正比，并且随温度的增加而增加。现以汞为例说明，汞虽然可以通过饮食或皮肤吸收进入人体，但汞加工主要的潜在危险是通过呼吸道吸入人体。人在无防护措施的条件下回收汞蒸气锅炉洒落的汞，汞的温度不太高，工作 5h 后就会染上急性汞局部肺炎，3 日后死亡。

环境温度升高 10℃左右，汞的蒸气压增加一倍。20℃的空气以 $1dm^3/min$ 的速率在表面积为 $0.1dm^2$ 的汞液上方通过，出口空气中汞的浓度近 $3mg/m^3$。经验表明，在通常室温下，如果通风不充分，工作环境的空气中汞蒸气的浓度可达 $1mg/m^3$。目前汞的时间加权职业暴露极限（临界限度）为 $0.05mg/m^3$。

3. 不同情形的过压问题

压力容器如果不配有压力释放系统，常因过压问题引起罐体的破裂。造成过压问题的原因是各种各样的，下面就 3 种典型情况进行说明。

（1）超常吸热引起的过压。面对化学加工装置对火焰的暴露或装有低于环境温度流体的设备保温的失效，都会引起设备压力的迅速升高。无夹套的过程设备和液体储罐暴露在无约束燃烧的火焰中，其液体润湿表面的吸热速率高达 $390000kJ/(h \cdot m^2)$。上述情况极易引起沸腾液体膨胀而发生蒸气爆炸。含有低温流体的管线和容器保温的失效会形成高吸热速率，但一般来说，比火焰暴露形成的吸热速率要低。蒸气伴随产生的问题可以由流体的热力学性质和可靠的暴露区域选择的知识估算出来。

（2）化学反应引起的过压。对于含有能迅速发生化学反应的反应物的化学加工设备，由于蒸气发生的不稳态性质，使得压力释放装置的选择变得十分困难。因为产生于液体的蒸气的释放问题以及形成两相流流过释放出口，严格按蒸气负荷大小确定的压力释放装置很可能无效。对于非所需要的化学反应有关的过压危险，可以通过应用阻滞剂，造成惰性气氛，采取保温措施阻止热量从火焰或高温环境的流入，避免反应的发生。

（3）故障或失误引起的过压。设备故障或人员操作失误，会导致加工装置的过压化。液化气体的满液是导致容器、钢瓶和管道过压从而爆破成灾的常见原因；另一原因是液体进入装置中没有泄压设备的部分。一般来说，过程装置的每一部分都可能由于阀门的关闭而与其他部分隔绝，因而都应装有泄压阀。对设备故障和操作可能失误的可靠模型的详尽分析表明，在不同实际操作条件下各个系统所需要的泄压能力和泄压部位都可以预测出来。

(二) 相变引起的体积变化

液体蒸发成蒸气伴随巨大的体积变化。例如，在1个大气压下1个体积的水产生1700个体积的蒸汽。在水的闪蒸引起的所谓蒸汽爆炸中，由于热膨胀，体积增加更大。同样，4.1L的汽油在环境条件下完全蒸发会产生净蒸气0.84m^3，如果均匀扩散，能充满整个60m^3的房间或储罐，形成的蒸气和空气的混合物将达到爆炸下限1.4%。事实上，由于重蒸气底层分布的影响，不会形成蒸气和空气的均质混合物，但这足以说明相当少量的挥发性易燃液体泄漏的危险性。液体蒸发引起体积的巨大变化可以用简单的物理化学方法估算出来。1mol任意气体在标准状态（273K，100kPa）下都占有22.4L的体积。如溴的相对分子质量是160，液溴的密度是3.12kg/L，0.16kg液溴体积约为0.051L，而相同量的溴蒸气在20℃的体积却约为24L。相反，凝结过程会引起体积的显著减小。类似地，由固体到液体或反向的相变过程也会有体积变化。正是由于这些体积变化可能会造成事故，在过程设计或操作时应格外注意。

第五节　职业危害控制技术

一、职业危害控制基本原则和要求

(一) 防尘、防毒基本原则和要求

对于作业场所存在粉尘、毒物的企业，防尘、防毒的基本原则是：优先采用先进的生产工艺、技术和无毒（害）或低毒（害）的原材料，消除或减少尘、毒职业性有害因素。

对于工艺、技术和原材料达不到要求的，应根据生产工艺和粉尘、毒物特性，设计相应的防尘、防毒通风控制措施，使劳动者活动的工作场所有害物质浓度符合相关标准的要求。如预期劳动者接触浓度不符合要求的，应根据实际接触情况，采取有效的个人防护措施。

(1) 原材料选择应遵循无毒物质代替有毒物质，低毒物质代替高毒物质的原则。

(2) 对产生粉尘、毒物的生产过程和设备（含露天作业的工艺设备），应优先采用机械化和自动化，避免直接人工操作。为防止物料跑、冒、滴、漏，其设备和管道应采取有效的密闭措施，密闭形式应根据工艺流程、设备特点、生产工艺、安全

要求及便于操作、维修等因素确定，并应结合生产工艺采取通风和净化措施。对移动的扬尘和逸散毒物的作业，应与主体工程同时设计移动式轻便防尘和排毒设备。

（3）对于逸散粉尘的生产过程，应对产尘设备采取密闭措施，设置适宜的局部排风除尘设施对尘源进行控制；生产工艺和粉尘性质可采取湿式作业的，应采取湿法抑尘。当湿式作业仍不能满足卫生要求时，应采用其他通风、除尘方式。

（4）在生产中可能突然逸出大量有害物质或易造成急性中毒或易燃易爆的化学物质的室内作业场所，应设置事故通风装置及与事故排风系统相连锁的泄漏报警装置。在放散有爆炸危险的可燃气体、粉尘或气溶胶等物质的工作场所，应设置防爆通风系统或事故排风系统。

可能存在或产生有毒物质的工作场所应根据有毒物质的理化特性和危害特点配备现场急救用品，设置冲洗喷淋设备、应急撤离通道、必要的泄险区以及风向标。

（二）防噪声与振动基本原则和要求

1. 防噪声

作业场所存在噪声危害的生产企业应采用行之有效的新技术方法、新材料、新工艺来控制噪声。对于生产过程和设备产生的噪声，应首先从声源上进行控制，使噪声作业劳动者接触噪声声级符合相关标准的要求。采用工程控制技术措施仍达不到相关标准要求的，要从接收者方面考虑，应根据实际情况合理设计劳动作息时间，并采取适宜的个人防护措施。常用的护耳器有耳塞、耳罩等。

（1）在进行厂房设计时，应合理地配置声源。产生噪声的车间，应在控制噪声发生源的基础上，对厂房的建筑设计采取减轻噪声影响的措施，注意增加隔声、吸声措施。按照产生噪声的车间与非噪声作业车间、高噪声车间与低噪声车间分开布置的原则。

（2）对于设备布局，在满足工艺流程条件的前提下，宜将高噪声设备相对集中，并采取相应的隔声、吸声、消声、减振等控制措施。对于生产允许远置的噪声源，如风机、电动机等，应移至车间外或采取隔离措施。此外设法提高机器的精密度，尽量减少机器的撞击、摩擦和振动，以降低生产噪声。

（3）为消减噪声，宜安装消声器或设置隔声罩、隔声间或隔声室。隔声室的天棚、墙体、门窗均应符合隔声、吸声的要求。

2. 防振动

作业场所存在振动危害的企业应首先控制振动源，使振动强度符合相关标准的要求。其次采取隔振措施，采用工程控制技术措施仍达不到要求的，应根据实际情况合理设计劳动作息时间，并采取适宜的个人防护措施。

（三）防非电离辐射与电离辐射基本原则和要求

辐射分为非电离辐射和电离辐射。

1. 防非电离辐射

非电离辐射的主要防护措施有场源屏蔽、距离防护、合理布局以及采取个人防护措施等。对于在生产过程中有可能产生非电离辐射的设备，应制定非电离辐射防护规划，采取有效的屏蔽、接地、吸收等工程技术措施及自动化或半自动化远距离操作，如预期不能屏蔽的应设计反射性隔离或吸收性隔离措施，使劳动者非电离辐射作业的接触水平符合相关标准的要求。

2. 防电离辐射

电离辐射的防护，也包括辐射剂量的控制和相应的防护措施。

（四）防高温基本原则和要求

生产作业场所存在高温作业的应优先采用先进的生产工艺、技术和原材料，工艺的设计要使操作人员远离高温热源，同时根据其具体条件采取必要的隔热、通风、降温等措施，消除高温职业危害。另外，应根据生产工艺、技术、原材料特性以及自然条件，通过采取工程控制措施和必要的组织措施，如减少生产过程中的热和水蒸气释放、屏蔽热辐射源、加强通风、减少劳动时间、改善作业方式等，使室内和露天作业地点 WBGT 指数符合相关标准的要求。此外，还可根据实际接触情况采取有效的个人防护措施。

二、生产性粉尘危害及控制技术

（一）生产性粉尘的来源和分类

1. 来源

生产性粉尘是指在生产过程中散发出来的较长时间悬浮于作业环境空气中的固体微粒。它是污染生产作业环境、影响作业人员健康的有害因素之一。生产性粉尘来源：化学工业中固体原料加工处理、物质加热时产生的蒸气、有机物质的不完全燃烧所产生的烟尘。此外，粉末状物质在混合、过筛、包装和搬运等操作时产生的粉尘，以及沉积粉尘的二次扬尘等。

2. 分类

生产性粉尘分类方法有几种，根据生产性粉尘的性质可将其分为三类：无机性粉尘、有机性粉尘、混合性粉尘。

(二) 生产性粉尘的理化性质

粉尘对人体的危害程度与其理化性质有关，与其生物学作用及防尘措施等也有密切关系。在卫生学上，常用的粉尘理化性质包括粉尘的化学成分、分散度、溶解度、密度、形状、硬度、荷电性和爆炸性等。

1. 粉尘的化学成分

粉尘的化学成分、浓度和接触时间是直接决定粉尘对人体危害性质和严重程度的重要因素。根据粉尘化学性质不同，粉尘对人体可有致纤维化、中毒、致敏等作用。

2. 分散度

粉尘的分散度是表示粉尘颗粒大小的一个概念，它表示物质的粉碎程度，尘粒越小其分散度越高。它与粉尘在空气中呈浮游状态存在的持续时间 (稳定程度) 有密切关系。在生产环境中，由于气流、通风、热源、机器转动以及人员走动等原因，使空气经常流动，从而使尘粒沉降变慢，延长其在空气中的浮游时间，故而被人吸入的机会就越多。直径小于 5pm 的粉尘对机体的危害性较大，也易于达到呼吸器官的深部。

3. 荷电性

高分散度的尘粒通常带有电荷，与作业环境的湿度和温度有关。尘粒带有相异电荷时，可促进凝集、加速沉降。粉尘的这一性质对选择除尘设备有重要意义。

4. 爆炸性

高分散度的化工聚合树脂粉料等粉尘具有爆炸性，某些粉尘在空气中的浓度达到爆炸极限时，遇到火源能发生爆炸。在有爆炸性粉尘存在的场所，一定要采取防爆措施。

(三) 粉尘的最高允许浓度

该浓度是从卫生学角度考虑确定的，粉尘中游离的二氧化硅对人的危害最大，因此，粉尘的最高允许浓度大部分以二氧化硅含量多少而定。生产环境中的粉尘浓度超过最高允许浓度时，必须采取防尘、除尘措施，使之降至最高允许浓度以下。生产性粉尘的治理是采用工程技术措施消除和降低粉尘危害，这是治本的对策，是防止尘肺病发生的根本措施。

1. 改革工艺流程

通过改革工艺流程使生产过程机械化、密闭化、自动化，从而消除和降低粉尘危害。

2. 湿式作业

湿式作业防尘的特点是防尘效果可靠，易于管理，投资较低。

3. 密闭、抽风、除尘

对不能采取湿式作业的场所应采用该方法。密闭、抽风、除尘系统可分为密闭设备、吸尘罩、通风管、除尘器等几个部分。

4. 个体防护

当防尘、降尘措施难以使粉尘浓度降至国家标准水平以下时，应佩戴防尘护具。另外，应加强对员工的教育培训、现场的安全检查以及对防尘的综合管理等。

三、生产性毒物危害控制技术

(一) 生产性毒物的来源与存在形态

1. 来源

毒物是指较小剂量的化学物质，在一定条件下，作用于机体与细胞成分产生生物化学作用或生物物理变化，扰乱或破坏机体的正常功能，引起功能性或器质性改变，导致暂时性或持久性病理损害，甚至危及生命。在生产过程中，生产性毒物主要来源于原料、辅助材料、中间产品、夹杂物、半成品、成品、废气、废液及废渣，有时也可能来自加热分解的产物，如聚氯乙烯塑料加热至160~170℃时可分解产生氯化氢。

2. 毒物形态

生产性毒物可以固体、液体、气体的形态存在于生产环境中。

(1) 气体，在常温、常压条件下，散发于空气中的气体，如氯、氨、一氧化碳和烯烃等。

(2) 蒸气，固体升华、液体蒸发时形成蒸气，如水银蒸气和苯蒸气等。

(3) 雾，混悬于空气中的液体微粒，如喷洒农药和喷漆时所形成雾滴。

(4) 烟尘，又称烟雾或烟气，直径小于0.1μm的悬浮于空气中的固体微粒，如熔铜时产生的氧化锌烟尘、熔锡时产生的氧化锡烟尘、电焊时产生的电焊烟尘等。

(5) 粉尘，能较长时间悬浮于空气中的固体微粒，直径大多数为0.1～10μm。

(二) 毒物侵入人体的途径

生产性毒物进入人体的途径主要是经呼吸道，也可经皮肤和消化道进入。

1. 呼吸道

石油化工生产中的毒物，主要是从呼吸道进入人体。整个呼吸道的黏膜和肺泡都能不同程度地吸收有毒气体、蒸气及烟尘，但主要的部位是支气管和肺泡，尤以肺泡为主。肺泡接触面积大，周围又布满毛细血管，有毒物质能很快地经过毛细血管进入血液循环系统，从而分布到全身。这一途径是不经过肝脏解毒的，因而具有较大的危险性。在石油化工企业中发生的职业中毒，大多数是经呼吸道吸入体内而导致中毒的。

2. 皮肤

脂溶性毒物，如苯胺、丙烯腈等，可以通过人体完整的皮肤，经毛囊空间到达皮脂腺及腺体细胞而被吸收，一小部分则通过汗腺进入人体。毒物进入人体的这一途径也不经肝脏转化，直接进入血液系统而散布全身，危险性也较大。

3. 消化道

毒物由消化道进入人体的机会很少，多由不良卫生习惯造成误食或由呼吸道侵入人体，一部分沾附在鼻咽部混于其分泌物中，无意间被吞入。毒物进入消化道后，大多随粪便排出，其中一部分在小肠内被吸收，经肝脏解毒转化后被排出，只有一小部分进入血液循环系统。

（三）职业中毒及抢救

1. 急性中毒和慢性中毒

急性中毒是指在短时间内接触高浓度的毒物，引起机体功能或器质性改变。一般发病很急，病情比较严重，病情变化也很快。如果急救不及时，容易造成死亡或留有后遗症。

慢性中毒是指在长时间内经常接触某种较低浓度的毒物所引起的中毒。发病较慢，病情进展也较慢，初期病情较轻。如果得不到及时诊断和治疗，将会发展成为严重的慢性中毒。

2. 急性中毒的现场抢救

石油化工生产和检修现场发生的急性中毒，多在现场突然发生异常时，由于设备损坏泄漏致使大量毒物外逸所造成的。若能及时、正确地抢救，对于挽救中毒者生命、减轻中毒程度、防止合并症具有重要意义。

抢救急性中毒患者，应迅速、沉着地做好下面几项工作。救护者首先应做好个人防护。

（1）救护者在进入毒区之前，首先要做好个人呼吸系统和皮肤的防护，佩戴好氧气（空气）呼吸器，否则非但中毒者不能获救，救护者也会中毒，反而使中毒事故扩大。

（2）切断毒物来源。对中毒者抢救的同时，应采取果断措施切断毒源（如关闭阀门、停止加送物料、加盲板等)，防止毒物继续外逸。如果是在厂房内中毒，应开启通、排风机。

(3) 防止毒物继续侵入人体。将中毒者迅速移至新鲜空气处，注意保持体温，松解中毒者颈、胸部纽扣和腰带，使其头部偏向一侧，以保持呼吸畅通；消除毒物，防止沾染皮肤和黏膜；送往医疗救护中心或医院进行救治。

(四) 生产性毒物危害治理措施

生产过程的密闭化、自动化是解决毒物危害的根本途径。采用无毒、低毒物质代替有毒或高毒物质是从根本上解决毒物危害的首选办法。常用的生产性毒物控制措施如下。

1. 密闭—通风排毒系统

该系统由密闭罩、通风管、净化装置和通风机构成。采用该系统必须注意以下两点：一是整个系统必须注意安全、防火、防爆问题；二是正确地选择气体的净化和回收利用方法，防止二次污染，防止环境污染。

2. 使用局部排气罩

局部排气罩就地密闭、就地排出、就地净化，是通风防毒工程的一个重要技术准则。排气罩就是实施毒源控制，防止毒物扩散的具体技术装置。

3. 排出气体的净化

工业气体的无害化排放，是通风防毒工程必须遵守的重要准则。根据输送介质特性和生产工艺的不同，可采用不同的有害气体净化方法。有害气体净化方法大致分为洗涤法、吸附法、袋滤法、静电法、燃烧法和高空排放法。

(1) 洗涤法。洗涤法也称为吸收法，是通过适当比例的液体吸收剂处理气体混合物，完成沉降、降温、聚凝、洗净、中和、吸收和脱水等物理化学反应，以实现气体的净化。洗涤法是一种常用的净化方法，在工业上已经得到广泛应用，如化工行业的工业气体净化等。

(2) 吸附法。吸附法是使有害气体与多孔性固体 (吸附剂) 接触，使有害物 (吸附质) 黏附在固体表面上 (物理吸附)。当吸附质在气相中的浓度低于吸附剂上的吸附质平衡浓度时，或者有更容易被吸附的物质达到吸附表面时，原来的吸附质会从吸附剂表面上脱离而进入气相，实现有害气体的吸附分离。吸附剂达到饱和吸附状态时，可以解吸、再生、重新使用。吸附法多用于低浓度有害气体的净化，并实现其回收与利用。如化工等行业，对苯类、醇类、酯类和酮类等有机蒸气的气体净化与回收工程，已广泛应用，吸附效率在90%~95%。

(3) 袋滤法。袋滤法是粉尘通过过滤介质受阻，而将固体颗粒物分离出来的方法。在袋滤器内，粉尘经过沉降、聚凝、过滤和清灰等物理过程，实现无害化排放。袋滤法是一种高效净化方法，主要适用于工业气体的除尘净化。

（4）燃烧法。燃烧法是将有害气体中的可燃成分与氧结合，进行燃烧，使其转化为 CO_2 和 H_2O，达到气体净化与无害物排放的方法。燃烧法适用于有害气体中含有可燃成分的条件。

4. 个体防护

对接触毒物作业的工人，进行个体防护有特殊意义。毒物通过呼吸道、皮肤侵入人体，因此凡是接触毒物的作业都应规定有针对性的个人卫生制度，必要时应列入操作规程，对毒物和粉尘的防护，应使用过滤式和隔离式防毒用具。过滤式防毒用具有简易防毒口罩、防尘口罩和过滤式防毒面具等。隔离式防毒用具可分为氧气呼吸器、空气呼吸器、自吸式长管面具和送风式防毒面具等。使用什么样的防毒面具，应根据现场作业环境的条件（含氧量、毒物和浓度等）正确选用。个体防护制度不仅保护操作者自身，而且可避免家庭成员间接受害。

四、物理因素危害控制技术

化工生产过程中作业场所存在的物理性职业危害因素，有噪声、振动、辐射和异常气象条件（高温、低温）等。这些物理性职业危害因素会对人体造成各种危害，以及可能引起一些职业病的发生。

（一）噪声

1. 生产性噪声的特性、种类及其危害

在生产中，由于机械转动、气体排放、工件撞击与摩擦所产生的噪声，称为生产性噪声或工业噪声。生产性噪声可归纳为三类。

（1）空气动力噪声，有风机、压缩机、汽轮机等；

（2）机械性噪声，有机泵、振动器等，在化工系统中，还有混炼机、切粒机、注塑机、成型机、冲切机、包装机等大型机械产生较高噪声；

（3）电磁性噪声，有电动机、变压器、电磁振动台和振荡器等。

生产性噪声一般声级较高，有的作业地点可高达 120dB 以上。长期接触噪声会对人体产生危害，其危害程度主要取决于噪声强度（声压）的大小、频率的高低和接触时间的长短。一般认为强度越大、频率越高、接触时间越长则危害越大。由于长时间接触噪声导致的听阈升高，不能恢复到原有水平的称为永久性听力阈移，临床上称噪声聋。噪声不仅对听觉系统有影响，对非听觉系统，如神经系统、心血管系统、内分泌系统、生殖系统及消化系统等都有影响。

2. 噪声控制措施

防止噪声危害应从声源、传播途径和接收者三个方面考虑。

(1) 消除或降低噪声、振动源。如铆接改为焊接、锤击成型改为液压成型等。为防止振动，使用隔绝物质，如用橡皮、软木和沙石等隔绝噪声。

(2) 消除或减少噪声、振动的传播。控制噪声的传播一般有吸声、消声、隔声、隔振等几种措施。

① 吸声。采用吸声材料装饰在车间的内表面，吸收辐射和反射声能，使噪声强度减低。具有较好吸声效果的材料有玻璃棉、矿渣棉、泡沫塑料、毛毡、棉絮、加气混凝土、吸声板、木丝板等。

② 消声。用一种能阻止声音传播而允许气流通过的装置，即消声器。这是防止空气动力性噪声的主要措施。

③ 隔声。在某些情况下，可以利用一定的材料和装置，把声源封闭，使其与周围环境隔绝起来，如隔声罩、隔声间。隔声结构应该严密，以免产生共振影响隔声效果。

④ 隔振。为了防止通过地板和墙壁等固体材料传播的振动噪声。

(3) 加强个人防护和健康监护。对于生产场所的噪声暂时不能控制，或需要在特殊高噪声条件下工作时，佩戴个人防护用品是保护听觉器官的有效措施。耳塞是最常用的一种，隔声效果可达 30dB 左右。耳罩、帽盔的隔声效果优于耳塞，但使用时不够方便，成本也较高。

(二) 振动

1. 产生振动的机械

在生产过程中，生产设备、工具产生的振动称为生产性振动。在化工厂产生振动的机械有冲压机、压缩机、振动机、送风机等。凡使用风动工具、电动工具、交通运输工具等，由于气体的振动，而产生设备振动也较明显。在生产中手臂振动所造成的危害，较为明显和严重，国家已将手臂振动病列为职业病。

存在手臂振动的生产作业主要有以下几类：

(1) 操作锤打工具，如操作凿岩机、空气锤、筛选机、风铲、捣固机和铆钉机等；

(2) 手持转动工具，如操作电钻、风钻、喷砂机、金刚砂抛光机和钻孔机等；

(3) 使用固定轮转工具，如使用砂轮机、抛光机、球磨机和电锯等；

(4) 驾驶交通运输车辆与使用农业机械，如驾驶汽车、使用脱粒机等。

2. 振动的控制措施

(1) 控制振动源应在设计、制造生产工具和机械时采用减振措施，使振动降低到对人体无害水平。

(2) 改革工艺，采用减振和隔振等措施，如采用焊接等新工艺代替铆接工艺；采用水力清砂代替风铲清砂；工具的金属部件采用塑料或橡胶材料，减少撞击振动。

(3) 限制作业时间和振动强度，工作中可安排一定的工间休息，振动的频率越高，休息次数与时间应相应地增加和延长。使用的风动工具振动频率达 1200 次 /min 时，工人操作 1h 宜休息 10min；如振动频率为 4000 次 /min，宜休息 30min。

(4) 改善作业环境，加强个体防护及健康监护，对接触振动的工人应进行就业前体检及定期体检。

(三) 辐射

电磁辐射是存在于宇宙空间上的一种能量。这种能量以电场和磁场形式存在，并以波动形式向四周传播，人们把这种交替变化的，以一定速度在空间传播的电场和磁场，称为电磁辐射或电磁波。

电磁辐射分为射频辐射、红外线、可见光、紫外线、X 射线及 α 射线等。由于其频率、波长、量子能量不同，对人体的危害作用也不同。当量子能量达到 12eV 以上时，对物体有电离作用，能导致机体的严重损伤，这类辐射称为电离辐射。量子能量小于 12eV 的不足以引起生物体电离的电磁辐射，称为非电离辐射。

1. 非电离辐射的分类与防护

(1) 非电离辐射的分类及其危害

① 射频辐射。射频辐射又称为无线电波，量子能量很小。按波长和频率，射频辐射可分成高频电磁场、超高频电磁场和微波 3 个波段。

高频作业，如高频感应加热金属的热处理、表面淬火、金属熔炼、热轧及高频焊接等。高频介质加热对象是不良导体，广泛用于塑料热合、橡胶硫化等。高频等离子技术用于高温化学反应和高温熔炼。

工人作业地带的高频电磁场主要来自高频设备的辐射源，如高频振荡管、电容器、电线圈及馈线等部件。无屏蔽的高频输出变压器常是工人操作岗位的主要辐射源。

微波作业，如微波加热广泛用于医药与纺织印染等行业。生产场所接触微波辐射多因设备密闭结构不严，造成微波能量外泄或由各种辐射结构 (天线) 向空间辐射的微波能量。

一般来说，射频辐射对人体的影响不会导致组织器官的器质性损伤，主要引起功能性改变，并具有可逆性特征，在停止接触数周或数月后往往可恢复。但在大强度长期射频辐射的作用下，心血管系统的征候持续时间较长，并有进行性倾向。主要表现为心动过缓，血压下降。

② 红外线辐射。在生产环境中，熔炉等加热设备、熔融玻璃及强发光体等可成为红外线辐射源。红外线辐射对机体的影响主要是皮肤和眼睛。较大强度短时间照射，皮肤局部温度升高、血管扩张，出现红斑反应，停止接触后红斑消失，反复照射，局部出现色素沉着。过量照射，特别是近红外线（短波红外线），除发生皮肤急性灼伤外，还可透入皮下组织，使血液及深部组织加热。眼睛长期暴露于低能量红外线下，可致眼的慢性损伤，常见为慢性充血性眼睑炎。短波红外线可致角膜热损伤，并能透过角膜伤及虹膜。

③ 紫外线辐射。生产环境中，物体温度达1200℃以上的辐射电磁波谱中即可出现紫外线。随着物体温度的升高，辐射的紫外线频率增高、波长变短，其强度也增大。常见的辐射源有冶炼炉（高炉、平炉、电炉）、电焊、氧乙炔气焊、氢弧焊和等离子焊接等。

强烈的紫外线辐射作用可引起皮炎，表现为弥漫性红斑，有时可出现小水泡和水肿，有发痒、烧灼感。在作业场所比较多见的是紫外线对眼睛的损伤，即由电弧光照射所引起的职业病——电光性眼炎。此外在阳光照射的冰雪环境下作业时，受到大量太阳光中紫外线照射，可引起类似电光性眼炎的角膜、结膜损伤，称为太阳光眼炎或雪盲症。

④ 激光。激光是物质受激辐射所发出光的放大，它是一种人造的、特殊类型的非电离辐射。具有亮度高、方向性与相干性好等一系列优异特性。被广泛应用于工业、农业、国防、医疗和科研领域。在工业生产中主要利用激光辐射能量集中的特点，用于焊接、打孔、切割和热处理等。

激光对人体的危害主要是由它的热效应和光化学效应造成的，使蛋白质凝固变性，酶失去活性。激光对皮肤损伤的程度取决于激光强度、频率和肤色深浅、组织水分、角质层厚度等。激光能灼伤皮肤。

(2) 非电离辐射的控制与防护

① 对高频电磁场的防护，主要有以下措施。

A. 场源屏蔽：可以利用金属薄板（或金属网、罩）将高频电磁波的场源包围，以反射或吸收高频电磁波的场能，降低作业场所电磁场的强度。常用的有逐件屏蔽和整体屏蔽，两者都必须有良好的接地装置，以便将场能转变为感应电流引入地下。

B. 距离防护：由于电磁场辐射源所产生的场能与距离的平方成反比，故应在不影响操作的前提下尽量远离辐射源，如使用长柄作业工具、遥控装置等。

C. 合理布局：安装高频机时，尽量远离非专业工人的作业点和休息场所，高频机之间应有一定距离。

② 对微波辐射的防护，是直接减少源的辐射、屏蔽辐射源、采取个人防护及执行安全规则。

③ 对红外线辐射的防护，使用反射性铝制盖物和铝箔制衣服，减少红外线暴露和降低操作工的热负荷，重点是对眼睛的保护，生产操作中应让操作工戴上能有效过滤红外线的防护镜。

④ 对紫外线辐射的防护，是屏蔽和增大与辐射源的距离，佩戴专用面罩、防护眼镜、防护服、手套等防护用品。

⑤ 对激光的防护，应包括激光器、工作室及个体防护三个方面。激光器要有安全设施，在光束可能泄漏处应设置防光封闭罩；工作室围护结构应使用吸光材料，色调要暗，不能裸眼看光；使用适当个体防护用品并对人员进行安全教育等。

2. 电离辐射来源与防护

(1) 电离辐射来源。凡能引起物质电离的各种辐射都称为电离辐射。其中 α 粒子、β 粒子等带电粒子都能直接使物质电离，称为直接电离辐射；γ 光子、中子等非带电粒子，先作用于物质产生高速电子，继而由这些高速电子使物质电离，称为非直接电离辐射。能产生直接或非直接电离辐射的物质或装置称为电离辐射源，如各种天然放射性核素、人工放射性核素和 X 线机等。

随着原子能事业的发展，核工业、核设施也迅速发展，放射性核素和射线装置在工业、农业、医药卫生和科学研究中已经广泛应用。接触电离辐射的人员也日益增多。

(2) 电离辐射的防护。电离辐射的防护，主要是控制辐射源的质和量。电离辐射的防护分为外照射防护和内照射防护。外照射防护的基本方法有时间防护、距离防护和屏蔽防护，通称“外防护三原则”。内照射防护的基本防护方法有围封隔离、除污保洁和个人防护等综合性防护措施。

第二章　化工生产安全管理

第一节　石油化工安全管理的内容

一、石油化工生产的特点

石油化工生产具有易燃、易爆、易中毒，高温、高压，有腐蚀等特点。因而，较其他工业部门有更大的危险性。石油化工生产有以下四个特点。

(1) 石油化工生产使用的原料、半成品和成品种类繁多，绝大部分是易燃、易爆、有毒害、有腐蚀的危险化学品。这给原材料、燃料、中间产品和成品的贮存和运输都提出了特殊的要求。

(2) 石油化工生产要求的工艺条件苛刻。有些化学反应在高温、高压下进行，有的要在低温、高真空度下进行。如由轻柴油裂解制乙烯，进而生产聚乙烯的生产过程中，轻柴油在裂解炉中的裂解温度为800℃；裂解气要在深冷（-96℃）条件下进行分离；纯度为99.99%的乙烯气体在294kPa压力下聚合，制取聚乙烯树脂。

(3) 生产规模大型化。近20多年来，国际上化工生产采用大型生产装置是一个明显的趋势。采用大型装置可以明显降低单位产品的建设投资和生产成本，提高劳动生产能力，降低能耗。因此，世界各国都积极发展大型化工生产装置。但大型化会带来重大的潜在危险性。

(4) 生产方式的高度自动化与连续化。石油化工生产已经从过去落后的手工操作、间断生产转变为高度自动化、连续化生产；生产设备由敞开式变为密闭式；生产装置从室内走向露天；生产操作由分散控制变为集中控制。同时，也由人工手动操作变为仪表自动操作，进而又发展为计算机控制。连续化与自动化生产是大型化的必然结果，但控制设备也有一定的故障率。据美国石油保险协会统计，控制系统发生故障而造成的事故占炼油厂火灾爆炸事故的6.1%。

正因为石油化工生产具有以上特点，安全生产在石油化工行业就更为重要。一些发达国家的统计资料表明，在工业企业发生的爆炸事故中，石油化工企业占了1/3。此外，石油化工生产中，不可避免地要接触有毒有害的化学物质，石油化工行业职业病发生率明显高于其他行业。

二、石油化工行业的安全检查

(一) 安全检查的目的和意义

安全检查是发现和消除事故隐患、落实安全措施、预防事故发生的重要手段，是发动员工共同搞好安全工作的一种有效形式。在石油化工管理中，安全检查占有重要的地位。

安全检查就是要对化工生产过程中的各种因素，如流程、机械、设备物与人的因素进行深入细致的调查和研究，发现不安全因素，消除不安全因素，避免事故的发生。因此，安全检查不仅是企业本身，也是每位员工的一项重要任务。

安全检查的目的在于发现和消除事故隐患，也就是把可能发生的各种事故消灭在萌芽之中，做到防患于未然。

安全检查的意义在于宣传贯彻了党的安全生产方针和劳动保护政策、法规，提高了各级领导和广大员工对安全生产的认识，端正对安全生产的态度，有利于安全管理和劳动保护工作的开展。安全检查的意义还在于能及时发现和消除事故隐患，及时了解石油化工生产中的职业危害，有利于制定治理规划，消除危害，保护员工的安全和健康。还能及时发现先进经验，总结和推广他们的先进经验，以此带动全局。

(二) 安全检查的形式、组织与实施

1. 安全检查的形式

安全检查的形式主要有：日常、定期、专业、不定期四种。

(1) 日常安全检查的主要内容

① 生产岗位的班组长和工人应进行交接班检查和班中巡回检查，特别要对危险岗位和危险品进行重点监控检查。

② 各级领导应经常深入现场进行安全检查，发现影响安全生产的问题，要按专业分工及时督促有关部门解决。

③ 安全总监、安全监督人员要根据职责对生产现场、作业现场进行监督，发现问题要及时提出整改意见。

(2) 定期安全检查的主要内容

① 季节性检查。春季安全检查以防火、防雷、防静电、防风、防解冻跑漏、防建筑倒塌为重点；夏季安全检查以防暑降温、防汛、防暴风为重点；秋季安全检查以防火、防冻、防凝为重点；冬季安全检查以防火、防爆、防冻、防凝、防滑、防坠落为重点。

② 节日前安全检查。节日前对安全、保卫、消防、生产准备、设备及材料备用、岗位责任制执行、岗位人员及值班人员安排等情况进行重点检查。

(3) 专业性安全检查的主要内容

每年应对锅炉、压力容器、电气设备、机械设备、起重机械、监测仪器、危险物品、防护器具、消防设施、运输车辆、职业卫生设施、液化石油气系统及其他认为有必要的部位等，分别进行专业性检查。

2. 安全检查的组织与实施

安全检查的组织与实施具体内容如下。

(1) 日常检查由当班的班组长组织当班人员对本班的安全情况进行检查。

(2) 周检由车间主任组织装置安全技术人员和其他工程技术人员、工段长对车间所有岗位进行安全检查。

(3) 季检由厂统一组织有关科室、车间，发动全体员工进行安全检查，其形式可组成检查组，开展自检与互检。

(4) 定期检查应根据生产检修或临时性任务的需要，由公司或厂组织有关人员开展安全检查。

(5) 专业检查以专业处（科）室为主，有关处（科）室参加，开展安全检查。

(6) 检查前应根据检查内容编制安全评价检查表，按表中条款认真检查，详细填写检查记录。对检查出的问题要及时告知被检单位。检查结束要形成检查总结或评价报告。安全监督部门要对问题整改情况进行监督。

(三) 石油化工行业通用安全检查表

安全检查表及其在安全检查中的应用有以下几个方面。

1. 安全检查表及其功能

安全检查表实际上是一种以表格的形式，将实施安全检查的项目罗列其上，然后根据生产和工作经验，对照有关安全法规、规范、标准逐项检查。该图表不仅适用于生产过程的安全检查，也适用于工程设计的安全分析和评价。概括起来，安全检查表具有以下功能。

(1) 使设计或检查人员按照预定的目的、要求和检查要点实施检查，避免遗漏和疏忽，便于发现和查明已暴露的和潜在的各种隐患。

(2) 依据安全检查表进行检查，是监督执行各种安全规章制度，制止违章指挥和违章作业的有效方式，也是使企业安全教育、安全活动经常化的一种有效手段。

(3) 针对不同受检对象和要求编制相应的安全检查表，有助于实现安全检查工作标准化、科学化和规范化。

(4) 可以作为安全检查人员履行职责的凭据，有利于落实安全生产责任制和其他各项安全规章制度，能够客观地反映受检单位安全生产情况。

2. 安全表的种类

安全检查表根据其用途可分以下几种。

(1) 安全设计检查表。这种检查表主要供工程设计人员进行安全设计或安全监督部门对工程设计审查使用。其主要内容包括厂址选择、平面布置、工艺流程、装置的配置、安全装置与设施、操作的安全、危险物品的贮存与运输、消防设施等。

(2) 企业安全检查表。这种检查表可同时供厂际安全检查和全厂性安全检查使用。其内容可根据具体情况编制，有简有繁。检查表主要供工段、岗位或班组自查、互查之用。其内容应根据岗位的工艺与设备的防止事故要点确定，要求内容具体、简单易行。

(3) 专业性安全检查表。这种检查表由专业机构或职能部门编制供专业性安全检查使用。如对人身安全的安全检查，电气、工艺、锅炉与压力容器安全技术检查，特殊装置与设备安全检查，防火检查以及季节性安全检查等。

3. 安全检查表的编制要求

安全检查表是安全检查工作中的一个有效手段。为了系统地发现工厂、车间、工序或机械设备以及各种操作管理和组织措施中的不安全因素，事先把检查对象加以分析，把大系统分割为小系统。通常由专业人员、管理人员和实际操作者共同编制成表格。在检查中依据安全检查表中的项目，逐一检查，避免疏漏。同时，也可以作为开展化工行业危害辨识和风险评价工作的一个参考。编制时一般按以下要求进行。

(1) 全面细致地了解系统的功能、结构、工艺条件等有关资料，包括系统或同类系统发生过的事故、事件的原因和后果，并收集系统的说明书、布置图、结构图、环境条件等技术文件。

(2) 收集与系统有关的国家标准、法规、制度及公认的安全要求，为检查表的编制提供依据。

(3) 按系统的功能、结构或因素，逐一列出清单。

(4) 针对危险因素清单，从有关法规、标准等安全技术文件中，逐一找出对应的安全要求及应达到的安全指标和应采取的安全措施，形成一一对应的系统检查表。

(5) 有关安全管理机构、安全管理制度方面的检查内容，也可列入检查表中。

安全检查表是一种定性的检查方法。它以提问的形式，对系统或子系统确定检查项目。根据生产性质及检查要求的不同，检查表也可以有不同的类型。其内容一般可包括：序号、检查项目和内容、检查方法、结果确认 (是 / 否或打分) 等。

第二节　危险源辨识、风险评价和风险控制策划

组织建立和实施安全管理体系的目的是控制风险、实现事故预防，并持续改进安全绩效。危险源是导致事故的根源，所以对危险源的辨识是安全管理体系的核心问题。危险源辨识、风险评价和风险控制策划是组织建立安全管理体系初始状态评审阶段的一项主要工作内容，也是安全管理体系的核心要素，是安全管理体系运行的重要环节。

一、危险源辨识、风险评价和风险控制策划的步骤

危险源辨识、风险评价控制策划的基本步骤：业务活动分类→危险源辨识→判定风险是否可容许→必要时制定风险控制措施→评审风险控制措施的充分性。

(一) 业务活动分类

组织将实施的业务活动进行适当分类。不同的组织所实施的业务活动可能有很大的不同，因此，组织对业务活动进行分类时应结合组织的特点。组织在对业务活动进行分类时除考虑常规的业务活动外，还应考虑到在异常和紧急情况下需要实施的非常规活动。

(1) 对业务活动的分类方法可以包括：

① 按组织厂界内、外的地理位置分类；

② 按生产或服务过程的不同阶段分类；

③ 按主动性工作活动（如计划安排的工作）和被动性工作活动（出现过事故、事件的工作）分类；

④ 按具体工作项目（如驾驶、化工操作、焊接工作等）分类。

通常情况下，组织会根据业务活动的分类情况编制一份业务活动表，其内容可以包括厂房、设备、人员、程序等，并收集与这些业务活动有关的信息，以便对这些活动中的危险源进行识别。

(2) 在业务活动分类的基础上，全面地、有针对性地进行危险源辨识、风险评价及风险控制策划。组织通常会设计一种用于进行危险源辨识、风险评价及风险控制策划的表格，其内容一般包括：

① 业务活动；

② 危险源；

③ 现行控制措施；

④ 暴露于风险中的人员；

⑤ 伤害的可能性；

⑥ 伤害的严重程度；

⑦ 风险水平。

⑧根据评价结果而需要采取的风险控制措施；管理细节，如评价者姓名、日期等。

（二）危险源辨识

对各项业务活动中的危险源进行辨识，辨识危险源时应考虑到谁会受到伤害以及会受到何种伤害。

（三）风险评价

以现有的风险控制措施为基础，对辨识出的危险源的风险进行评价，评价时应考虑到控制措施失效时可能会造成的后果。

1. 判定风险是否可容许

以组织应承担的法律义务和组织的安全方针为依据，判定组织现有的风险控制措施是否能够将风险控制到组织可接受的程度并符合法律要求和组织的要求。

2. 必要时制定风险控制措施

针对组织评价出的需要采取风险控制措施。

3. 评审风险控制措施的充分性

对制定的风险控制措施进行评审，以确定这些措施能够充分、有效地消除或降低风险，将风险控制到可容许的程度。

二、危险源辨识

（一）危险源的分类

危险源是可能导致伤害或疾病、财产损失、工作环境破坏或这些情况组合的根源或状态。实际生活和工作中的危险源的因素很多，存在的形式也比较复杂，这给危险源辨识增加了难度。如果把各种构成危险源的因素，按其在事故过程中所起的作用进行分类，无疑会给危险源辨识工作带来方便。

人的不安全行为和物的不安全状态是导致事故的直接原因。人的不安全行为或物的不安全状态使能量或危险物质失去控制，是能量或危险物质释放或失去控制的导火索。事故是能量、有害物质失去控制两个方面因素的综合作用，所以在危险源辨识之前首先须明确任何存在能量、有害物质和可能导致其失控的危险因素。在识别危险（源）因素时，首先需要了解危险（源）因素的分类。

（二）危险源的基本分类

根据危险源在事故发生过程中的作用，安全科学理论把危险源划分为两大类。

1. 第一类危险源

可能发生意外释放的能量（能源或能量载体）或危险物质（如危险化学品、锅炉等）。

根据能量意外释放理论，能量或危险物质的意外释放是导致伤亡事故发生的物理本质，是发生事故的基本因素。因此，为了防止第一类危险源导致事故，必须采取约束、限制能量或危险物质的措施，对能量或危险物质进行控制。在正常情况下，能量或危险物质是受到约束或限制的，不会发生意外释放，即不会发生事故。但是，一旦这些约束物质或限制能量或危险物质的措施受到破坏或失效（出现故障），就有可能会发生事故。

2. 第二类危险源

导致能量或危险物质的约束或限制措施破坏或失效的各种因素。

第二类危险源是导致第一类危险源失控的因素，主要包括物的故障、人的失误和环境因素。

① 物的故障通常指机械设备、装置、元器件等性能低下而不能达到预定功能的现象。从安全功能的角度，物的不安全状态也是物的故障。物的故障可能是固有的（如由设计、制造缺陷造成的问题），也可能是由于维修、使用不当，磨损、腐蚀、老化等原因造成的。

② 人的失误是指人的行为偏离了规定的要求。人的不安全行为（如石油化工装置的操作人员未按规定戴安全帽、穿工作服等）也属于人的失误。人的失误会造成能量或危险物质的控制系统出现故障，如石油化工装置的操作人员未按操作法操作而导致事故的发生。

③ 环境因素是指生产作业活动环境中温度、湿度、噪声、振动、照明或通风换气等方面的问题，这些环境因素可能会促使人的失误或物的故障发生。例如，工作场所中的噪声会导致操作人员听力下降、沟通不便等情况，这些情况会造成人的失误；又如，化学品仓库中温度过高可能导致有些化学品自燃。

一起伤亡事故的发生往往是两类危险源共同作用的结果：第一类危险源是伤亡事故发生的能量主题，决定事故后果的严重程度；第二类危险源是第一类危险源造成事故的必要条件，决定事故发生的可能性。两类危险源相互关联、相互依存。第一类危险源的存在是第二类危险源出现的前提，第二类危险源的出现是第一类危险源导致事故的必要条件，因此，危险源辨识的首要任务是辨识第一类危险源，在此基础上再辨识第二类危险源。

（三）危险源辨识的方法

危险源辨识的方法很多，每一种方法都有其目的性和应用范围。下面介绍几种可用于建立安全管理体系的危险源辨识的简单方法。

1. 询问、交谈

向组织中对某项工作或活动具有经验的人进行了解和询问，请他们指出工作或活动中存在的危害，这种方法可以初步分析工作或活动中所存在的危险源。

2. 现场观察

由具备安全技术知识并掌握安全法规、标准的人员对作业活动的现场进行观察，以识别出存在的危险源。

3. 查阅有关记录

查阅已发生的事故、职业病的记录，从中识别出存在的危险源。

4. 获取外部信息

从有关类似组织、文献资料、专家咨询等方面获得有关危险源的信息，并结合组织的实际情况加以分析研究，以辨识出存在的危险源。

5. 工作任务分析

通过分析组织成员工作任务中所涉及的危害，识别出有关的危险源。

三、风险评价和风险控制策划

（一）风险评价

风险评价是安全管理体系的一个关键环节。进行风险评价的目的是对现阶段的危险源所带来的风险进行分级，根据评价分级的结果有针对性地策划并实施风险控制措施，从而取得良好的安全绩效。

风险评价的方法很多，但每一种方法都有一定的局限性，因此，在开发或确定所需使用的风险评价方法时，必须首先明确评价的目的、对象及范围。

按照选定的风险评价方法进行风险评价时，应充分考虑到其现有的风险控制措施所起到的作用和达到的效果，围绕每种特定危险情况发生的可能性和后果来评价，这样才能比较客观地判断出组织所面临的各种风险的大小，才能对风险进行合理分级。

(二) 风险控制措施的策划和评审

根据其评价出的风险和确定的风险分级，针对需要采取措施加以控制的风险，策划所需的风险控制措施。

1. 策划和选择风险控制措施的原则

在策划和选择风险控制措施时，应考虑以下几个方面的原则。

(1) 如果可能，采取停止使用有危害的物质或用安全品代替危险品等措施，以消除危险源或风险；

(2) 如果不可能消除危险源或风险，采取改用危害性较低的物质等措施以降低或减小风险的措施；

(3) 对原有的风险控制措施或有关程序进行改善或修改，以降低或减小工作活动中的危害；

(4) 利用技术进步，使工作适合于人，如考虑人的精神和体力等因素；

(5) 采取隔离工作人员或危害风险的措施；

(6) 采用安全防护措施和装置，对危害进行限制；

(7) 将工程技术控制与管理控制相结合，以提高控制措施的有效性；

(8) 所需的应急预案和监测控制措施；

(9) 作为最终手段，使用个人防护用品进行个体防护。

2. 风险控制措施的评审

组织应在实施风险控制措施之前，对拟采取的风险控制措施进行评审，以确保这些措施是充分和适宜的。评审的内容可包括以下几点。

(1) 计划的风险控制措施是否能使风险降低到可容许的水平

组织采取的风险控制措施应是能够使风险降低到可容许水平的控制措施，因此，组织在实施计划的风险控制之前，应对这些措施的有效性进行评审。例如，企业的空压机运行时噪声超标，该企业计划在空压机上安装隔音罩，组织应评审安装隔音罩这种措施是否能够将噪声降低到可容许的水平。

(2) 在实施风险控制措施时是否会产生新的危险源

组织采取的风险控制措施是为了将已有的风险降低到可容许水平，但在采取这些控制措施时可能会产生新的危险源和风险。因此，组织应通过评审来判断需要采取的风险控制措施是否会产生新的危险源和风险，如果会产生新的危险源和风险，组织应考虑选择另外的不会产生新的危险源和风险的措施，或针对新产生的危险源和风险确定相应的风险控制措施。

(3) 计划的风险控制措施是否投资效果最佳的风险控制方案

组织在评审计划的风险控制措施时，应充分考虑到组织的资金能力和投资效果，选择投资和收益最合理的风险控制方案。

(4) 受影响的人员采取预防措施的必要性和可行性

组织在评审风险控制措施时，应考虑到受到这些控制措施影响的人员是否需要采取相应的预防措施，拟采取的预防措施是否必要、可行，以及如何评价预防措施的有效性。

(5) 计划的风险控制措施是否能被应用于实际工作中

组织拟实施的风险控制措施应与组织的实际情况和能力相适应，并能够在组织的实际工作中应用，组织应通过评审来确保这些风险控制措施在组织中是可行的。

第三节　化工生产的安全管理

化工企业生产安全管理的范围，广义的指生产经营活动的全过程。而本章所指的生产安全管理是狭义的，是指原料进入加工系统之后的工艺操作过程、化学危险品，以及操作人员与工作场所的安全管理。

一、工艺操作安全管理

(一) 工艺操作安全管理的概念

(1) 工艺是指对劳动对象进行加工或再制以改变其形状或性质时，所采取的技术方法和程序。

(2) 工艺操作是指用特定的工艺对某种劳动对象进行加工时所进行的一切现场劳动的总称。

(3) 工艺操作安全管理是指为使工艺操作顺利进行，并取得合格产品所采取的组织和技术措施。

(二) 工艺操作安全管理的重要性

工艺操作是生产产品的重要手段，是企业最主要的生产活动。工艺操作安全管理是化工企业管理的重要组成部分，是保证生产顺利进行，取得经济效益的基础，是化工企业安全管理的核心部分。

(三) 工艺操作安全管理的主要内容

(1) 工艺规程的制定、修订及执行。

(2) 安全技术规程的制定、修订及执行。

(3) 安全管理制度的制定、修订及执行。

(4) 岗位操作法的制定、修订及执行。

(四) 工艺规程的安全管理

1. 工艺规程

(1) 工艺规程的概念

工艺规程是阐述某类产品的生产原理、工艺路线、生产方法等一系列技术规定性的文件。

工艺规程所规定的内容反映了生产某种产品过程中必须遵守的客观自然规律。一般来说，在整个生产过程中严格按照工艺规程管理生产，就可杜绝事故的发生，做到安全生产、文明生产。从而保证能够顺利生产出合格的产品，并获得较好的经济效益。

(2) 工艺规程的内容

① 产品说明与原料规格说明。包括名称 (俗名、别名、化学名称、商品名称)、理化性质、质量指标和用途等。

② 根据单元操作和生产控制环节划分生产工序；按生产过程顺序阐明工作原理和反应条件。

③ 按生产过程顺序列出各控制点的技术指标控制范围 (工艺操作条件一览表)。

④ 各项物料消耗指标及其说明。

⑤ 生产控制分析和检验方法。

⑥ 可能出现的不正常情况及处理方法。

⑦ 使用设备一览表及其说明。包括设备的规格、结构、材质、介质和特殊处理以及保护设备的措施。

2. 安全管理制度

(1) 安全管理制度的概念：为贯彻执行安全技术规程，需要人们共同遵守的行动准则。

规程与制度是有区别的，工艺规程、安全技术规程主要反映生产过程中客观的自然规律的要求。而管理制度主要是为满足客观规律的要求，指明人们应该做什么、怎么做，是限制人们主观行动的规范。按照安全管理制度的要求去认真办理，安全技术规程就能得到落实。

安全管理制度要随着安全技术规程、管理体制、机构的变化而制定和修订。

(2) 安全管理制度的内容

① 安全管理基本原则和安全生产责任制；

② 安全教育制度；

③ 安全作业证制度；

④ 安全检查制度；

⑤ 安全技术措施制度；

⑥ 安全检修制度；

⑦ 防火防爆的安全规定；

⑧ 危险物品的管理；

⑨ 防止急性中毒的制度；

⑩ 新建、改建、扩建工程三同时制度；

⑪ 安全装置与防护器具管理；

⑫ 厂内交通管理；

⑬ 建筑与安装有关安全管理制度；

⑭ 事故管理制度；

⑮ 要害岗位安全管理制度；

⑯ 仓库安全管理制度；

⑰ 锅炉、压力容器安全管理制度；

⑱ 气瓶、液化气体钢瓶安全管理制度；

⑲ 液化气体铁路罐车和汽车槽车安全管理制度。

(3) 安全管理制度的执行。安全管理制度的贯彻执行是通过各岗位的岗位操作法和各种操作单得到落实的。各级领导和职能人员执行制度主要靠他们对安全生产的认识，还要依靠安全部门和员工的监督，厂长还应定期向职代会汇报安全生产情况。员工有权对厂领导安全生产不利情况提出批评，要求改正。

二、危险化学品的安全管理

(一) 危险化学品的生产和使用

生产和使用化学品的企业，应当根据危险化学品的种类、性能，设置相应的通风、防火、防爆、防毒、监测、报警、降温、防潮、避雷、防静电、隔离操作等安全设施，并根据需要，建立消防和急救组织。生产危险化学品的企业，必须严格执行有关工业产品质量责任的法规，保证产品质量符合国家标准，并应经过包装监督检验机构的测试或检查。生产、使用危险化学品的企业必须遵守各项安全生产制度，严格用火管理制度。生产、使用危险化学品时，必须有安全防护措施和用具。盛装危险化学品的容器，在使用前后，必须进行检查，消除隐患，防止火灾、爆炸、中毒等事故发生。生产化学危险品的装置应当密闭，并设有必要的防爆、泄压设施。生产有毒物品的企业应当设有监测、报警、自动连锁、中和、消除等安全及工业卫生设施。

(二) 危险化学品贮存方式、贮存场所及贮存量的限制

1. 危险化学品贮存方式

(1) 隔离贮存；

(2) 隔开贮存；

(3) 分离贮存。

2. 贮存场所的要求

(1) 贮存危险化学品的建筑物不得有地下室或其他地下建筑，其耐火等级、层数、占地面积、安全疏散和防火间距，应符合国家有关规定。

(2) 贮存地点及建筑结构的设置，除了应符合国家的有关规定外，还应考虑对周围环境和居民的影响。

(3) 贮存场所的电气安装

① 危险化学品贮存建筑物、场所消防用电设备应能充分满足消防用电的需要；

② 危险化学品贮存区域或建筑物内输配电线路、灯具、火灾事故照明和疏散指示标志，都应符合安全要求；

③ 贮存易燃、易爆危险化学品的建筑，必须安装避雷设备。

(4) 贮存场所通风或温度调节

① 贮存危险化学品的建筑必须安装通风设备，并注意设备的防护措施；

② 贮存危险化学品的建筑通、排风系统应设有导除静电的接地装置；

③ 通风管应采用非燃烧材料制作；

④ 通风管道不宜穿过防火墙等防火分隔物，如必须穿过时应用非燃烧材料分隔；

⑤ 贮存危险化学品建筑采暖的热媒温度不应过高，热水采暖温度不应超过80℃，不得使用蒸汽采暖和机械采暖；

⑥ 采暖管道和设备的保温材料，必须采用非燃烧材料。

3. 贮存安排及贮存量限制

(1) 危险化学品贮存安排取决于危险化学品分类、分项、容器类型、贮存方式

和消防的要求。

(2) 遇火、遇热、遇潮能引起燃烧、爆炸或发生化学反应，产生有毒气体的危险化学品不得在露天或在潮湿、积水的建筑物中贮存。

(3) 受日光照射能发生化学反应引起燃烧、爆炸、分解、化合或能产生有毒气体的危险化学品应贮存在一级建筑物中。其包装应采取避光措施。

(4) 爆炸物品不准和其他类物品同贮，必须单独隔离、限量贮存。仓库不准建在城镇，还应与周围建筑、交通干道、输电线路保持一定的安全距离。

(5) 压缩气体和液化气体必须与爆炸物品、氧化剂、易燃物品、自燃物品、腐蚀性物品隔离贮存。易燃气体不得与助燃气体、剧毒气体同贮；氧气不得与油脂混合贮存，盛装液化气体的容器属压力容器的，必须有压力表、安全阀、紧急切断装置，并定期检查，不得超装。

(6) 易燃液体、遇湿易燃物品、易燃固体不得与氧化剂混合贮存，具有还原性的氧化剂应单独存放。

(7) 有毒物品应贮存在阴凉、通风、干燥的场所，不要露天存放，不要接近酸类物质。

(8) 腐蚀性物品，包装必须严密，不允许泄漏，严禁与液化气体和其他物品共存。

(三) 危险化学品出入库管理及消防措施

1. 危险化学品出入库管理

(1) 贮存危险化学品的仓库，必须建立严格的出入库管理制度。

(2) 危险化学品出入库前均应按合同进行检查、验收、登记。验收内容包括：数量、包装、危险标志。经核对后方可入库、出库，当物品性质未弄清时不得入库。

(3) 进入危险化学品贮存区域的人员、机动车辆和作业车辆，必须采取防火措施。

(4) 装卸、搬运危险化学品时应按有关规定进行，做到轻装、轻卸。严禁摔、碰、撞、击、拖拉、倾倒和滚动。

(5) 装卸对人身有毒害及腐蚀性的物品时，操作人员应根据其危险性，穿戴相应的防护用品。

(6) 不得用同一车辆运输互为禁忌的物料。

(7) 修补、换装、清扫，装卸易燃、易爆物料时，应使用不产生火花的铜制、合金制或其他工具。

2. 消防措施

(1) 根据危险品的特性和仓库条件，必须配置相应的消防设备、设施和灭火药剂，并配备经过培训的兼职和专职的消防人员。

(2) 贮存危险化学品的建筑物内应根据仓库条件安装自动监测和灭火报警系统。

(3) 贮存危险化学品的建筑物内，如条件允许，应安装灭火喷淋系统（遇水燃烧化学危险品，不可用水扑救的火灾除外），其喷淋强度和供水时间为：喷淋强度 15L/(min · m^2)；持续时间为 90min。

三、生产现场及人员的安全管理

（一）人员的安全管理

人员管理在企业安全管理中十分重要，生产过程的指挥人员和劳动者是生产要素最为活跃的因素，也是安全生产的主要因素。必须掌握以下几个环节。

1. 人员质量的控制

在石油化工企业参加生产建设的人员，都必须有相应的身体素质和文化、技术素质，以保证生产建设的顺利进行。① 身体素质主要指能承担所分配工作所需的体力。特别要控制石油化工生产的禁忌证。②文化、技术素质是指人员与所分配的工作应有相应的文化和技术知识，经过培养能掌握生产操作技能和具备相应的管理能力。

2. 人员进入现场的控制

新入厂人员进入生产现场之前必须经过三级安全教育。厂安全科（处）建立三级安全教育卡，厂人力资源部门协同有关部门执行厂级安全教育，车间和班组分别履行二、三级安全教育。新入厂人员经考试合格才能进入岗位学习。三级安全教育的要求应按上级统一规定的内容结合本厂实际进行。

3. 人员的安全思想和行为的管理

生产、劳动过程是生产各要素相互结合、矛盾运动的过程。人们在劳动和工作中受到各种矛盾的影响和制约，因此，对于在现场劳动和工作人员的安全思想和安全行为必须加以管理，这是保证安全生产最重要的问题。安全思想和安全行为的实现，主要靠思想教育、安全知识和技能教育。使劳动、工作人员自觉遵守各项规章制度。另外，对各种不安全思想和不安全行为进行检查，及时纠正，并以此为例教育全体人员，形成良好温馨的安全生产氛围。

(二) 生产现场的安全管理

生产劳动都是在现场进行的，现场管理的水平直接影响着安全制度的正确贯彻，也直接影响着安全生产能否真正实现。加强现场管理才能使规章制度落到实处。生产现场应该指一切有生产要素存在的地方和场所，所以涉及面广，牵制着许多专业管理在现场的实现。

1. 安全宣传

安全宣传的作用：它是人们的心理因素和教育因素在具体环境中的融合。通过具体的宣传形式（包括标语、标牌和广播等），使人们一进厂就能清醒地意识到自己已经从生活环境进入了生产环境中。随着人员向生产岗位的深入，安全宣传也应不断深入，使其思想、心理都与生产紧密结合起来，掌握好生产的主动权。

安全宣传的形式和内容：主要形式是安全标语、安全标语牌、安全宣传画、安全标志牌等。主要内容以"安全生产、人人有责""安全第一""禁止吸烟""佩戴好劳动保护用具"等为主，根据生产性质和生产环境特点，制定出适合本厂的"进入厂区有关规定"。

2. 厂区公用设施的管理

厂区公用设施涉及安全方面的有厂区道路、下水道和窨井、地面水等。

3. 厂内交通安全管理

厂内与厂外交通规则虽然是相同的，但厂内交通有其特殊性。厂内一般不设交通警察。此外，厂内道路复杂，管线、支架、地沟等纵横交错；车间在修、抢修、基建施工有时占用道路；车辆要进出库房、车间等危险场地；厂内的车辆类型多种多样，除常见的运输车辆外，还有不出厂的翻斗车、叉车（铲车）、电瓶车等特殊车辆，这些车辆常常运输各类危险品。因此，要保证安全必须搞好厂内道路、车辆交通安全管理。

第四节　化工生产的火灾爆炸危险性评价

在化工企业也可采用火灾爆炸指数评价法，对化工工艺过程和生产装置的火灾爆炸危险性进行评价。

一、化工生产装置的防火要求

(一) 各类化工生产装置的布置

(1) 在化工生产中，为了防火、防爆的需要，宜将生产装置露天布置，或者布置在敞开或半敞开式的建筑物中。生产装置内的设备、建筑物、构筑物之间的防火间距必须符合建筑设计防火规定。

(2) 根据不同火灾危险类别和生产工艺过程的特点，装置内可分区布置，并用道路将甲、乙类工序分隔为占地面积不大于 $8000m^2$ 的设备区或建筑物、构筑物区。区与区之间的防火间距不应小于 8m。建筑物与建筑物之间的距离不宜小于 4m。

(3) 明火设备应远离可能泄漏液化石油气、可燃气体、可燃蒸气的设备及贮罐。当有一个以上的明火设备时，应将其集中布置在装置的边缘，并应设在有散发可燃气体的设备、建筑物、构筑物的侧风向或上风向；但有飞火的明火设备应布置在上述设备、建筑物、构筑物的侧风向。因工艺生产过程或热能利用的需要，将明火设备与有可燃气体、可燃蒸气的密闭设备布置在一起时，其两者间的距离不作规定。

(4) 有火灾爆炸危险的甲、乙类生产设备、建筑物、构筑物宜布置在装置的边缘。其中有爆炸危险的高压设备的应布置在防爆构筑物内。

(5) 主要为甲、乙类的生产装置，其集中控制的自控仪表室、变电配电室、分析化验室等辅助建筑物，应布置在安全、便于操作和管理的地方，不宜与可能泄漏液化石油气及散发比重大于 0.7 的可燃气体的甲类生产设备、建筑物、构筑物贴邻布置。如需贴邻布置时，应用密封的非燃烧材料的实体墙或走廊相隔，必要时宜采用室内正压通风措施。

可燃气体及易燃液体的在线自动分析仪，宜设置在生产现场或与分析化验室等辅助建筑物隔开的单独房间内。

(6) 装置区内不宜大量贮存可燃气体、易燃和可燃液体，只设置为平衡生产用的小型中间罐或罐区。

(二) 厂房的耐火等级、层数和面积

(1) 在小型企业中，面积不超过 $300m^2$ 的独立的甲、乙类生产厂房，可采用三级耐火等级的单层建筑。

(2) 使用或生产可燃液体的丙类生产厂房和有火花、赤热表面、明火的丁类生产厂房均应采用一、二级耐火等级的建筑。

但丙类生产厂房面积不超过 $500m^2$、丁类生产厂房面积不超过 $1000m^2$ 的，也可

采用三级耐火等级的单层建筑。

(3) 甲、乙类生产厂房不应设在建筑物的地下室或半地下室内。

(4) 有爆炸危险的甲、乙类生产厂房必须符合防爆厂房的规定，宜采用钢筋混凝土柱、钢柱或框架承重结构。泄压面积与厂房体积比一般在 0.05 ~ 0.1m^2/m^3。防爆厂房内不应设办公室和休息室。

(5) 在一座厂房内有不同生产类别的设备时，必须实行隔开布置。隔离墙应是不开孔的防火墙。如需设门时，应设防火门。

有爆炸危险的甲、乙类生产部位，宜设在单层厂房靠外墙处或多层厂房的最上一层靠外墙处。

(三) 安全技术措施

(1) 工艺设计应选定先进可靠的生产流程。对有火灾爆炸危险的过程及设备，应有必要的自控检测仪表、报警信号或其他安全设施。甲类生产区域在有液化石油气及可燃气体容易泄漏扩散处，宜设置可燃气体浓度检测报警器。

(2) 设备和管道的设计，特别是高温、低温、高压设备和管道，应选择合适的材料，以确保机械强度和使用期限。设备和管道的设计、制造、安装及试压，应符合国家现行标准和规范的要求。

(3) 生产和使用可燃气体的设备和装置，在发生事故时应能及时放空。大型生产装置应设有排放火炬。火炬的高度应满足其辐射热不致伤害人身及设备安全。火炬应设有长明灯及可靠的点火设施。

因反应物料爆聚、分解造成超温、超压可能引起火灾爆炸危险的装置，有突然超压或瞬间分解爆炸危险物料的设备，均应设置报警信号系统及自动或手动紧急泄压排放设施，并设有安全阀、爆破板、导爆筒等，导爆筒应朝向安全方向，应设置蒸汽喷射管，防止二次爆炸。

可燃气体排放管、导爆筒等都要有静电接地、避雷设施或在避雷设施的保护范围之内。放空管的高度应高于附近有人操作的最高设备 2m 以上。设在建筑物、构筑物内或紧靠建筑物、构筑物的放空管，应高出建筑物、构筑物 2m 以上。

(4) 含重组分的气体燃料管线，在接入燃烧器之前应有防止回火及分液设施。分出的液体要排至回收系统或安全排放。

工业炉内应配备蒸汽管线，供灭火和炉膛吹扫之用。灭火用蒸汽压力不小于 0.6MPa，炉膛内水蒸气的供给强度不小于 0.003kg/（$s \cdot m^3$）。

(5) 生产、贮存和装卸液化石油气、可燃气体、易燃液体，用空气干燥、掺和、输送可燃粉状、粒状物料等的设备和管道，都应设置静电接地或消除静电的措施。

(6) 甲、乙类生产有散发可燃气体及蒸气的设备、建筑物、构筑物区，其物料管线和电缆宜架空敷设。如需要在管沟和电缆沟敷设时，宜有防止可燃气体沉积和含有易燃、可燃液体的污水流渗至沟内的措施。进入变配电室、自控仪表室的管沟和电缆沟的入口处以及穿墙孔洞，应予以填实密封。

(7) 甲、乙类生产的物料管线不应穿过与它无关的建筑物，如卧室、浴室、地下室、易燃易爆品的仓库、有腐蚀介质的房间配电室、烟道、进风道等地方。

(8) 有易燃、易爆物料的设备及管道系统，应有用惰性气体置换和灭火的设施。甲、乙、丙类生产设备和厂房，宜根据物料的性质和设备的布置情况，采用固定或半固定式水蒸气或惰性气体灭火。所谓固定式灭火管线是利用固定的水蒸气或惰性气体管线，在管线上开成小孔，使蒸汽或惰性气体从小孔中喷出，达到灭火的目的，也称为气幕。所谓半固定式灭火管线，是在灭火蒸汽或惰性气体管线上装上短接头，再接上软管直接引向着火点，进行灭火。

(9) 生产中产生的含有可燃气体及易燃可燃液体的污水，宜采取回收或处理措施。严禁将几种能相互发生化学反应而引起火灾或爆炸的污水直接混合排放。

化工厂的消防设计应根据工厂的规模、火灾危险程度及邻近单位的消防协作条件综合考虑。大中型化工厂及石油化工联合企业应设立消防站，消防站的服务范围按行车距离不得大于2.5km。超出消防站服务范围的应设立分站或其他消防设施。化工厂的消防给水可采用高压、临时高压或低压系统；消防水管网应采用环状管网。有关具体要求请参见化工企业设计规定。

二、化学反应的安全技术管理

在化工生产中，不同的化学反应有不同的工艺条件，不同的化工过程有不同的操作规程。评价一套化工生产装置的危险性，不但要看它所加工的介质、中间产品、产品的性质和数量，还要看它所包含的化学反应类型及化工过程和设备的操作特点。因此，化工安全技术管理与化工工艺是密不可分的。化工安全技术要求对化工生产装置从设计、制造、安装直至投产应实施一条龙管理，以保证其工艺技术合理，机械设备、管道、阀门、仪表可靠以及操作人员技术娴熟。

(一) 氧化反应

绝大多数氧化反应是放热反应。这些反应很多是易燃、易爆物质(如甲烷、乙烯、甲醇、氨等)与空气或氧气参加，其物料配比接近爆炸下限。倘若配比及反应温度控制失调，即能发生爆炸燃烧。某些氧化反应能生成危险性更大的过氧化物，它们的化学稳定性极差，受高温、摩擦或撞击便会分解，引燃或爆炸。

有些参加氧化反应的物料本身是强氧化剂，如高锰酸钾、氯酸钾、铬酸酐、过氧化氢，它们的危险性很大，在与酸、有机物等作用时危险性更大。因此，在氧化反应中，一定要严格控制氧化剂的投料量（适当的配料比），氧化剂的加料速度也不宜过快。要有良好的搅拌和冷却装置，防止温升过快、过高。此外，要防止因设备、物料含有的杂质为氧化剂提供催化剂，如有些氧化剂遇金属杂质会引起分解。使用空气时一定要净化，除掉空气中的灰尘、水分和油污。

当氧化过程以空气和氧气为氧化剂时，反应物料配比应严格控制在爆炸范围以外。如乙烯氧化制环氧乙烷，乙烯在氧气中的爆炸下限为91%，即含氧量9%。反应系统中氧含量要求严格控制在9%以下。其产物环氧乙烷在空气中的爆炸极限很宽，为3%～100%。另外，反应放出大量的热增加了反应体系的温度。

在高温下，由乙烯、氧和环氧乙烷组成的循环气具有更大的爆炸危险性。针对上述两个问题，工业上采用加入惰性气体（N_2、CO_2或甲烷等）的方法，来改变循环气的成分，缩小混合气的爆炸极限，增加反应系统的安全性。另外，这些惰性气体具有较高的热容，能有效地带走部分反应热，增加反应系统的稳定性。这些惰性气体称为致稳气体，致稳气体在反应中不消耗，可循环使用。因此，氧化反应一般列为危险要害岗位，须进行重点管理。

（二）还原反应

还原反应种类很多。虽然多数还原反应的反应过程比较缓和，但是许多还原反应会产生氢气或使用氢气，从而使防火、防爆问题突出。另外，有些反应使用的还原剂和催化剂有很大的燃烧爆炸危险性。

1. 利用初生态氢还原

利用铁粉、锌粉等金属，在酸、碱作用下生成初生态氢起还原作用。硝基苯在盐酸溶液中被铁粉还原成苯胺。铁粉和锌粉在潮湿空气中遇酸性气体时可能引起自燃，在贮存时应特别注意。

反应时酸、碱的浓度要控制适宜，浓度过高或过低均使产生初生态氢的量不稳定，使反应难以控制。反应温度也不宜过高，否则容易突然产生大量氢气而造成冲料。反应过程中应注意搅拌效果，以防止铁粉、锌粉下沉。一旦温度过高，底部金属颗粒动能加大，反应加速，将产生大量氢气而造成冲料。反应结束后，反应器内残渣中仍有铁粉、锌粉在继续作用，不断放出氢气，很不安全，应放入室外贮槽中，加冷水稀释，槽上加盖并设排气管以导出氢气。待金属粉消耗殆尽，再加碱中和。若急于中和，则容易产生大量氢气并生成大量的热，将导致燃烧爆炸。所以，此类列为危险要害岗位，须进行重点管理。

2. 在催化剂作用下加氢

有机合成工业和油脂化学工业中，常用雷尼镍、钯碳等为催化剂使氢活化，然后加入有机物质的分子中起还原反应。例如，苯在催化作用下，经加氢生成环己烷。

催化剂雷尼镍和钯碳在空气中吸潮后有自燃的危险。钯碳更易自燃，平时不能暴露在空气中，而要浸在酒精中。反应前必须用氮气置换反应器的全部空气，经测定证实含氧量降低到符合要求后，方可通入氢气。反应结束后，应先用氮气把氢气置换掉，并以氮封保存。

此外，无论是利用初生态氢还原，还是催化加氢，都是在氢气存在下，并在加热、加压条件下进行。氢气的爆炸极限为4%～75%，如果操作失误或设备泄漏，都极易引起爆炸。操作中要严格控制温度、压力和流量。厂房的电气设备必须符合防爆要求，且应采用轻质屋顶，开设天窗或风帽，使氢气易于飘逸。尾气排放管要高出房顶并设阻火器。

高温高压下的氢对金属有渗碳作用，易造成氢腐蚀，所以，对设备和管道的选材要符合要求。对设备和管道要定期检测，以防发生事故。此类列为危险要害岗位，须进行重点管理。

3. 使用其他还原剂还原

常用还原剂中火灾危险性大的有硼氢类、四氢化锂铝、氢化钠、保险粉、异丙醇铝等。

常用的硼氢类还原剂为钾硼氢和钠硼氢。钾硼氢通常溶解在液碱中比较安全。它们都是遇水燃烧物质，在潮湿的空气中能自燃，遇水和酸即分解放出大量的氢，同时产生大量的热，可使氢气燃爆。所以应贮于密闭容器中，置于干燥处。在生产中，调节酸、碱度时要特别注意防止加酸过多、过快。

四氢化锂铝有良好的还原性，但遇潮湿空气、水和酸极易燃烧，应浸没在煤油中贮存。使用时应先将反应器用氮气置换干净，并在氮气保护下投料和反应。反应热应由油类冷却剂取走，不应用水，防止水漏入反应器内，发生爆炸。

用氢化钠做还原剂与水、酸的反应与四氢化锂铝相似，它与甲醇、乙醇等反应也相当激烈，有燃烧、爆炸的危险。

保险粉是一种还原效果不错且较为安全的还原剂。它遇水发热，在潮湿的空气中能分解出黄色的硫黄蒸气。硫黄蒸气自燃点低，易自燃。使用时应在不断搅拌下，将保险粉缓缓溶于冷水中，待溶解后再投入反应器与物料反应。

异丙醇铝常用于高级醇的还原，反应较温和。但在制备异丙醇铝时需加热回流，将产生大量氢气和异丙醇蒸气，如果铝片或催化剂三氯化铝的质量不佳，反应就不正常，往往先是不反应，温度升高后又突然反应，引起冲料，增加了燃烧、爆炸的危险性。此类列为危险要害岗位，须进行重点管理。

采用危险性小而还原性强的新型还原剂对安全生产很有意义。例如，用硫化钠代替铁粉还原，可以避免氢气产生，同时，也消除了铁泥堆积问题。

（三）硝化反应

有机化合物分子中引入硝基取代氢原子而生成硝基化合物的反应，称为硝化。常用的硝化剂是浓硝酸或浓硝酸与浓硫酸的混合物（俗称混酸）。硝化反应是生产染料、药物及某些炸药的重要反应。

硝化反应使用硝酸做硝化剂，浓硫酸为触媒，也有使用氧化氮气体做硝化剂的。一般的硝化反应是先把硝酸和硫酸配成混酸，然后在严格控制温度的条件下将混酸滴入反应器，进行硝化反应。

制备混酸时，应先用水将浓硫酸适当稀释，稀释应在有搅拌和冷却情况下将浓硫酸缓缓加入水中，并控制温度。如温度升高过快，应停止加酸，否则易发生爆溅。

浓硫酸适当稀释后，在不断搅拌和冷却条件下加浓硝酸。应严格控制温度和酸的配比，直至充分搅拌均匀为止。配酸时要严防因温度猛升而引起冲料或爆炸。更不能把未经稀释的浓硫酸与硝酸混合，因为浓硫酸猛烈吸收浓硝酸中的水分而产生高热，将使硝酸分解产生多种氮氧化物，引起突沸冲料或爆炸。浓硫酸稀释时，不可将水注入酸中，因为水的密度比浓硫酸小，上层的水被溶解放出的热量加热而沸腾，引起四处飞溅。

配制成的混酸具有强烈的氧化性和腐蚀性，必须严格防止触及棉、纸、布、稻草等有机物，以免发生燃烧爆炸。硝化反应的腐蚀性很强，要注意设备及管道的防腐性能，以防渗漏。

硝化反应是放热反应，温度越高，硝化反应速率越快，放出的热量越多，极易造成温度失控而爆炸。所以，硝化反应器要有良好的冷却和搅拌，不得中途停水、断电及搅拌系统发生故障；要有严格的温度控制系统及报警系统，遇有超温或搅拌故障，能自动报警并自动停止加料。反应物料不得有油类、醋酐、甘油、醇类等有机杂质，含水也不能过高，否则遇酸易燃烧爆炸。因此，此类列为危险要害岗位，须进行重点管理。硝化器应设有泄爆管和紧急排放系统。一旦温度失控，紧急排放到安全地点。

硝化产物具有爆炸性，处理硝化物时要格外小心。应避免摩擦、撞击、高温、日晒，不能接触明火、酸、碱。卸料时或处理堵塞管道时，可用蒸汽慢慢疏通，千万不能用金属棒敲打或明火加热。拆卸的管道、设备应移至车间外安全地点，用水蒸气反复冲洗，刷洗残留物，经分析合格后，才能进行检修。

(四) 磺化反应

在有机物分子中导入磺酸基或其衍生物的化学反应称为磺化反应。磺化反应使用的磺化剂主要是浓硫酸、发烟硫酸和硫酸酐，都是强烈的吸水剂。吸水时放热，会引起温度升高，甚至发生爆炸。磺化剂有腐蚀作用，磺化反应与硝化反应在安全技术上相似。因此，此类列为危险要害岗位，须进行重点管理。

(五) 氯化反应

以氯原子取代有机化合物中氢原子的反应称为氯化反应。常用的氯化剂有：液态或气态氯、气态氯化氢和不同浓度的盐酸、磷酰氯（三氯氧化磷)、三氯化磷、硫酰氯（二氯硫酰)、次氯酸钙等。最常用的氯化剂是氯气。氯气由氯化钠电解得到，通过液化贮存和运输。常用的容器有贮罐、气瓶和槽车，它们都是压力容器。氯气的毒性很大，要防止设备泄漏。

三、化工单元操作的安全技术管理

(一) 加热

温度是化工生产中最常见的需控制的条件之一。加热是控制温度的重要手段，其操作的关键是按规定严格控制温度的范围和升温速度。

温度过高会使化学反应速率加快，若是放热反应，则放热量增加，一旦散热不及时，温度失控，发生冲料，甚至会引起燃烧和爆炸。

升温速度过快不仅容易使反应超温，而且会损坏设备。例如，升温过快会使带有衬里的设备及各种加热炉、反应炉等设备损坏。

化工生产中的加热方式有直接火加热（包括烟道气加热)、蒸汽或热水加热、载体加热以及电加热。加热温度在100℃以下的，常用热水或蒸汽加热；100～140℃用蒸汽加热；超过140℃则用加热炉直接加热或用热载体加热；超过250℃时，一般用电加热。

用高压蒸汽加热时，对设备耐压要求高，须严防泄漏或与物料混合，避免造成事故。使用热载体加热时，要防止热载体循环系统堵塞，热油喷出，酿成事故。使用电加热时，电气设备要符合防爆要求。直接火加热危险性最大，温度不易控制，可能造成局部过热烧坏设备，引起易燃物质的分解爆炸。当加热温度接近或超过物料的自燃点时，应采用惰性气体保护。若加热温度接近物料分解温度，此生产工艺称为危险工艺，必须设法改进工艺条件，如负压或加压操作。加热的重点安全管理在于温度的控制。

(二) 冷却

在化工生产中，把物料冷却在大气温度以上时，可以用空气或循环水作为冷却介质。冷却温度在15℃以上，可以用地下水；冷却温度在0～15℃时，可以用冷冻盐水。

另外，还可以借某种沸点较低的介质的蒸发，从需冷却的物料中取得热量来实现冷却。常用的介质有氟利昂、氨等。此时，物料被冷却的温度可达-15℃左右。更低温度的冷却，属于冷冻的范围。如石油气、裂解气的分离采用深度冷冻，介质需冷却至-100℃以下。冷却操作时冷却介质不能中断，否则会造成积热，系统温度、压力骤增，引起爆炸。开车时，应先通冷却介质；停车时，应先停物料，后停冷却系统。

有些凝固点较高的物料，遇冷易变得黏稠或凝固，在冷却时要注意控制温度，防止物料卡住搅拌器或堵塞设备及管道。

(三) 加压操作

凡操作压力超过大气压的都属于加压操作。加压操作所使用的设备要符合压力容器的要求。加压系统不得泄漏，否则，在压力下物料以高速喷出，产生静电，极易发生火灾爆炸。加压操作一定要控制压力，不允许超压操作，此类列为安全管理的重点。

所用的各种仪表及安全设施(如爆破泄压片、紧急排放管等)都必须齐全完好。

(四) 负压操作

负压操作即低于大气压下的操作。负压系统的设备也和压力设备一样，必须符合强度要求，以防在负压下把设备抽瘪。

负压系统必须有良好的密封，否则，一旦空气进入设备内部，形成爆炸混合物，易引起爆炸。当需要恢复常压时，应待温度降低后，缓缓放进空气，以防自燃或爆炸。因此，此类列为安全管理的重点。

(五) 冷冻

在某些化工生产过程中，如蒸发、气体的液化、低温分离以及某些物品的输送、贮藏等，常需将物料降到比0℃更低的温度，这就需要进行冷冻。

冷冻操作其实质是利用冷冻剂不断地由被冷冻物体取出热量，并传给高温物质

(水或空气)，以使被冷冻物体温度降低。制冷剂自身通过压缩—冷却—蒸发(或节流、膨胀)循环过程，反复使用。工业上常用的制冷剂有氨、氟利昂。在石油化工生产中常用乙烯、丙烯为深冷分离裂解气的冷冻剂。

对于制冷系统的压缩机、冷凝器、蒸发器以及管路，应注意耐压等级和气密性，防止泄漏。此外，还应注意低温部分的材质选择。

第五节　化工企业检修的安全技术及管理

一、化工企业检修的特点

化工生产具有高温、高压、腐蚀性强等特点，因而，化工设备、管道、阀件、仪表等在运行中易于受到腐蚀和磨损。为了维持正常生产，必须加强对它们的维护、保养、检测和维修。这些工作有的是日常的正常维修，如通过备用设备的更替，来实现对故障设备的维修；有的是根据设备的管理、使用的经验和生产规律，制定设备的检修计划，按计划进行检修。这种按计划对设备进行的检修，称为计划检修。根据检修内容、周期和要求的不同，计划检修可以分为小修、中修和大修。还有一种称为计划外检修。在生产过程中设备突然发生故障或事故，必须进行不停车或停车检修。这种检修事先难以预料，无法安排检修计划，而且要求检修时间短，检修质量高，检修的环境及工况复杂，其难度相当大。当然这种计划外检修随着日常的保养、检测管理技术和预测技术的不断完善和发展，必然会日趋减少，但在目前的化工生产中，仍然是不可避免的。

化工检修具有频繁、复杂、危险性大的特点。所谓频繁是指计划检修、计划外检修的次数多；化工生产的复杂性，决定了化工设备及管道的故障和事故的频繁性，因而也决定了检修的复杂性。

化工检修的复杂性是由于化工生产中使用的化工设备、机械、仪表、管道、阀门等的种类多、数量大、结构和性能各异造成的，这就要求从事检修的人员具有丰富的知识和技术，熟悉和掌握不同设备的结构、性能和特点。检修中由于受到环境、气候、场地的限制，有些要在露天作业，有些要在设备内作业，有些要在地坑或井下作业，有时要上、中、下立体交叉作业，所有这些，都给化工检修增加了复杂性。

化工生产的危险性决定了化工检修的危险性。化工设备和管道中有很多残存的易燃易爆、有毒有害、有腐蚀性的物质，而化工检修又离不开动火、进罐作业，稍有疏忽就会发生火灾爆炸、中毒和化学灼伤等事故。统计资料表明，国内外化工企业发生的事故中，停车检修作业或在运行中抢修作业发生的事故占有相当大的比例。

综上所述，不难看到化工安全检修的重要性。实现化工安全检修不仅确保了在检修工作中的安全，防止各种事故的发生，保护职工的安全和健康，而且可以使检修工作保质保量按时完成，为安全生产创造良好的条件。

二、安全检修的管理

不论是大修还是小修，计划内检修还是计划外检修，都必须严格遵守检修工作的各项规章制度，办理各种安全检修许可证（如动火证）的申请、审核和批准手续。这是化工检修的重要管理工作。其他的管理工作还包括以下几点。

（一）组织领导

中修和大修应成立检修指挥系统，负责检修计划、调度、安排人力、物力、运输及安全工作。在各级检修指挥机构中要设立安全组。各车间负责安全的负责人及安全员与厂指挥部安全组构成安全联络网（小修也要指定专人负责安全工作）。各级安全机构负责对安全规章制度的宣传、教育、监督、检查，办理动火、动土及检修许可证。

化工厂检修的安全管理工作要贯穿检修的全过程，包括检修前的准备、装置的停车、检修，直至开车的全过程。

（二）检修计划的制定

在化工生产中，特别是大型石油化工联合企业中，各个生产装置之间，以至于厂与厂之间，是一个有机整体，它们相互制约又紧密联系。一个装置的开停车必然要影响到其他装置的生产，因此，大检修必须有一个全盘的计划。在检修计划中，根据生产工艺过程及公用工程之间的相互关联，规定各装置先后停车的顺序；停水、停气、停电的具体时间；什么时间灭火炬，什么时间点火炬；还要明确规定各个装置的检修时间和检修项目的进度以及开车顺序。一般都要画出检修计划图（鱼翅图），在计划图中标明检修期间的各项作业内容，便于对检修工作进行管理。

（三）安全教育

化工厂的检修不但有化工操作人员参加，还有大量的检修人员参加，同时有多个施工单位进行检修作业，有时还有临时工人进厂作业。安全教育既包括对本单位参加检修人员的教育，也包括对其他单位参加检修人员的教育。安全教育的内容包括化工厂检修的安全制度和检修现场必须遵守的有关规定。

(四) 安全检查

安全检查包括对检修项目的检查、检修机具的检查和检修现场的巡回检查。

(1) 检修项目，特别是重要的检修项目，在制定检修方案时，就要制定安全的技术措施。没有安全技术措施的项目，不准检修。

(2) 检修所用的机具，特别是起重机具、电焊设备、手持电动工具等，都要进行安全检查，检查合格后由主管部门审查并发合格证。合格证贴在设备醒目处，以便安全检查人员现场检查。未有检查合格证的设备、机具不准进入检修现场和使用。

(3) 在检修过程中，要组织安全检查人员到现场巡回检查，检查各检修现场是否认真执行安全检修的各项规定。发现问题及时纠正、解决，如有严重违章者，安全检查人员有权令其停止作业，并用统计表的形式公布各单位安全工作的情况、违章次数，进行安全检修评比。

三、装置的安全停车与处理

化工装置在停车过程中，要进行降温、降压，降低进料量一直到切断原燃料的进料，然后进行设备倒空、吹扫、置换等工作。各工序和各岗位之间联系密切，如果组织不好、指挥不当或联系不周、操作失误等都容易发生事故。停车和吹扫、置换工作进行得好坏，直接关系到装置的安全检修结果的好坏，因此，装置的停车和处理对于安全检修工作有着特殊的意义。

(一) 停车前的准备工作

(1) 编写停车方案。在装置停车过程中，操作人员要在较短的时间内开关很多阀门和仪表，密切注意各部位的温度、压力、流量、液位的变化，因此，劳动强度大，精神紧张。虽然有操作规程，但为了避免差错，还应当结合停车检修的特点和要求，制定出“停车方案”。其主要内容应包括：停车时间、步骤、设备管线倒空及吹扫流程、抽堵盲板系统图。还要根据具体情况制定防堵、防冻措施。对每一步骤都要有明确的时间要求、达到的指标，并由专人负责。

(2) 做好检修期间的劳动组织及分工。根据每次大检修工作的内容，合理调配人员，分工明确。在检修期间，除派专人与施工单位配合检修外，各岗位、控制室均应有人坚守岗位。

(3) 进行大检修动员。在停车检修前要进行一次大检修的动员，使每个职工都明确检修的任务、进度，熟悉停开车方案，重温有关安全制度和规定，以提高认识，为安全检修打下扎实的思想基础。

(二) 停车操作

按照停车方案确定的时间、步骤、工艺参数变化的幅度进行有秩序的停车。在停车操作中应注意的事项如下。

(1) 把握好降温、降量的速度。在停车过程中，降温、降量的速度不宜过快，尤其在高温条件下。温度的骤变会引起设备和管道的变形、破裂和泄漏。易燃易爆介质的泄漏会引起着火爆炸，有毒物质泄漏易引起中毒。

(2) 开关阀门的操作一般要缓慢进行，尤其是在开阀门时，打开头两扣后要停片刻，使物料少量通过，观察物料畅通情况（对于热物料来说，可以有一个对设备和管道的预热过程），然后逐渐开大，直至达到要求为止。开水蒸气阀门时，开阀前应先打开排凝阀，将设备或管道内的凝液排净，关闭排凝阀后再由小到大逐渐把蒸汽阀打开，以防止蒸汽遇水造成水锤现象，产生震动而损坏设备和管道。

(3) 加热炉的停炉操作，应按工艺规程中规定的降温曲线逐渐减少烧嘴，并考虑到各部位火嘴熄火对炉膛降温的均匀性。加热炉未全部熄灭或炉膛温度很高时，有引燃可燃气体的危险性。此时，装置不得进行排空和低点排放凝液，以免有可燃气体飘进炉膛引起爆炸。

(4) 高温真空设备的停车，必须先破真空，待设备内的介质温度降到自燃点以下后，方可与大气相通，以防空气进入引起介质的燃爆。

(5) 装置停车时，设备及管道内的液体物料应尽可能倒空，送出装置，可燃、有毒气体应排至火炬烧掉。对残存物料的排放，应采取相应措施，不得就地排放或排入下水道中。

(三) 抽堵盲板

化工生产，特别是大型石油化工联合企业，厂与厂之间、装置之间、设备与设备之间都有管道相连通。停车检修的设备必须与运行系统或有物料系统进行隔离，而这种隔离只靠阀门是不行的。因为阀门经过长期的介质冲刷、腐蚀，结垢或杂质的积存，难保严密，一旦易燃易爆、有毒、有腐蚀、高温、窒息性介质窜入检修设备中，易造成事故。最保险的办法是将与检修设备相连的管道用盲板进行隔离。装置开车前再将盲板抽掉。抽堵盲板工作既有很大的危险性，又有较复杂的技术性，必须由熟悉生产工艺的人员负责，严加管理。抽堵盲板应注意以下几点。

(1) 根据装置的检修计划，制定抽堵盲板流程图，对需要抽堵的盲板要统一编号，注明抽堵盲板的部位和盲板的规格，并指定专人负责作业和现场监护。对抽堵盲板的操作人和监护人要进行安全教育，交代安全措施。操作前要检查设备及管道内压力是否已降下来，残液是否已排净。

(2) 要根据管道的口径、系统压力及介质的特性，制造有足够强度的盲板。盲板应留有手柄，便于抽堵和检查。有的把盲板做成“8”字形，一端为盲板，另一端是开孔的，抽堵操作方便，标志明显。

(3) 加盲板的位置，应加在有物料来源的阀门后部法兰处，盲板两侧均应有垫片，并用螺栓把紧，以保持其严密性。

(4) 抽堵盲板时要采取必要的安全措施，高处作业要搭设脚手架，系安全带。当系统中存在有毒气体时要佩戴防毒面具。若系统中有易燃易爆介质，抽堵盲板作业时，周围不得动火。用照明灯时，必须用电压小于36V的防爆灯。应使用铜质或其他不产生火花的器具，防止作业时产生火花。拆卸法兰螺栓时，应小心操作，防止系统内介质喷出伤人。

(5) 做好抽堵盲板的检查登记工作。应由专人对抽堵的盲板分别逐一进行登记。并对照抽堵盲板的流程图进行检查，防止漏堵或漏抽。

(四) 置换、吹扫和清洗

为了保证检修动火和罐内作业的安全，检修前要对设备内的易燃、易爆和有毒气体进行置换；对易燃、有毒液体要在倒空后用惰性气体吹扫；对积附在器壁上的易燃、有毒介质的残渣、油垢或沉积物要进行认真的清理，必要时要进行人工刮铲、热水煮洗等；对酸碱等腐蚀性液体及经过酸洗或碱洗过的设备，则应进行中和处理。

1. 置换

对易燃、有毒气体的置换，大多采用水蒸气、氮气等惰性气体为置换介质，也可采用注水排气法，将易燃、有毒气体排出。对用惰性气体置换过的设备，若需进罐作业，还必须用空气将惰性气体置换掉，以防止窒息。根据置换和被置换介质密度的不同，选择确定置换和被置换介质的进出口和取样部位。若置换介质的密度大于被置换介质的密度，应由设备或管道的最低点进入置换介质，由最高点排出被置换介质，取样点宜设置在顶部及易产生死角的部位。反之，则改变其方向，以免置换不彻底。

用注水排气法置换气体时，一定要保证设备内充满水，以确保将被置换气体全部排出。

置换出的易燃、有毒气体，应排至火炬或安全场所。置换后应对设备内的气体进行分析，测验易燃、易爆气体浓度和含氧量，直至合格为止。氧含量≥18%，可燃气体浓度≤0.2%。

2. 吹扫

对设备和管道内没有排净的易燃、有毒液体，一般采用以蒸汽或惰性气体进行吹扫的方法来清除，这种方法也称为扫线。扫线作业应该根据停车方案中规定的扫线流程图，按管段号和设备位号逐一进行，并填写登记表。在登记表上注明管段号、设备位号、吹扫压力、进气点、排放点、负责人等。扫线结束时，应先关闭物料阀，再停气，以防止管路系统介质倒回。设备和管道吹扫完毕并分析合格后，应及时加盲板与运行系统隔离。

3. 清洗

对置换和吹扫都无法清除的油垢和沉积物，应用蒸汽、热水、溶剂、洗涤剂或酸、碱来清洗。有的还需人工铲除。这些油垢和残渣如铲除不彻底，即使在动火前分析设备内可燃气体含量合格，动火时由于油垢、残渣受热分解出易燃气体，也可能导致着火爆炸。清洗的方法和注意事项如下。

（1）水洗。水洗适用于对水溶性物质的清洗。常用的方法是：将设备内灌满水，浸渍一段时间。如有搅拌或循环泵则更好，使水在设备内流动，这样既可节省时间，又能清洗得比较彻底。

（2）水煮。冷水难溶的物质可加满水后再煮沸。此法可以把吸附在垫圈中的物料清洗干净，防止垫圈中的吸附物在动火时受热挥发，造成燃爆。有些不溶于水的油类物质，经热水煮后，可能化成小液滴而悬浮在热水中，随水放出。此法可以重复多次，也可在水中放入适量的碱或洗涤剂，开动搅拌器加热清洗。

搪玻璃设备不可用碱液清洗。金属设备也应注意减少腐蚀。

（3）蒸汽冲。对不溶于水、常温下不易汽化的黏稠物料，可以用蒸汽冲的办法进行清洗。要注意蒸汽压力不宜过高，喷射速度不宜太快，防止高速摩擦产生静电。蒸汽冲过的设备还应用热水煮洗。

（4）化学清洗。对设备、管道内不溶于水的油垢、水垢、铁锈及盐类沉积物，可用化学清洗的方法除去。常用的有碱洗法。除了用氢氧化钠液外，还可以用磷酸氢钠、碳酸氢钠并加适量的表面活性剂，在适当的温度下进行。

酸洗法是用盐酸加缓蚀剂清洗。对不锈钢及其他合金钢则用柠檬酸等有机酸清洗。有些物料的残渣可用溶剂（如乙醇、甲醇等）清洗。

（五）其他

按停车方案，在完成了装置的停车、倒空物料、中和、置换、清洗和可靠的隔离等工作后，装置停车即告完成。在转入装置检修之前，还应对地面、明沟内的油污进行清理，封闭全装置的下水井盖和地漏。因为下水道与全厂各装置是相通的，这个系统中仍有可能存在易燃易爆物质。因此，必须认真封盖，防止下水道系统有易燃、易爆气体外逸，也防止检修中有火花落入下水道中。

对于有传动设备或其他有电源的设备，检修前必须切断一切电源，并在开关处挂上标志牌。对要实施检修的区域或重要部位，应设置安全界标或栅栏，并由专人负责监护，非检修人员不得入内。

操作人员与检修人员要做好交接和配合。设备停车并经操作人员进行物料倒空、吹扫等处理，经分析合格后方可交接给检修人员进行检修。在检修过程中动火、动土、罐内作业等均须按有关规定进行，操作人员要积极配合。

四、安全检修中的特殊作业

检修过程中，以下几类作业需要特别加强管理。

(一) 动火作业

1. 动火作业范围

在化工厂里，凡是动用明火或存在可能产生火种作业的区域都属于动火作业范围。例如，存在焊接、切割、喷灯加热、熬沥青、烘炒沙石、凿水泥基础、打墙眼、电气设备的耐压试验、打砂、砂轮作业、金属器具的撞击等作业。

凡在禁火区从事上述高温或易产生火花的作业，都要办理动火证手续，落实安全动火措施。

2. 禁火区与动火区的划分

在生产正常或不正常情况下都有可能形成爆炸性混合物的场所和存在易燃、可燃物质的场所都应划为禁火区。在禁火区内，根据发生火灾、爆炸危险性的大小，所在场所的重要性以及一旦发生火灾爆炸事故可能造成的危害大小，划分为一般危险区和危险区两类。在不同的区域内动火，其安全管理制度有所不同。

在化工企业里，为了正常的设备维修需要，在禁火区外，可在符合安全条件的地域设立固定动火区，在固定动火区内可进行动火作业。设立固定动火区的条件如下。

(1) 固定动火区距可燃、易爆物质的堆场、仓库、贮罐及设备的距离应符合防火规范的规定。

(2) 在任何气象条件下，固定动火区域内的可燃气体含量在允许范围以内。生产装置在正常运行时，可燃气体应扩散不到动火区内。一旦装置出现异常情况且可能危及动火区时，应立即通知动火区停止一切动火。

(3) 动火区若设在室内，应与防爆区隔开，不准有门窗串通。允许开的窗、门都要向外开，各种通道必须畅通。

(4) 固定动火区周围不得存放易燃、易爆及其他可燃物质。少量的有盖桶装电石、乙炔气瓶等在采取可靠措施后，可以存放。

（5）固定动火区应备有适用的、足够数量的灭火器材。

（6）动火区要有明显的标志。

3. 动火证制度

（1）在禁火区进行动火作业，施工单位在动火前应办理动火证的申请。应认真填写动火证，明确动火的地点、时间、负责人、动火人、监火人。

（2）动火证必须由相应级别的审批人审批后才有效。动火的审批事关重大，直接关系到人身和国家财产的安危。动火时的环境和条件千差万别，这就要求审批人必须熟悉生产现场，有丰富的安全技术知识和实践经验，有强烈的责任感。审批人必须对每一处动火现场的情况深入了解，审时度势，考虑周详。首先，对动火设备本身必须吹扫、置换、清洗干净，进行可靠隔离；设备内的可燃气体分析及进罐作业的氧含量分析合格。其次，要检查周围环境，有无泄漏点或敞口设备；地沟、地漏、下水井应进行有效封挡；清除动火点附近的可燃物，环境空间要进行测爆分析；有风天气要采取措施，防止火星被风吹散；高空作业时要防止火花四处飞溅；室内动火应将门窗打开，注意通风；动火现场要有明显标志，并备足适用的消防器材；动火作业完毕应认真检查现场，灭绝火种。

审批人在认真审核各项防火措施后，签发动火证。施工动火人及监火人应持证动火和监火。动火人要做到“三不动火”：没有动火证不动火；防火措施不落实不动火；监护人不在现场不动火。此外，要严格控制动火期限，过期的动火证不能再用，需重新办理。

（3）动火分析。动火分析是指对动火现场周围环境及动火设备的易燃气体进行分析。动火分析不宜过早，一般应在动火前半小时以内进行。如果动火作业间断半小时以上，应重新分析。

从理论上讲，只要可燃物浓度在爆炸限以下动火就是安全的。但考虑到取样的代表性、分析仪器的误差等因素，应该留有适当的安全裕度。化工企业动火分析合格的标准定为：爆炸下限 $<4\%$（容积百分比，下同）者，动火地点空气中可燃物含量在 $<0.2\%$ 为合格；爆炸下限 $>4\%$ 者，分析可燃物含量 $<0.5\%$ 为合格。进入设备内作业，设备内氧含量 $\geqslant 18\%$ 为合格。

（4）动火作业时，动火人员要与监火人协调配合，在动火中遇有异常情况，如生产装置紧急排放或设备、管道突然破裂，可燃气体外泄时，监火人应即令动火人员停止动火，待恢复正常后，重新分析合格并经原批准动火单位同意后，方可动火。

氧气瓶与乙炔发生器应保持 5m 以上距离，距动火点保持 10m 距离。电焊机应放在指定地点，施工用临时电源要安全可靠，接地线应接在被焊设备上，并应靠近焊接点。

高空作业除应遵守有关安全规定外，还应注意防止火花四处飞溅。对重点设备及危险部位应采取有效措施。有 5 级以上大风时，应停止高处动火。

4. 油罐带油动火

由于各种原因，罐内油品无法倒空，只能带油动火时，除按上述动火要求外，还应注意以下几点。

(1) 在油面以上，不准带油动火。

(2) 补焊前应先进行壁厚测定，补焊处的壁厚应大于 3mm。根据测得的壁厚确定合适的焊接电流，防止因电流过大而烧穿罐壁，造成泄油着火。

(3) 动火前用铅或石棉绳等将裂缝塞严，外面用钢板补焊。

5. 带压不置换动火

在未经置换而带有一定压力的可燃性气体的设备或管道上动火，只要严格控制设备和管道内介质中的氧含量，使之无法形成爆炸混合气体，是不会引起爆炸的。通常在正压下点燃外泄可燃气时，只会燃烧，不会爆炸。实际上，一些企业在抢修可燃气的设备和管道方面，积累了很多经验，在焊接中应注意以下几个环节。

(1) 正压操作。在整个动火作业过程中，设备和管道需保持稳定的正压，压力的大小以不使喷火太猛又不易造成回火为原则。

(2) 含氧量的控制。在带压不置换动火系统中，必须保持氧含量低于 1% (环氧乙烷例外)。当含氧量高于 1% 时，应立即停止动火作业。

(3) 焊接之前，首先测定壁厚，以确定合理的抢修方案；其次对现场环境进行分析，当有有毒气体时，抢修人员须戴防毒面具；现场应准备轴流风机，若在高处作业，应搭好不燃性的作业平台，准备好灭火机具及安全撤离道路。

(4) 动火作业前先将准备补焊的钢板覆盖在预定的部位，焊工点燃外泄可燃气体，开始补焊。焊接过程中可用轴流风机吹风以控制火焰喷燃的方向，为作业提供有利的工作环境。一旦设备、管道压力或含氧量超过允许条件，应立即停止作业。

整个作业期间，监护人、抢救人员及医务人员都不得离开现场。

(二) 动土作业

1. 动土作业的危险性

在化工厂，地下埋有动力、通信和仪表等不同规格的电缆，各种管道纵横交错，还有很多地下设施 (如阀门井)，它们是化工厂的地下动脉。在化工厂进行动土作业 (如挖土、打桩) 及排放大量污水、重载运输、重物堆放等都可能影响到地下设施的安全。如果没有一套完整的管理办法，在不明了地下设施的情况下随意作业，势必会发生挖断管道、刨穿电缆、地下设施塌方毁坏等事故，不仅会造成停产，还有可能造成人身伤亡。

2. 动土证制度

(1) 动土证的申请与审批。凡是在化工厂内进行动土作业 (包括重型物资的堆放和运输) 的单位，在作业前应持施工图纸及施工项目批准手续等有关资料，到有关部门 (有的是厂总图部门，也有的是机动部门) 申办动土证。动土证上应写明施工项目、施工时间、地点、联系人等。

施工中如需破坏厂区道路，除动土主管部门签署意见外，还须请安全部门、保卫部门 (主管道路交通) 等单位会签。安全部门在签署意见后，应通知消防部门，以免在执行消防任务时因道路施工而延误时间。

施工单位应按批准的动土证，在规定的时间、地点、按图纸施工。在施工中必须遵守注意事项。施工完毕应将竣工资料交给管理部门，以保持化工厂地下设施资料的完整和准确。

(2) 动土作业的注意事项。

① 动土作业如在接近地下电缆、管道及埋设物的附近施工时，不准使用大型机器挖土，手工作业时也要小心，以免损坏地下设施。当地下设施情况复杂时，应与有关单位联系，配合作业。在挖掘时发现事先未预料到的地下设施或出现异常情况时，应立即停止施工，并报告有关部门进行处理。

② 施工单位不得任意改变动土证上批准的各项内容及施工图纸。如须变更，须按变更后的图纸资料，重新申办动土证。

③ 在禁火区或生产危险性较大的地域内动土时，生产部门应派人监护。施工中出现异常情况时，施工人员应听从监护人员的指挥。

④ 开挖没有边坡的沟、坑、池等，必须根据挖掘的深度设置支撑物，注意排水。如发现土壤有可能坍塌或滑动裂缝时，应及时撤离人员，在采取妥善措施后，方可继续施工。

⑤ 挖掘的沟、坑、池等和破坏的道路，应设置围栏和标志，夜间设红灯，防止行人和车辆坠落。

⑥ 在规定以外的场地堆放荷重在 $5t/m^2$ 以上的重物或在正规道路以外的厂区内运输重型物资，其重在 3t 以上 (包括运输工具) 者，均应办理动土手续。

(三) 进入设备作业

1. 进入设备作业的内容

凡是进入塔、釜、槽、罐、炉、器、烟囱、料仓、地坑或其他闭塞场所内进行作业者均为进入设备作业。化工检修中进入设备作业很多，其危险性也很大。因为这类设备或设施内可能存在残存的有毒、有害物质和易燃、易爆物质，也可能存在令人窒息的物质，在施工中可能发生着火、爆炸、中毒和窒息事故。此外，有些设备或设施内有各种传动装置和电气照明系统，如果检修前没有彻底分离和切断电源或者由于电气系统的误操作，会发生搅伤、触电等事故。因此，必须对进入设备作业实行特殊的安全管理，以避免意外事故的发生。

2. 进入设备作业证制度

进入设备作业前，必须办理进入设备作业证。进入设备作业证由生产单位签发，由该单位的主要负责人签署。

生产单位在对设备进行置换、清洗并进行可靠的隔离后，进行设备内可燃气体分析和氧含量分析。有电动和照明设备时，必须切断电源，并挂上“有人检修、禁止合闸”的牌子。

检修人员凭经负责人签字的进入设备作业证及由分析人员签字的分析合格单，才能进入设备内作业。检修人员必须按进入设备作业证上的规定进行作业。在进入设备内作业期间，生产单位和施工单位应由专人进行监护和救护。在该设备外明显部位应挂上“设备内有人作业”的牌子。

3. 进入设备内作业的注意事项

设备必须实行可靠的隔离。要进入检修的设备必须与其他设备和管道进行可靠的隔离，绝不允许其他系统中的介质进入检修设备。不但要对可燃及有毒气体等物料系统进行可靠隔离，还要对蒸汽、水、压缩空气及氮气系统施行可靠隔离，防止造成烫伤、水淹或窒息。

(1) 设备内气体分析应包括三个部分：一是可燃气体的爆炸限分析；二是氧含量的分析；三是有毒气体分析。设备内的有毒气体浓度要符合该气体的最高允许浓度。如果有毒气体浓度达到允许浓度的标准，可采用长管防毒面具或采用强制通风等手段。在作业过程中要不断地取样分析，发现异常情况，应立即停止作业。

(2) 设备外的监护设备内有人作业时，必须指派两人以上的监护人。监护人应了解该设备的生产情况及介质的性质。发现异常应立即令其停止作业，并应立即召集救护人员，设法将设备内人员救出，进行抢救。

(3) 用电安全。设备内使用的照明及电动工具必须符合安全电压标准：在干燥设备内作业使用的电压不得超过 36V；在潮湿环境或密封性能好的金属容器内作业使用的电压不得超过 12V；若有可燃物存在，使用的机具、照明器械应符合防爆要求。在设备内进行电焊作业时，人要在绝缘板上作业。

(4) 进入设备人员在进入设备前应清理随身携带的物品，禁止将与作业无关的物品带入设备内。其携带的工具、材料等要进行登记。作业结束后应将工具、材料、垫片、手套等杂物清理干净，防止遗漏在设备内。经检修单位和生产单位共同检查，确认设备内无人员和杂物后，方可上法兰加封。

(5) 进入设备作业的人员，一次作业的时间不宜过长，应组织轮换，防止体力消耗过大而发生危险。

五、高处作业

(一) 高处作业的范围与内容

在离地面垂直距离 2m 以上位置的作业或虽在 2m 以下，但在作业地段坡度大于 45° 的斜坡下面，或附近有坑、井和有风雪袭击、机械振动的地方以及有转动机械或有堆放物易伤人的地段作业，均属高处作业，都应按照高处作业规定执行。

(二) 高处作业的安全规定

(1) 高处作业人员须经体格检查，身体患有高、低血压，心脏病，贫血病，癫痫病，精神病，习惯性抽筋等疾病和身体不适、精神不振的人员都不应从事登高作业。

(2) 高处作业用的脚手架、吊篮、手动葫芦必须按有关规定架设。严禁用吊装机械载人。高处作业用的工具、材料，应设法用机械或吊绳传送，不可投掷。高空作业下方应设置安全围栏、安全护体或安全网等。高空作业人员必须戴好安全帽，系好安全带。安全带的挂钩应固定在牢固的物体上，以防止坠落。

(3) 高处作业时，一般不应垂直交叉作业，凡因工序原因必须上下同时作业时，必须采取防范措施。

(4) 遇有 6 级以上强风或其他恶劣天气时，应停止露天高空作业。夜间作业须有足够的照明。

(5) 在易散发有毒气体的厂房、设备上方施工时，要设专人监护。如发现有毒气体排放时，应立即停止作业。

(6) 高处作业附近有架空电线时，应根据其电压等级与电线保持规定的安全距离。机具不得触及电线，防止触电。

严禁不采取任何安全措施直接站在石棉瓦、油毡等易碎裂材料的屋顶上作业。应在这类结构的显眼地点挂上警告牌，以防止误登。若必须在此类结构上作业时，应采取架设木板等措施，防止坠落。

六、开车

(一) 开车前的准备

在检修作业结束前，检修负责人应会同生产人员和安全检查员进行一次安全检查。检查的内容如下。

(1) 检查检修的项目是否全部按计划完成、是否有漏项；要求进行测厚、探伤等检查的项目，是否已按规定完成；检修的质量是否符合规定。

(2) 检查设备及管道内是否有人、工具、手套等遗留，在确认无误后，才能封盖设备，恢复设备上的防护装置。

(3) 检查检修现场是否达到“工完、料净、场地清”和所有通道都畅通的要求。

(4) 对检修换下来的带有有毒有害物质的旧设备、管线等杂物，要由专人负责进行安全处理，以防后患。

(5) 有污染的工业垃圾，要在指定的地点销毁或堆放。

(二) 试车验收

在检修项目全部完成和设备及管线复位后，要组织生产人员和检修人员共同参加试车和验收工作。根据规定分别进行耐压试验、气密试验、试运转、调试、负荷试车和验收工作。在试车和验收前应做好下列工作。

(1) 盲板要按要求进行抽堵，并做好核实工作。

(2) 各种阀门要正确就位，开关动作灵活好用，并核实是否处在正确的开关状态。

(3) 检查各种管件、仪表、孔板等是否齐全，是否正确复位。

(4) 检查电机及传动机械是否按原样接线，冷却及润滑系统是否恢复正常，安全装置是否齐全，报警系统是否好用。

各项检查无误后方可试车。试车合格后，按规定办理验收手续，并有齐全的验收资料。其中包括：安装记录、缺陷记录、试验记录(如耐压试验、气密试验、空载试验、负荷试验等)、主要零部件的探伤报告及更换清单。

试车合格、验收完毕后，在正式投产前，应拆除临时电源及检修用的各种临时设施，撤除排水沟、井的封盖物。

(三) 装置开车

装置的开车必须严格执行开车的操作规程。在接受易燃、易爆物料之前，设备和管道必须进行气体置换，将排放系统与火炬联通并点燃火炬。接受物料应缓慢进行，注意排凝，防止管线及设备的冲击、震动。接受蒸汽加热时，要先预热、放水，逐步升温升压。各种加热炉必须按程序点火，严格按升温曲线升温。

开车正常后检修人员才能撤离。厂有关部门要组织生产和检修人员全面验收，整理资料，归档备查。

第三章　化工及炼油工业对环境的污染及防治

第一节　化工、炼油工业污染物及危害

一、化工、炼油工业污染物

(一) 根据生产过程区分污染来源

1. 开采过程的污染

例如，在采石油时，会发生石油对周围土壤（或水域）的污染。

2. 制造过程的污染

（1）原料不能被完全利用造成的污染。例如，氯碱工业电解食盐溶液制取氯气、氢气和烧碱，只能利用食盐中的氯化钠，其余占原料10%左右的杂质则排入下水道；又如氮肥工业利用氨与硫酸的中和反应制取硫酸铵时，260kg氨和750kg硫酸共重1010kg，生成的硫酸铵只有1000kg，还有约1%的原料没有完全反应，随着排气跑到空气中，等等。

原料不能被完全利用的原因有三点：一是原料不纯，含有生产所不需要的成分；二是原料之间的反应不完全；三是气体被吸收不完全。

（2）化学反应的副产物带来的污染。利用化学反应制取产品时，生成物不只有我们所需要的产品，往往还有我们不需要的副产物，如不加以回收利用，就会污染环境。如磷肥工业中用磷矿、焦炭、硅石反应制取黄磷时，同时还生成一氧化碳和硅酸钙，分别形成了废气和废渣。

（3）辅助生产过程中产生的污染。不论是化学工业还是炼油工业，在生产过程中都要用到水蒸气，因此要烧锅炉提供水蒸气，这就是辅助生产。烧锅炉所产生的燃烧废渣和燃烧废气的污染，就是辅助生产过程中产生的污染。

（4）生产事故造成的污染。比较经常的事故是设备事故，尤其是化工生产，因为原料、成品或半成品很多都具有腐蚀性，容器、管道等容易被腐蚀坏，如检修不及时，就会出现跑、冒、滴、漏现象，流失的原料、成品或半成品就会造成对环境的污染。比较偶然的事故是工艺过程事故，如反应条件没有控制好，或催化剂没有及时更换，或者为了安全而大量排气、排液，或者生成了不需要的东西，这种废气、

废液和不需要的东西，数量比平时多、浓度比平时高，会造成一时的严重污染。

3. 运输过程的污染

每个工厂都要运进原料、运出产品。在运输过程中，会出现各种各样的损耗，造成不同程度的污染。如石油对海洋的污染，化学药品、化学试剂、化工产品，或者因包装不严密，或者因容器破损，在运输过程中也会有化学物品洒漏，污染了环境。

4. 贮存过程的污染

在贮存过程中，有的产品内部还会继续发生化学变化，如钙镁磷肥在粉碎包装后，其内部各成分之间还发生化学反应，产生含氟废气；有的产品易挥发，有的产品易潮解，结果也会造成对空气和地面的污染。

5. 使用过程的污染

有的产品被用作生产其他产品的原料，因原料不能被完全利用，会造成污染；有的用过以后，成了废品而造成污染。

(二) 根据物质形态区分污染物

通常条件下，物质的形态有固态、液态、气态。故污染物亦可分为废渣、废水、废气。

1. 废气中的主要工业有害物

(1) 气体和蒸气：包括一氧化碳、一氧化氮、二氧化氮、二氧化硫、硫化氢、氟气、氟化氢、四氟化硅、氯气、氯化氢、氨气、甲烷、乙烯、丙烯、丁烯、氯乙烯、氯丁二烯、3，4—苯并芘、甲醛、甲硫醇、苯胺，还有成分复杂的恶臭物质、光化学烟雾、铅烟等。

(2) 气溶胶：包括铅尘、硅尘、浮游粒子。

2. 废水中的主要工业有害物

包括无机酸 (盐酸、硝酸、硫酸、磷酸)、无机碱 (纯碱、硫化碱、苛性钾、苛性钠、消石灰)、氰化物 (氢氰酸、氰化钠、氰化钾)、铅、砷、汞、钴、镉、钼、铬、铜、锰、镍、锌等。

有机酸 (脂肪酸、芳香族酸)、芳烃及其衍生物 (苯、二甲苯、苯胺等)、有机氧化物 (甲醇、乙醇、乙二醇等)、甲基汞、二甲基汞等。

3. 废渣

包括开矿废石、硫铁矿渣、磷石膏、磷渣、电石渣、氯化钙、盐泥、工业垃圾等。

(三) 化学、炼油工业生产中的污染物

粗略地分，化学工业可分为无机化学工业、有机化学工业两大类。

(1) 无机化学工业生产中的污染物大致为：

① 氯碱工业，产品有烧碱、氯气、氢气，生产方法为水银电解法，污染物为汞、氯气、氯化氢、盐酸、硫酸、盐泥；

② 纯碱工业，产品为纯碱，生产方法为氨碱法，污染物为石灰粉尘、废水、氯化钙废渣；

③ 硫酸工业，产品为硫酸，生产方法为塔式法，污染物为氮氧化物、二氧化硫、硫酸酸雾；

④ 氮肥工业，产品为合成氨，生产方法系以天然气为原料，以乙醇胺脱碳，污染物为一氧化碳、氨、碳酸氢铵、乙醇胺、二氧化碳。

(2) 有机化学工业生产中的污染物大致为：

① 基本有机原料工业，产品有乙烯、丙烯、丁烯等，生产方法采用石油裂解，生产中的污染物为一氧化碳、甲烷等碳氢化合物、油类、芳烃和低分子量烯烃聚合物、废碱液、绿油、溶解性烃类、有机硫化物；

② 合成树脂与塑料工业，产品为聚氯乙烯，污染物为氯化氢、有机氯化物、催化剂、有机物或无机盐类固体悬浮物、氯乙烯、聚氯乙烯。

炼油工业生产中的主要污染物为：炼油废水中的油酚、硫化物、氰化物、氨和酸、碱；炼油废气中的二氧化硫、硫化氢、烃类化合物、一氧化碳、氧化氮以及来自催化裂化再生器的粉尘；炼油废渣中的游离酸、磺酸、硫化物、烃类、聚烃类等的酸渣以及含有过剩碱、硫化钠、环烷酸钠、酚类化合物等的碱渣。

二、化工、炼油工业污染物的危害

(一) 对环境的危害

1. 污染物对器材、建筑物等的腐蚀作用

像二氧化硫、硫酸酸雾等气体，与空气中的水雾反应，生成硫酸、盐酸时对器材、建筑物的腐蚀作用就更大；烟尘或者说浮游粒子，也对钢板、锌板有腐蚀作用，而且降落到器物上会玷污器物。

2. 污染物对水体的破坏

酸、碱污染物进入水体后，会增加水体的酸度或碱度；有毒污染物进入水体后，会增加水体的毒性。另外，需氧废弃物、植物营养物进入水体，也会破坏水体。

3. 污染物对土壤的破坏

酸性污染会使土壤酸化，碱性废水使土壤碱化，有毒废水使土壤毒化。

4. 污染物对气候的影响

大气中二氧化碳浓度增高，会导致地球上气温上升，浮游粒子也会影响地球气温。

（二）对生物的危害

1. 对微生物的危害

当 pH 小于 6 时，活性污泥法处理废水的过程会受到影响。氯化物对细菌也有毒害作用，在活性污泥法处理污水的过程中，当氰根在 7mg/kg 以上时，则由于受氰根的干扰，以致微生物的繁殖将受到影响。

2. 对植物的危害

氧化硫、氮氧化物、氯气等都对植物有害。它们使树叶枯斑、落叶或者堵塞植物叶孔，最后都会使植物死亡。

3. 对动物的危害

氟化氢使牛骨质疏松、关节发硬、体质衰弱；汞使鸟类中毒死亡；苯酚使鱼、贝类发生臭味；有机氯造成鸟类死亡；石油及石油产品对海鸟妨碍很大，还使水中的鱼、贝类、海生动物窒息死亡。

（三）对人体的危害

（1）工业有害物危害人的呼吸系统。

（2）工业有害物危害人的血液。

（3）工业有害物危害人的皮肤和五官。

（4）工业有害物危害人的骨骼、肠胃和神经。

（5）工业有害物使人中毒或致癌。

第二节　化工、炼油工业废水的处理

一、物理处理技术工艺

在石油化工工业废水处理技术工艺应用中，物理处理技术工艺主要有离心分离法、重力分离法、过滤法等。其中，离心分离法在具体实践中应用较多，其基本应用原理就是各类物质之间存有密度差异性、不相溶性，能对水和油全面分离，但是在应用实践中也存有较多不足之处。例如，仅仅能用于废水中分散油、重油等不溶物固体处理，针对溶解油、乳化油处理阶段不能选取此类模式。在离心分离法实践中，要对石油化工工业废水中含有的较多毒害性物质进行全面分离，但是各类污水在基本性质特征中存有较大差异。应用离心处理操作对废水进行集中处理，能有效实现污水中各类有害物质和水的分离。

混凝沉降法是当前应用较多的方法，其中混凝剂的选取是否合理对混凝效果高低影响较大，影响到水处理综合效果。当前应用较多的混凝剂就是铁盐、铝盐等无机混凝剂。目前混凝剂种类较多，主要有凝聚剂、絮凝剂、助凝剂等。现阶段应用范围较广的是高分子混凝剂，其中主要有聚合硫酸铝铁、聚合氯化铝、聚合硫酸铁等。此方法在应用中主要存有以下机制：首先，双电层压缩。在废水中添加适量盐类电解质，对双电层进行压缩，促使各分子间静电排斥作用能得到有效控制，胶体之间间距能有效缩短，吸引力增加。其次，添加药剂量达到相应数值以后，微粒动能会超出静电斥能，当离子之间产生碰撞之后会产生凝聚、沉降。化学架桥作用就是混凝剂中的粒子，胶体粒子通过相互桥连作用产生碰撞，能建立聚合物—胶粒—胶粒式化学架桥，这样将产生絮凝体。最后，吸附电中和就是胶粒表面电荷对异价粒子产生吸附作用使其脱稳，产生絮凝作用。当絮凝剂是金属盐以及金属氧化物时，随着加入量的不断增加会产生沉淀，此类沉淀能对水中各类污染物进行混凝沉降以及网捕，在具体应用中以上机制能同时应用。但是污水水质不同，要选取不同处理机制。

二、化学处理技术工艺与膜分离技术工艺

石油化工工业废水处理中能应用的方法较多，主要有氧化处理方法、废水电解处理法、臭氧处理法等。在化学处理技术工艺应用实践中，要遵循的基本原理就是分析氧化反应、中和反应等化学过程。在化学处理技术工艺应用实践中，可以在化工工业废水处理基础上回收利用更多废水。例如，在炼油生产中要对含硫含氨冷凝水进行综合处理，经汽提脱 H_2S 的净化水进行全面回收应用。通过电脱盐的注水，有较多废水能通过隔油处理以及充分过滤沉淀之后进行循环应用。化学处理工作在具体操作中要对废水采取分级处理操作，依照废水基本性质采取多极化学反应工艺，主要目标就是在高效化学反应基础上，对多数可应用物质进行置换。例如，在工业生产电镀废水处理中要注重选取反渗透膜技术，反渗透膜技术在应用中能对铜、锌、镍混合金属废水等进行全面处理。反渗透膜技术应用中具备良好的截留作用，可以合理截取废水环境中较多的污染离子。在废水中含有较多铜离子与镍离子，在废水环境中补充适量的 Na_2EDTA，再应用反渗透膜合理分离。

在高温高压状态下，水溶液中有机物产生氧化反应可以选取湿法氧化处理技术。选取催化剂，能应用空气中的氧气以及纯氧氧化剂，在较低温度以及压力状态中，

促使有机物全面氧化。湿法氧化是高浓度难降解有机废水处理技术。此技术研究就是在温和反应条件中，温度在106℃之下，压力在0.6MPa以下，对高浓度难降解有机废水进行预处理。超临界氧化废水处理技术是在上述技术基础上全面发展的高级氧化技术，此项技术在水临界点（22.1MPa、347℃）之上，在较短时间内能将各类有机物氧化成水和二氧化碳，没有二次污染，属于生态水处理技术。

三、生物处理技术工艺

目前，在石油化工工业废水生物处理技术工艺应用中，大体上是分为三种，分别是厌氧生物处理技术、好氧生物处理技术、综合处理技术工艺等。其中，好氧生物处理技术工艺是目前工业废水处理中应用较多的技术工艺，也是纯天然处理技术工艺。其基本原理就是应用微生物活动中的有氧呼吸过程，对废水环境中含有的各类有机物进行合理分解，降低废水环境中有害有机物的含量。通过好氧生物处理技术工艺可以生成制取膜生物反应器，通过膜生物反应器能全面提升除油污比率。目前，厌氧生物处理技术工艺应用价值较高，在厌氧生物处理技术工艺中，石油化工工业废水处理技术应用发展比较成熟，通过厌氧生物中含有的较多大分子有机物能有效分解生成较多的低分子化合物。在综合处理技术工艺应用实践中，由于废水组成成分复杂性较高，当前在处理实践中要注重选取厌氧生物处理技术与好氧生物处理技术相结合的处理模式。例如，曝气生物滤池技术应用特征就是选取填料，在其表面以及开口内部空间生长有微生物膜，污水通过滤料层之后，微生物膜能有效吸收污水中含有的较多有机污染物，促使废水有机物得到有效的好氧降解，之后进行硝化脱氮。通过出水对滤池进行反冲洗，能有效排除滤料表层增殖的老生物膜，提高微生物膜基本活性。受到滤料机械截留作用影响，加上微生物代谢以及各类黏性物质吸附作用影响，促使生物滤池中微生物COD、SS、苯系物、石油类物质达到设计标准。

第三节 大气污染及其防治

一、大气污染问题成因以及来源分析

目前我国出现的严重大气污染潜在原因是由多种因素造成的。首先，随着我国城市交通及运输业的快速发展，大量的大型商用汽车尾气过度排放，一旦输送到空气中，就可能会直接造成空气质量下降。其次，天然气和煤炭等能源的过度使用。在工业生产中，对于天然气的大量使用以及工厂燃烧煤炭后直接排放的大量有害气体，如二氧化硫等，也都有可能造成严重的大气污染。最后，工业生产中产生的工

厂废气肆意排放，也是造成我国大气污染的潜在成因。一些地方政府为了追求更大的社会经济利益，给大气污染严重的地方企业一定的经济政策扶持，致使企业在生产过程中污染物的排放超出环境承载的最大负荷，加剧了环境污染的现状。

二、大气污染环境检测与治理内容

(一) 检测氮氧化物

大气污染环境检测与治理的内容包含氮氧化物的检测。一些化学品生产、汽车尾气是氮氧化物形成的主要原因。大气中过高含量的氮氧化物会给大气造成严重污染。因此，加强氮氧化物的有效检测是必要的，可以合理地治理大气环境污染问题。氮氧化物在传播中，如果遇到水则可以产生硝酸和硝酸盐，而酸雨形成的主要因素正是硝酸；一些氮氧化物还会和其他污染物之间产生化学反应，从而出现一系列光化学烟雾，给大气带来重度污染。为了合理治理和优化被大气污染的环境，需要做好氮氧化物的检测工作，提升大气环境治理和管理的水平。

(二) 检测颗粒状物

悬浮颗粒物、$PM_{2.5}$以及可吸收颗粒物是大气中颗粒物质形成的主要物质。这些颗粒物质的形成会给人身体健康带来较大影响，还会给人的呼吸系统和免疫系统带来很大危害，不断导致癌症发病率的升高，甚至还会给胎儿在母体中的发育和成长带来较大影响。因此，在大气污染环境检测与治理中，需要增强大气中颗粒状物质的检测工作，从而具有针对性地进行环境治理和改善。在检测颗粒状物的过程中，需要对颗粒状物的实际特征进行分析，然后制定针对性的治理、优化方案，不断解决大气污染环境的相关问题，促进环境检测和治理工作的持续开展。另外，对大气中颗粒状物进行有效检测，也可以及时了解危害人身体健康和环境的主要污染物是什么，进而才能更好地防范污染问题，减轻污染物给人身体以及生活带来的不利影响。在颗粒物状物检测与管理中，也能对其形成进行有效预防，减少颗粒状物的生成。

(三) 检测二氧化硫

在我国工业生产和发展中，二氧化硫的排放会造成大气环境的严重污染。同时，部分工业生产还是运用粗放型的模式，在生产期间会运用大量的煤、石油能源，尤其是在高温燃烧的条件下会出现大量的二氧化硫，这些有害气体不仅会增加大气污染的程度，还会给大气环境质量带来不利影响。所以，提升大气污染环境检测与治理中硫检测水平至关重要。通过对二氧化硫的检测，也能强化企业对大气环境治理和维护的意识，逐渐在工业生产和管理过程中减少二氧化硫的排放，运用合理、创新性的管理方式，提升环境治理和维护的效果。在二氧化硫的检测和管理中，也能及时了解未来大气污染环境检测与治理的主要方向，按照二氧化硫产生和发展的实际情况，落实环境污染检测和治理等工作，促进相关工作的持续开展和进步，以期彻底解决大气污染环境的问题。

三、大气污染防治技术

(一) 划分城市工业生产区和生活区，实现生产生活的合理规划

要防治城市大气污染，首先要做好城市多层次、多角度的规划。加强对城市重工业和能源的调整，制定严格的大气污染检验标准，对于未达标的企业强制整改，加大对重污染企业的监管和改造力度，将人口密集地区的重工业部分迁出，并禁止在城市上风向进行重工业、高污染企业生产的布置。同时，在进行城市规划时要综合考虑城市的环境，主动规划工业区与居民区的布局，将工业区集中到城市的下风向地区，并治理企业随意放置固体废弃物等行为，将重工业、高能耗、高污染企业搬迁到距离城市较远的区域，减少对城市空气质量的影响。

(二) 健全大气污染防治相应法律法规

健全大气污染防治相关的法律法规，对于不按标准排放，造成大气污染的企业，不仅要做出经济处理，还要追究相应的法律责任，为大气污染防治工作提供相应的法律保障。加强对重污染企业的监督，增加废弃污染物排放的环保成本，推动清洁能源、清洁企业的发展，从而有效减少大气污染。

(三) 清洁生产推广绿色能源

对企业排放的工业废气进行及时的治理，达到减少排污的目的。针对我国不同的区域，可以在北方提供集体供暖，南方提供集体制冷，最大限度地发挥能源的可利用价值。改进设备，在供热和制冷过程中充分燃烧燃料，减少产生的大气污染。尽量使用绿色能源，使用风能、太阳能等，有利于降低大气污染。在燃煤设备中，可以采用火电锅炉节能脱硝一体化技术、垃圾热解处理技术等，设立专项资金，采用新技术，减少企业造成的大气污染问题。做好大气环境质量检测工作，测定大气中的二氧化硫和各种硫酸盐等成分，减少大气中的二氧化硫污染。

(四) 利用气象条件防治大气污染

在大气污染源确定并且比较稳定的阶段，可以利用气象条件，控制大气污染，减少污染物的传播和沉积。气象部门在参与治理大气污染时，不仅要提供详细的大气污染气象条件，还要为政府设计规划城市建设的合理布局，为城市规划提供科学依据，利用风力、降水等气象条件，减少大气中的污染物。

(五) 减少污染物的排放

要减少污染物的排放，减少化石能源的使用，多采用风能、太阳能等清洁能源，通过科技探索，减少清洁能源的生产成本，增加清洁能源使用覆盖率，对高污染、高能耗的机械设备进行整改或回收处理。在使用燃煤时可以采取脱硫技术，尽量减少硫化物排放，限制人们对未脱硫煤的使用，发展新能源代替化学能源，利用可替代能源，减少污染物的排放，从根本上控制大气污染。

(六) 提高大气的自净能力

大气具备一定的自净能力，在气温环境不同的情况下，大气的自净能力也不同。在风力较小，降水也比较少，大气的自净能力较低、风力较大、降水较多的情况下，大气的自净能力较强。在植物覆盖率较高的地区，大气的自净能力也较高。因此，我国的大气污染在冬季有升高的趋势。要提高大气的自净能力，就要因地制宜，坚持植树造林种草，在大气污染严重影响到人们的正常生产生活时，适当进行人工降水，减少有毒有害物质在大气中的停留和沉积。

(七) 加强汽车尾气排放治理

想要更好地解决汽车尾气污染问题，从而逐步提升城市大气质量，首先要按照机动车类型的不同，对其污染物排放标准进行确立，同时要求机动车采用清洁能源，定期对石油、天然气等能源质量进行严格检查，最大限度地对汽车尾气排放量进行有效的控制，从而促使我国城市向着生态化建设的方向而发展。

(八) 提高城市的绿化覆盖率

首先，需要对城市的绿化面积进行科学、合理的增加。尽可能地加大绿化植被的覆盖率，政府要起到积极的带头作用，开展植树造林活动，利用绿色植物来吸收大气中的有害物质，从而达到净化空气的目的。其次，相关的环境保护部门要积极地开展大气环境保护宣传工作，以电台广播或者悬挂条幅的方式，提高城市居民的大气环境保护意识，从而使得人人都能够参与到大气环境保护中。对居民区以及街道附近都要进行合理的绿化建设，在建筑的建设上，尽可能地采用绿色环保的材料，这样可以有效减少大气污染。鼓励全民积极地参与到绿化建设上，提高城市的绿化覆盖面积，改善大气环境质量，从而提高城市人们生活的舒适度。

（九）进一步提升公民的环境保护意识

任何一个单位或部门都无法单独完成环境保护工程，这需要整个社会的共同努力，人们的日常生活和工作都会对生态环境造成一定影响。在进行大气环境保护和治理时，需要通过大力宣传来提升公民的环保意识，促使社会各界人士能够积极参与到环保工作中。政府需要鼓励公民积极参与低碳出行，减少私家车上路的频率，更多乘坐公共交通；另外通过有效措施设置禁烟区，减少香烟对空气的污染；同时定期组织市民参与植树护绿活动，为环保工作贡献一份力量。

第四节 固体废物的处理和综合利用

固体废弃物是一种比废水、废气所产生的环境污染程度更高的物质，其是由多种不同的污染物组合而成的，其中涵盖多种不同的污染成分。在自然环境下，固体废弃物中的有害成分会向大气中渗入，也会淋溶至水体或土壤中，其会成为参与生态系统循环的物质，会长期潜伏在环境中，从而对生态环境产生破坏，这会成为城市经济发展的阻碍。目前，世界各国均将固体废弃物的科学处理作为保护生态环境的重要举措。

一、固体废物的危害

固体废物是指在生产生活和其他人类活动中丧失原有使用价值或被抛弃放弃的固体、半固体和置于容器中的气态物品，以及根据法律和行政法规包含在固体废物管理中的物品和物质。固体废弃物对环境的危害很多很大，主要体现在以下几个方面。

（1）侵占土地：如果固体废物不能得到及时处理和处置，将占用大量土地，从而破坏地貌、植被、自然景观和农业生产。

（2）污染土壤：如果固体废物处理不当，有害成分很容易通过地表径流进入土壤，杀死土壤中的有益微生物，破坏土壤结构，从而导致土壤条件恶化。

（3）污染水体：固体废物可通过自然降水、随风漂移等方式进入地表径流，从而进入河流和湖泊等水体，造成地表水污染。

(4) 破坏大气：有些固体废物由于化学反应产生大量有害气体，如二氧化硫等，有些固体废物由于发酵而释放出大量易燃、有毒有害气体。这些气体都会直接扩散到大气中并污染大气。

(5) 有毒有害：一些固体废物也可能造成特殊损坏，如燃烧、爆炸、接触中毒和腐蚀。

(6) 毒害人类：固体废物还可以通过植物和动物间接损害人类健康，如食物链中的重金属污染。

二、固体废物的一般处理技术

(一) 预处理技术

固体废物预处理是指采用物理、化学或生物方法，将固体废物转变成便于运输、贮存、回收利用和处置的形态。

(二) 焚烧回收技术

焚烧是高温分解和深度氧化的过程，目的在于使可燃的固体废物氧化分解，借以减容、去毒并回收能量及副产品。

(三) 热解技术

固体废物热解是利用有机物的热不稳定性，在无氧或缺氧条件下受热分解的过程。热解法与焚烧法相比是完全不同的两个过程。焚烧是放热的，热解是吸热的，焚烧的产物主要是二氧化碳和水，而热解的产物是可燃的低分子化合物。

(四) 微生物分解技术

利用微生物的分解作用处理固体废物的技术，应用最广泛的是堆肥化。堆肥化是指依靠自然界广泛分布的细菌、放线菌和真菌等微生物，人为地促进可生物降解的有机物向稳定的腐殖质生化转化的微生物学过程，其产品称为堆肥。

三、固体废物综合利用方法

(一) 堆肥技术

所谓“堆肥技术”，简单来讲就是将具备有机物分解能力的微生物人为投放到固体废物中，从而加快固体废物的分解速度并提高其分解质量，使其在一定时间内得到充分发酵或降解，最终变成可用于农业生产的有机肥料。除此之外，在固体废物的资源化处理中合理利用堆肥技术，还能改良区域土壤内部的环境，从而可以保证固体废物达到无害化卫生处理的标准。堆肥的主要原料有食品厂和造纸厂等废水处理后产生的污泥以及城市垃圾、牲畜粪便、树皮、秸秆等，城市堆肥的核心原料则是来自粪便与生活垃圾混合。具体的堆肥工作有三种方法，分别为快速堆肥法、半快速堆肥法和露天堆肥法，利用这三种方法可以有效发挥综合利用的能源作用。

(二) 热裂解技术

所谓"热裂解技术"，即通过高温加热的方式实现固体废物的分解处理，从而达到裂解有机物、促使大分子向小分子转化、缩小废物体积等目的。在传统时期，人们普遍通过明火焚烧进行固体废物的热分解处理，但这种方式在实践过程中会产生大量的浓烟和毒气，不利于保护大气环境。相比之下，热裂解技术会在缺氧的特殊环境中进行，因而更加绿色环保，废物分解效果通常也更好。另外，固体废物中有可能包含铅、铜、锌、汞等重金属物质，可以采用先进的冶金方法、化学方法或者物理方法对有价重金属元素分别进行资源化利用以及综合回收。由于现阶段我国的热裂解技术较为落后，目前在我国还没有得到广泛的应用，也没有进行大范围推广，因此在实际工作的过程中需要研究和优化这种技术，简化操作、提高设备的自动化、降低成本、提高工艺技术稳定性。另外，政策上的支持也会促进该技术的推广，使该项技术可以有效地发挥作用，同时也能减少我国对石化燃料的依赖，减少大气中二氧化碳、二氧化硫等污染物的排放，缓解能源消耗对环境的压力，实现我国能源安全战略的可持续发展。

(三) 厌氧消化处理技术

在固体废物中，绝大多数有机物都在生化作用下得到有效的降解处理。一般而言，生物有机物内部往往包含大量的有机内能和生物质能，这种特性为在处理的过程中应用厌氧处理技术提供优质的先决条件。如果对处理方法进行进一步划分，生物处理固体废物包括厌氧消化法和好氧堆肥法。好氧堆肥法在堆肥的过程中需要通入氧气，大幅增加能源的消耗量，而厌氧处理不需要消耗氧气，这样能最大限度节约资源，还可以生产出沼气这种新型清洁能源。沼气具有比较广泛的应用前景，可以最大限度减轻工业生产对环境造成的恶劣影响。根据现行的数据分析，一般而言，1t 固体废物可以生产出大概 $130m^3$ 的沼气，产生的沼气在进行脱臭以及脱硫等处理后就可以作为燃料使用，从而促进能源来源的多样化，实现我国经济的发展以及环境的可持续发展。

四、固体废物生态资源化利用策略

(一) 使用垃圾焚烧发电技术

当前，要做好污染源分类，加大回收力度，建立监督处罚机制，有效提高废料回收利用技术水平。垃圾焚烧发电技术是一种先进的固体废物回收技术，固体废物焚烧生产的电能可以应用于日常生活，从而降低能耗，此种方式实用性较好。据研究可知，通过焚烧，废料自身有害元素量将得到大幅降低，所产生的残渣可用于园林绿化。需要重视的是，在应用设备时，应设置减震器、消音器等装置，最理想的方式就是在车间设置隔音控制室，降低噪声污染。

(二) 加大回收利用

人们要加强工业废物污染防治，最重要的是降低工业废物产生量。现今，我国废料再利用率较低，在确保经济效益的同时，企业应强化技术创新力，应用绿色生产方式，降低固体废料产生量。例如，在冶金制造中，应及时淘汰落后的生产设备，引进性能高、绿色环保的先进生产设备，提升冶金制造工艺水平。

(三) 农业固体废物

各类农业固体废物会在农业生产中产生，其中涵盖农作物秸秆、养殖动物粪便、其他农业固体废物。若未专业、妥善地处理农业固体废物，则会占用大量的农业用地。从长远来看，它会使土壤理化性改变，不仅排放很多有毒气体，也影响作物产量增加，使农村居民生命安全受到威胁。大多数农业固体废物均能进行二次利用，若只是简单处理会造成资源浪费，同时其中的价值也得不到有效挖掘。目前，有关部门需要提高对农业固体废物生态资源化利用的重视度，引导农村居民应用科学的专业技术对农业固体废物进行妥善处理，提升资源循环利用率，降低养殖户、农户投资成本，最终实现农户经济效益的有效增加。例如，养殖业会产生许多动物粪便，而养殖户通过技术人员的指导，可以对沼气池更好地进行监控和管理，有效处理动物粪便，进而制取沼气，实现资源的生态化利用。沼气作为一类可燃性气体，能够应用在很多领域。固体废物厌氧发酵需要经历三个阶段：一是液化。在水解酶作用下，动物粪便中的水溶性大分子有机物、淀粉、纤维素、蛋白质会分解成小分子有机物。二是产酸。通过化学反应后，液化阶段产生的代谢物可转化成乙酸、氢气。三是产甲烷。通过甲烷菌的作用，大量 H_2、CO_2、HCOOH 将转化成沼气，它是一种清洁能源，可替代天然气，发酵残渣也可以作为农业肥料。

第五节　噪声污染及其控制

一、噪声概述

一切声音，当人体心理对其反感时，即成为噪声，它不仅包括杂乱无章不协调的声音，也包括影响旁人工作、休息、睡眠、谈话和思考的乐声。

(1) 产生噪声的来源称为声源，若按噪声产生的机制来划分，可将噪声分为三大类：① 机械噪声；② 空气动力性噪声；③ 电磁性噪声。

如果把噪声按随时间变化来分，可分成两大类：稳态噪声，其强度不随时间变化；非稳态噪声，其强度随时间而变化。

(2) 与人们生活密切相关的是城市噪声，它的来源大致可分为四种：

① 工厂生产噪声；② 交通噪声；③ 施工噪声；④ 社会噪声。

二、噪声控制技术

噪声在传播过程中有三个要素，即声源、传播途径和接受者。只有这三个要素同时存在时，噪声才能对人造成干扰和危害。因此控制噪声必须从这三个因素进行考虑。

(一) 声源控制技术

1. 机械噪声的控制

(1) 避免运动部件的冲击和碰撞，降低撞击部件之间的撞力和速度，延长撞击部件之间的撞击时间间隔。

(2) 提高旋转运动部件的平衡精度，减少旋转运动部件的周期性激发力。

(3) 提高运动部件的加工精度和光洁度，选择合适的工差配合，控制运动部件之间的间隙大小，降低运动部件的振动振幅，采取足够的润滑，减少摩擦力。

(4) 在固体零部件接触面上，增加特性阻抗不同的弹性材料，减少固体传声；在振动较大的零部件上安装减振器，以隔离振动、减少噪声传递。

(5) 采用具有较高内损耗系数的材料制作机械设备中噪声较大的零部件，或在振动部件的表面附加外阻尼，降低其声辐射效率。

(6) 改变振动部件的质量和刚度，防止共振，调整或降低部件对外激发力的响应，降低噪声。

2. 气流噪声控制

(1) 选择合适的空气动力机械设计参数，减小气流脉动、减小周期激发力。

(2) 降低气流速度，减少气流压力突变，以降低湍流噪声。

(3) 降低高压气体排放压力和速度。

(4) 安装合适的消声器。

3. 电磁噪声的控制

(1) 降低电动机噪声的主要措施有以下几种。

① 合理选择沟槽数和级数。

②在转子沟槽中充填一些环氧树脂材料，降低振动。

③ 增加定子的刚性。

④ 提高电源稳定度，提高制造和装配精度。

(2) 降低变压器电磁噪声的主要措施有以下三种。

① 减小磁力线密度。

② 选择低磁性硅钢材料。

③ 合理选择铁芯结构，铁芯间隙充填树脂材料，硅钢片之间采用树脂材料粘贴。

4. 隔振技术

振动和噪声是两种不同的概念，但它们有着密切的联系。许多噪声是由振动诱发产生的。因此在对声源进行控制时，必须同时考虑隔振，主要措施有以下几种。

(1) 减小扰动：减小或消除振动源的激振力。

(2) 防止共振：防止或减少设备结构对振动的响应。

(3) 采取隔振措施：减小或隔离振动的传递。

(二) 控制噪声的传播途径

1. 吸声降噪

当声波入射到物体表面时，部分入射声能被物体表面吸收而转化成其他能量，这种现象叫作吸声。物体的吸声作用是普遍存在的，吸声的效果不仅与吸声的材料有关，还与所选的吸声结构有关。

(1) 吸声材料：常用的吸声材料分三种类型，即纤维型、泡沫型和颗粒型。纤维型多孔吸声材料有玻璃纤维、矿渣棉毛毡、甘蔗纤维、木丝板等；泡沫型吸声材料有聚甲基丙烯酸酯泡沫塑料等；颗粒型吸声材料有膨胀珍珠岩和微孔吸声砖等。

(2) 吸声结构：常用的共振吸声结构有共振吸声器 (单个空腔共振结构)、穿孔板 (槽孔板)、微穿孔板、膜状和板状等共振吸声结构及空间吸声体。

2. 消声器

消声器是一种既能使气流通过又能有效地降低噪声的设备。不同消声器的降噪原理有别，大体上有以下几种。

(1) 阻性消声：它是利用装置在管道内壁或中部的阻性材料（主要是多孔材料）吸收声能而达到降低噪声的目的。

(2) 抗性消声：它是利用管道截面的变化（扩张或收缩）使声波反射、干涉而达到消声的目的。

(3) 损耗型消声：它是在气流通道内壁安装穿孔板或微孔板，利用它们的非线性声阻来消耗声能从而达到消声的目的。

(4) 扩散消声：扩散消声器是利用扩散降速、变频或改变喷注气流参数等机制达到消声的目的。

3. 隔声技术

(1) 隔声墙：对于实心的均匀墙体，其隔声能力取决于墙体单位面积的重量，其值越大则隔声性能越好。有空心夹层的双层墙体的隔声结构比同样重量的单层墙隔声效果更好。这是由于夹层中空气的弹性作用可使声能衰减。

(2) 隔声间：由隔声墙及隔声门等构件组成的房间称为隔声间。

(3) 隔声罩：当噪声源比较集中或只有个别噪声源时，可将噪声源封闭在一个小的隔声空间内，这种隔声设备称为隔声罩。

(4) 隔声门和隔声窗：隔声门、窗的隔声量要与其隔声构件主体的隔声量匹配。隔声门在制作中都采用多层复合结构。窗子的隔声效果主要取决于玻璃的厚度，在制作中多采用两层以上玻璃中间夹以空气层的方法，以提高玻璃窗的隔声效果。

(5) 隔声屏障：隔声屏障是保护近声场人员免遭直达声危害的一种噪声控制手段。

三、综合防治对策

制定科学合理的城市规划和城市区域环境规划，划分每个区域的社会功能，加强土地使用和城市规划中的环境管理，规划建设专用工业园区，组织并帮助高噪声工厂企业实施区域集中整治，对居民生活地区建立必要的防噪声隔离带或采取成片绿化等措施，缩小工业噪声的影响范围，使住宅、文教区远离工业区或机场高噪声源，以保证要求安静的区域不受噪声污染。

有组织有计划地调整、搬迁噪声污染扰民严重而就地改造又有困难的小企业，严格执行有关噪声环境影响评价“三同时”项目的审批制度，以避免产生新的噪声污染。

发展噪声污染现场实时监测分析技术，对工业企业进行必要的污染跟踪监测监督，及时有效地采取防治措施，并建立噪声污染申报登记管理制度，充分发挥社会和群众监督作用，最大限度消除噪声扰民矛盾。

对不同的噪声源机械设备实施必要的产品噪声限制标准和分级标准。

建立有关研究和技术开发、技术咨询机构，为各类噪声源设备制造商提供技术指导，以便在产品的设备、制造中实现有效的噪声控制，有计划、有目的地推行新技术。

提高吸声、消声、隔声、隔振等专用材料的性能。

总之，噪声污染防治工作是一项复杂而艰巨的任务，涉及许多部门，需要从系统的观点出发，结合各个部门的实际情况，作出整体的规划安排。

第四章　化工生产环境管理

第一节　环境质量评价概述

一、基本概念

(一) 环境质量

环境质量是环境系统客观存在的一种本质属性，并能用定性和定量的方法加以描述的环境系统所处的状态。

(二) 环境质量评价

所谓环境质量评价，是评价环境质量的价值，而不是评价环境质量的本身，是对环境质量与人类社会生存发展需要满足的程度进行评定。

二、环境质量评价的分类

环境质量评价可以从不同的角度被分成许多种类型。

从时间域上可以分为：环境质量回顾评价、环境质量现状评价和环境质量预测(影响) 评价。

从空间域上可分为：单项工程环境质量评价、城市环境质量评价、区域 (流域) 环境质量评价、全球环境质量评价。

从评价内容上可以分为：健康影响评价、经济影响评价、生态影响评价、风险评价、美学景观评价。

三、环境质量评价的内容

(一) 环境质量的识别

环境质量识别包括两大部分内容：一是通过调查、监测及分析处理，确定环境质量现状；二是根据环境质量的变异规律，预测在人类行为作用下环境质量的变化。

(二) 人类对环境质量的需求

(1) 维持生态系统良性循环的需要。

(2) 维持人类自然健康生存的需要。

(3) 促进人类社会发展经济的需要。

(三) 人类行为与环境质量关系

人类行为的内容很丰富，其中与环境质量关系最为密切的是人类的经济发展行为。人类的经济发展行为对环境质量影响最大，在人类获得经济发展的同时，也会对环境质量带来或大或小的不利影响。

(四) 协调发展与环境的关系

经济要发展，环境要保护。我们既反对只顾发展经济而不顾环境建设的观点；也反对一味地只顾保护环境而抑制经济发展的观点，我们的口号是经济建设与环境建设做到协调发展。经济发展与环境保护是对立统一体。

四、环境质量现状评价

(一) 基本概念

1. 环境质量现状评价概念

某一地区，由于人们近期和当前的生产开发活动和生活活动，会引起该地区环境质量发生或大或小的变化，并引起人们与环境的价值关系发生变化，对这些变化进行评价称为环境质量现状评价。

环境质量现状所能反映的价值不外乎以下几种，即自然资源价值、生态价值、社会经济价值和生活质量价值等。所以环境质量现状评价应该是多方面的，目前较多注意的是污染方面的评价，但在概念上不要认为环境质量现状评价的只是污染现状评价。

2. 环境质量现状评价的程序

(1) 准备阶段。

(2) 监测阶段。

(3) 评价和分析阶段。

(4) 成果应用阶段。

(二) 大气环境质量现状评价

1. 大气污染监测因子的选择

(1) 尘：总悬浮微粒。

(2) 有害气体：二氧化硫、氮氧化物、一氧化碳、臭氧。

(3) 有害元素：氟、铅、汞、镉、砷。

(4) 有机物：苯并芘、碳氢化合物。

评价方法：目前我国进行大气污染监测评价的方法绝大多数是采用大气质量指数评价方法。

2. 大气污染生物学评价

生物学评价方法很多，为了评价城市大气环境质量现状，选择树木作为评价植物。就树木而言，由于长期暴露在污染空气中，其树高、胸径、新梢长度、叶片面积等生长量以及叶片中化学元素含量都作为评价的因子。将取回来的叶片洗干净，除去水分，分析其中化学元素含量。评价二氧化硫污染可以分析叶片中硫的含量；评价氟、铅、镉污染可以分析叶片中氟、铅、镉的含量。

(三) 水环境质量现状评价

1. 水污染指数评价

(1) 内梅罗水质污染指数。

(2) 罗斯水质指数。

(3) 有机污染综合评价指数。

2. 水环境质量的生物学评价

(1) 一般描述对比法。

(2) 评价生物法。

(3) 生物指数。

五、环境影响评价

(一) 环境影响评价

环境影响是指人类的行为对环境产生的作用以及环境对人类的反作用。人类活动对环境产生的作用是多变、复杂的，要识别这些影响，并制定出减轻对环境不利影响的措施，是一项技术性极强的工作，这种工作就是环境影响评价。

环境影响评价可分为三种类型。

(1) 单项建设工程的环境影响评价;
(2) 区域开发的环境影响评价;
(3) 公共政策的环境影响评价。

(二) 环境影响评价制度

把环境影响评价工作以法律形式确定下来，作为一个必须遵守的制度，叫作环境影响评价制度。

我国环境影响评价制度的特点: ① 具有法律强制性; ② 纳入基本建设程序; ③ 评价的对象侧重于单项建设工程。

第二节　环境管理

一、环境管理的基本知识

(一) 环境管理的概念

环境管理就是对在不同的环境中对环境造成的污染和破坏的行为进行管理的各项工作总称，有些部门又将其称作环境控制。环境管理的主要内容包括以下方面。

(1) 系统组织工作;
(2) 计划工作;
(3) 控制工作，即强化对高耗能环节和高污染源的监督分析控制，推进节能减排、加强污染源总量控制，并对环境防治的技术工艺设备提出期量、质量、成本目标的控制要求;
(4) 基础工作。

(二) 环境管理的核心

加强环境管理核心能够提高环境控制的效果，主要包括以下两个方面。

(1) 在环境管理的实际操作中，突出强化环境控制。

(2) 在环境管理的职能工作中突出强化环境控制职能，充分发挥出各项工作职能的工作价值。其中控制职能是环境管理工作的灵魂，环境控制职能不落实，其他职能等于形同虚设，整个环境管理就不复存在。强化环境管理也就加强了环境控制。环境管理要围绕环境控制核心开展各项工作，这是由环境保护的各项目标和本质决定的。

(三) 环境管理的内容

1. 从环境管理的范围来划分

(1) 资源管理包括可更新资源的恢复和扩大再生产，以及不可更新资源的合理利用。

(2) 区域环境管理主要是协调区域的经济发展目标与环境目标，进行环境影响预测，制定区域环境规划，进行环境质量管理与技术管理，按阶段实现环境目标。

(3) 部门管理包括能源环境管理、工业环境管理、农业环境管理、交通运输环境管理、商业和医疗等部门的环境管理及企业环境管理。

2. 从环境管理的性质来划分

(1) 环境计划管理。

(2) 环境质量管理。

(3) 环境技术管理。

二、环境管理的基本指导思想和基本理论

(一) 环境管理的基本指导思想

(1) 环境管理要为促进经济持续发展服务。

(2) 从宏观、整体规划上研究解决环境问题。

(3) 建立以合理开发利用资源、能源为核心的环境管理战略。

(二) 环境管理的理论基础——“生态经济”理论

环境管理主要是通过全面规划使人类经济活动与环境系统协调发展，因而需要深入研究人类经济社会活动（主要是经济系统）与环境（生态）系统相互作用的规律与机制，这是“生态经济”学的任务。所以说，生态经济理论是环境管理的理论基础。

三、环境管理的制度

(一)“三同时”制度

“三同时”制度是指新建、改建、扩建项目和技术改造项目以及区域性开发建设项目的污染治理设施必须与主体工程同时设计、同时施工、同时投产的制度。

(二) 环境影响评价制度

环境影响评价是对可能影响环境的重大工程建设、区域开发建设及区域经济发展规划或其他一切可能影响环境的活动，在事前进行调查研究的基础上，对活动可能引起的环境影响进行预测和评定，为防止和减少这种影响制定最佳行动方案。

(三) 排污收费制度

排污收费制度是指一切向环境排放污染物的单位和个体生产经营者，应当依照国家的规定和标准，缴纳一定费用的制度。

(四) 环境保护目标责任制

环境保护目标责任制是一种具体落实地方各级人民政府和有污染的单位对环境质量负责的行政管理制度。

(五) 城市环境综合整治定量考核

城市环境综合整治就是在市政府的统一领导下，以城市生态理论为指导，以发挥城市综合功能和整体最佳效益为前提，采用系统分析的方法，从总体上找出制约和影响城市生态系统发展的综合因素，理顺经济建设、城市建设和环境建设的相互依存、相互制约的辩证关系，用综合的对策整治、调控、保护和塑造城市环境，为城市人民群众创建一个适宜的生态环境，使城市生态系统良性发展。

(六) 污染集中控制

污染集中控制是在一个特定的范围内，为保护环境所建立的集中治理设施和采用的管理措施，是强化环境管理的一种重要手段。

(七) 排污申报登记与排污许可证制度

排污申报登记制度是环境行政管理的一项特别制度，凡是排放污染物的单位，须按规定向环境保护管理部门申报登记所拥有的污染物排放设施、污染物处理设施和正常作业条件下排放污染物的种类、数量和浓度。

排污许可制度以改善环境质量为目标，以污染物总量控制为基础，规定排污单位许可排放什么污染物、许可污染物排放量、许可污染物排放去向等，是一项具有法律含义的行政管理制度。

(八) 限期治理污染制度

限期治理是以污染源调查、评价为基础，以环境保护规划为依据，突出重点，分期分批地对污染危害严重、群众反映强烈的污染物、污染源、污染区域采取的限定治理时间、治理内容及治理效果的强制性措施，是人民政府为了保护人民的利益，对排污单位采取的法律手段。被限期的企事业单位必须在限期内依法完成治理任务。

第三节　环境保护法

一、环境保护法的基本概念

(一) 环境保护法的定义

环境保护法是国家为了协调人与环境的关系，保护和改善环境以保护人民健康和保障经济社会的持续、稳定发展而制定的，它是调整人们的开发利用和保护、改善环境的活动中所产生的各种社会关系的法律规范的总和。

(二) 环境保护法的目的和任务

直接目的：协调人类和环境之间的关系，保护和改善生活环境和生态环境，防止污染和其他公害。

最终目的：保护人民健康和保障经济社会持续发展，该点是立法的出发点和归宿。

(三) 环境保护法的作用

(1) 环境保护法是保证环境保护工作顺利开展的法律武器。

(2) 环境保护法是推动环境保护领域中法治建设的动力。

(3) 环境保护法增强了广大干部和群众的法治观念。

(4) 环境保护法是维护我国环境权益的重要工具。

二、环境保护法的基本原则

(1) 经济建设和环境保护协调发展的原则。

(2) 防治结合，以防为主，综合治理的原则。

(3) 谁开发谁保护的原则。

(4) 谁污染谁治理的原则。

(5) 奖励和惩罚相结合的原则。

三、环境保护法的法律责任

(一) 行政处分

包括警告、记过、记大过、撤职、开除等。

(二) 行政处罚

主要是警告、罚款、没收财物、取消某种权利、责令支付整治费用和消除污染费用，消除侵害、恢复原状，责令赔偿损失，停止及关、停、并、转，剥夺荣誉称号，拘留等。

(三) 民事责任

排除侵害，消除危险，恢复原状，返还原物，赔偿损失，收缴非法所得及进行非法活动的器具，罚款，停止及关、停、并、转等。

(四) 刑事责任

用危险方法破坏河流、森林、水源罪；用危险方法致人伤亡及使公私财产遭受重大损失罪；违反爆炸性、易燃性、放射性、毒害性、腐蚀性物品管理规定罪；滥伐、盗伐林木罪；非法捕捞水产品罪；滥捕、盗捕野生动物罪；破坏文物、古迹罪；重大责任事故罪、渎职罪等。

第四节　化工、炼油工业清洁生产

清洁生产是防治工业污染的最佳模式，是实施可持续发展的重要措施。实施清洁生产是可持续发展战略引导下的一场新的工业革命。清洁生产作为一种全新的环境保护战略，已成为实现可持续发展的关键因素和必由之路，同时，清洁生产又是促进工业实现可持续发展的战略。化工、炼油工业的发展必须走与环境保护协调发展的道路，要实现化学工业污染防治，必须依靠科技进步，推行清洁生产。清洁生产可以促进社会经济的发展，通过节能、降耗、减污、节省防治污染的投入，从而降低生产成本，改善产品质量，促进环境、经济两个效益的统一。推行清洁生产就是从资源、环境、经济三个个方面综合考虑的最佳结果，也是工业污染防治的最佳模式，是转变经济增长方式、实现可持续发展战略的重要措施。

一、清洁生产的基本概念

(一) 定义

清洁生产是指不断采取改进设计、使用清洁的能源和原料、采用先进工艺技术和设备、改善管理、综合利用等措施，从源头削减污染，提高资源利用效率，减少或者避免生产、服务和产品使用过程中污染物的产生和排放，以减轻或者消除对人类健康和环境的危害。清洁生产将整体预防的战略，持续地应用于产品和产品生产的全过程。

(二) 清洁生产的理论基础

清洁生产理论基础的实质是最优化理论。在生产过程中，物料按平衡原理相互转换，生产过程中排出的废物越多，则投入的原材料消耗就越大。清洁生产实际上是在满足特定条件下使物料消耗最少、使产品的收率最高。它应用数学上的最优化理论，将废弃物最小量化表示为目标函数，求它在各种约束条件下的最优解。清洁生产是一个相对概念，即清洁的生产过程和产品是与现有的生产过程和产品比较而言。资源与废物也是一个相对概念，某生产过程的废物又可作为另一生产过程的原料 (资源)。因此，废物最小量化的目标函数是动态的、相对的，故用一般的数量关系对较复杂的过程进行优化求解比较困难。目前清洁生产审核中应用的理论主要是物料和能量的平衡原理，旨在判定重点废物流，定量废物量，为相对的废物最小量化确定约束条件。在实际工作中，可把求解出的值 (相对单一过程) 作为判定现有废物产生量的标准。另外，也可用国内外同类装置先进的废物产生量作为衡量的标准，凡达不到标准的，就要设法处理或削减。

(三) 清洁生产的内容

清洁生产包括三个方面的内容。

1. 清洁的生产过程

尽量少用和不用有毒有害的原料；采用无毒、无害的中间产品；选用少废、无废工艺和高效设备；尽量减少生产过程中的各种危险性因素，如高温、高压、低温、低压、易燃、易爆、强噪声、强振动等；采用可靠和简单的操作和控制方法；对物料进行内部循环利用；完善生产管理，不断提高科学管理水平。

2. 清洁的产品

产品设计应考虑节约原材料和能源，少用昂贵和稀缺的原料；产品在使用过程中以及使用后不含危害人体健康和破坏生态环境的因素；产品的包装合理；产品使用后易于回收、重复使用和再生；使用寿命和使用功能合理。

3. 清洁的能源

常规能源的清洁利用、可再生能源的利用、新能源的开发、各种节能技术的推广以提高能源的利用率等。清洁生产是以节约能量、降低原材料消耗、减少污染物的排放量为目标，以科学管理、技术进步为手段，目的是提高污染防治效果，降低防治费用，消除或减少工业生产对人类健康和环境的影响。

(四) 清洁生产与末端治理的区别

清洁生产是要引起研究开发者、生产者、消费者，也就是全社会对于工业产品生产及使用全过程对环境影响的关注。使污染物产生量、流失量和治理量达到最小，资源充分利用，是一种积极、主动的态度。而末端治理把环境责任只放在环保研究、管理等人员身上，仅仅把注意力集中在对生产过程中已经产生的污染物的处理上。具体对企业来说，只有环保部门来处理这一问题，所以环保工作总是处于一种被动的、消极的地位。清洁生产与末端治理并不相容，这是由于工业生产无法完全避免污染的产生，最先进的生产工艺也不可避免地会产生少量污染物，用过的产品必须进行处理、处置，因此清洁生产和末端治理永远长期并存，只有共同努力，实施清洁生产过程和污染过程的双重控制，才能保证环境保护最终目标的实现。

(五) 清洁生产与生态工业园区和循环经济的关系

循环经济是以物质闭环流动为特征的经济发展模式或形态。与传统的“资源—产品—污染排放”单向流动的线性经济及其高消耗、高污染、低效益的生产方式不同，循环经济是按照“3R”原则(减量化、再利用、再循环)要求运用生态学规律把经济系统组织成一个“资源—产品—再生资源”的反馈式流程，采用高利用、高循环、低污染、低消耗的生产方式，使物质和能量在整个经济活动中得到合理和持久的利用，最大限度地提高资源环境的配置效率，实现经济社会的生态化转向。循环经济的核心是资源的循环利用和节约；其表现形式是拉长产业链条，对有限的资源进行循环利用；其本质是对人类生产关系进行调整。循环经济社会是现代经济和社会发展到较高层次的模式和形态。

清洁生产与生态工业园区都是现代循环经济理念的派生，清洁生产是循环经济的基础和第一层面，是以企业行为为主体的，以节能降耗和减污增效为主要目的的循环经济单元。

生态工业园区是循环经济的第二层面，其基本理念是用生态学原理在一个区域内科学合理地进行产业布层、结构设置和产品加工与开发，使区域内资源、能源综合利用，形成生态链式物资和能量流，达到综合效益最好、污染物排放最少、园区景观美好的目的。其主要特征是一个企业或一种产品的废物可以作为另一个企业或另一种产品的资源。

二、清洁生产审核

（一）清洁生产审核的定义

清洁生产审核，是指按照一定程序，对生产和服务过程进行调查和诊断，找出能耗高、物耗高、污染重的原因，提出减少有毒有害物料的使用、产生，降低能耗、物耗以及废物产生的方案，进而选定技术经济及环境可行的清洁生产方案的过程。

（二）清洁生产审核的原则

清洁生产审核应当以企业为主体，遵循企业自愿审核与国家强制审核相结合、企业自主审核与外部协助审核相结合的原则，因地制宜、有序开展、注重实效。

（三）清洁生产审核的范围

清洁生产审核分为自愿性审核和强制性审核。国家鼓励企业自愿开展清洁生产审核。污染物排放达到国家或者地方排放标准的企业，可以自愿组织实施清洁生产审核，提出进一步节约资源、削减污染物排放量的目标。

有下列情况之一的，应当实施强制性清洁生产审核。

(1) 污染物排放超过国家和地方排放标准，或者污染物排放总量超过地方人民政府核定的排放总量控制指标的污染严重企业。

(2) 使用有毒有害原料进行生产或者在生产中排放有毒有害物质的企业。

（四）清洁生产审核的程序

清洁生产审核程序原则上包括审核准备，预审核，审核，实施方案的产生、筛选和确定，编写清洁生产审核报告等。

(1) 审核准备。开展培训和宣传，成立由企业管理人员和技术人员组成的清洁生产审核工作小组，制订工作计划。

(2) 预审核。在对企业基本情况进行全面调查的基础上，通过定性和定量分析，确定清洁生产审核重点和企业清洁生产目标。

(3) 审核。通过对生产和服务过程的投入产出进行分析，建立物料平衡、水平衡、资源平衡以及污染因子平衡，找出物料流失、资源浪费环节和污染物产生的原因。

(4) 实施方案的产生和筛选。对物料流失、资源浪费、污染物产生和排放进行分析，提出清洁生产实施方案，并进行方案的初步筛选。

(5) 实施方案的确定。对初步筛选的清洁生产方案进行技术、经济和环境可行性分析，确定企业拟实施的清洁生产方案。

(6) 编写清洁生产审核报告。清洁生产审核报告应当包括企业基本情况、清洁生产审核过程和结果、清洁生产方案汇总和效益预测分析、清洁生产方案实施计划等。

第五节　突发环境事件应急处理

随着我国经济建设的快速发展，环境事件尤其是重大突发环境事件不仅在发生次数上，而且在污染的危害程度上均有增加的趋势。环境事件不仅具有突发性、严重性、危害的持续性、积累性等特点，而且涉及污染物的种类与事故的表现形式极其复杂，一旦发生，不仅造成财产损失、人员伤亡、国家和企业的声誉受到影响，而且严重的将破坏生态平衡、损害人类赖以生存的自然环境，制约着经济、社会的发展。

一、突发环境污染事故的基本概念

(一) 突发性环境污染事故

突发性环境污染事故不同于一般的环境污染，它没有固定的排放方式和排放途径，都是突然发生、来势凶猛，在瞬时或短时间内大量排放污染物质，对环境造成严重污染和破坏，给人民的生命和国家财产造成重大损失的恶性事故。

(二) 突发性环境污染事故的应急监测

指在发生环境事件的紧急情况下，为发现和查明环境事件而进行的环境监测，包括现场定点监测和动态监测。要求现场监测人员在尽可能短的时间内，采用方便的检测仪器和设备对污染物的种类、浓度、污染的范围及可能的危害等予以表征。实施应急监测是做好环境事件处理处置的前提和关键，也是处理善后工作的基础。

应急监测的主要作用包括以下几种。

(1) 对事故特征予以表征，能迅速提供事故的初步分析结果，如污染物的释放量、形态及浓度，估计向环境扩散的速率、污染的区域和范围、有无叠加作用、降解速率以及污染物的特点(包括毒性、挥发性、残留性)等。

(2) 为制定处置措施快速提供必要的信息。鉴于突发环境事件所造成的严重后果，应根据初步分析结果，能迅速对事故做出及时有效的应急反应，将事故的有害影响降至最低限度。为此，必须保证所提供的监测数据及其他信息的高度准确和可靠。有关鉴定和判断污染事故严重程度的数据尤为重要。

(3) 连续、实时地监测环境事件的发展态势，这对于评估事件对公众和环境卫生的影响以及整个受影响地区产生的后果是否随时间变化，对于污染事件的有效处理是非常重要的。

为实验室分析提供第一信息源。有时要确切地弄清楚事件所涉及的是何种化学物质是很困难的，此时现场监测设备往往是不够用的，但根据现场监测结果，可进一步为实验室分析提供许多有用的第一信息源，如正确的采样地点、采样范围、采样方法、采样数量及分析方法等。

为环境事件后的恢复计划提供充分的信息和数据。鉴于环境事件的类型、规模、污染物的性质等千差万别，所以试图预先建立一种确定的环境恢复计划意义不大，而现场监测系统可以为特定的环境化学污染事故的恢复计划及其修改和调整不断提供充分的信息和数据。

为环境事件的评价提供必需的资料。对一切环境事件，进行事故后的报告、分析和评价，对于将来预防类似事件的发生或发生后的处理处置措施提供极为重要的参考资料。可提供的信息包括污染物的名称、性质(有害性、易燃性、爆炸性等)、处理处置方法、急救措施等。

(三) 突发性环境污染事故的处理处置

突发性环境污染事故的处理处置是指在应急监测已对污染物种类、污染物浓度、污染范围及其危害做出判断的基础上，为尽快地消除污染物，限制污染范围扩大，以及减轻和消除污染危害所采取的一切措施。

突发性环境污染事故的处理、处置应包括以下主要内容。

(1) 受危害人员的救治。

(2) 切断污染源、隔离污染区、防止污染扩散。

(3) 减轻或消除污染物的危害。

(4) 消除污染物及善后处理。

(5) 通报事故情况，对可能造成影响的区域发出预警通报。

二、突发环境污染事故的类型与特征

(一) 突发性环境污染事故的类型

(1) 核污染事故。

(2) 剧毒农药和有毒化学品的泄漏、扩散污染事故。

(3) 易燃易爆物的泄漏爆炸污染事故。

(4) 溢油事故。

(5) 非正常大量排放废水造成的污染事故。

(二) 突发性环境污染事故的特征

(1) 形式的多样性。

(2) 发生的突然性。

(3) 危害的严重性。

(4) 处理处置的艰巨性。

三、突发环境污染事故的危害及其影响

(1) 生命威胁与健康影响。

(2) 经济损失。

(3) 造成社会不安定因素。

(4) 生态环境的严重破坏。

四、突发性环境污染事故应急处理对策

当发生突发性环境污染事故时，当地政府部门应及时组织有关人员对事故现场进行环境监测、了解和掌握污染源和污染情况、对突发环境事故有针对性地应对并制定出处理方案，对环境污染的发展趋势和方向进行有效分析、有效控制及处理污染源。

(一) 建立应急组织

为了应对各类突发性环境污染事故，应建立相应的应急组织。

1. 成立应急委员会

成立应急委员会由当地政府各部门的负责人及相关应急专家组成，主要职责是审定突发性环境污染事故防范和应急计划，并协调落实。在处置重大突发性环境污染事故时，设立临时应急指挥部，统一协调应急行动。

2. 设立应急办公室

它是应急组织中的常设机构，为便于日常工作，可由环保部门各负责人组成，主要职责是制订和落实应急计划，建立技术储备，接收突发性污染事故的报警，处置一般污染事故，重大污染事故在报告应急委员会的同时作先遣处理。

3. 应急技术组

其中包括监测评价、技术咨询、公安消防、医学救援、水文气象和工程抢险等方面，在应急响应时提供各种技术支持。

4. 外部支持

与具有突发环境事故处置能力的企业签订依托协议；如与危险废物处置企业签订服务协议，对于突发环境事故的污染源进行终端处理。

（二）应急响应

政府部门在接到突发性环境污染事故的报警后，需要第一时间安排人员前往现场对信息进行核实，并对现场应急处置进行指导，同时及时反馈信息和处理意见。应急指挥部负责人及时带领应急专家及应急队伍前往现场协调处理并实施应急计划，检测人员现场对污染物进行采样分析。应急处理过程中，应急救援电话要保持 24 小时畅通，应急指挥部应及时将污染事故状况和正在采取的措施公布给广大群众，使应急区域内的人员能够对现场情况有所了解，并积极配合工作。

（三）加强现场监测

一是对监测因子进行确定，在对污染物进行应急监测时可用便携式检测仪、快速检测管、检测试纸等手段进行分析确定；二是对监测点进行科学布置，采样点布置的完整性、代表性和及时性是影响应急监测结果的一个重要因素，精确的监测结果能够使事故的影响范围和发展态势得到充分反映。另外，环保部门需要采集典型的参照样，使应急监测数据更具说服力，做到事实清楚，确保在处理环节突发性事故时监测数据客观公正。如果是江河污染问题，则需要将监测点布置在事故发生的下游和发生地，如果水流处于静止或较小的情况下，则可以在不同的水层按照污染物的特征进行采样。另外，还要实时监测事故发生区域的农灌水和饮用水。如果是大气污染问题，则需要将监测点布置在事故的上风口，并在污染区域的人群活动区和住宅区进行采样点的设置，采样的位置要根据风向变化及时进行调整。如果是土壤污染问题，则需要将监测点布置在一定间隔区域的地表层和地层深处，并对事故附近区域进行采集。检测人员要分类保存样品，避免出现交叉污染；三是在对样品进行化学检测后，及时将检测报告准确、如实地告知公众，确保社会的稳定。

（四）有效处置污染区域

在发生突发性环境污染事故后，不但要进行有效的应急监测，还要做好应急处理工作。应急处理工作具有较强的专业性及复杂性，因此，建议委托相关的突发环境事故应急专家及应急队伍进行处理，同时各应急人员必须对各自职责进行明确，在救援过程中相互支援、积极配合。在处理污染物时，政府部门可以委托具有相应危险废物处理资质的环境治理企业对污染物进行收集及处理。对于大幅扩散的污染物，在环保监测部门实时跟踪下进行有效处理，最大限度地降低污染物对环境造成的影响。

第五章　危险化学品重大危险源安全监管

第一节　重大危险源安全监管基本要求

现代科学技术和工业生产的迅猛发展一方面丰富了人类的物质生活，另一方面，现代化大生产隐藏着众多的潜在危险。涉及危险化学品的事故，尽管其起因和影响不尽相同，但它们都有一些共同特征：它们是失控的偶然事件，会造成工厂内外大批人员伤亡，或是造成大量的财产损失或环境损害，或是两者兼而有之；发生事故的根源是设施或系统中储存或使用易燃、易爆或有毒物质。事实表明：造成重大工业事故的可能性和严重程度既与化学品的固有性质有关，又与设施中实际存在的危险品数量有关。

国外重大事故预防的实践经验表明：为了有效预防重大工业事故的发生，降低事故造成的损失，必须建立重大危险源控制系统。英国、荷兰、德国、法国、意大利、比利时等欧盟成员国，以及美国、澳大利亚都颁布了有关重大危险源控制的法规，要求对重大危险源进行辨识与评价，提出相应的事故预防和应急预案等措施，并向主管当局提交详细描述重大危险源状况的安全报告，建立重大危险源控制系统。

一、国外重大危险源控制系统

重大危险源控制的目的，不仅是预防重大事故发生，而且要做到一旦发生事故，能将事故危害限制到最低程度。一般来说，重大危险源总是涉及易燃、易爆或有毒性的危险物质，并且在一定范围内使用、生产、加工或贮存超过了临界数量的这些物质。由于工业活动的复杂性，有效地控制重大危险源需要采用系统工程的思想和方法。

重大危险源控制系统主要由以下几个部分组成。

（一）重大危险源的辨识

防止重大工业事故发生的第一步，是辨识或确认高危险性的工业设施（危险源）。由政府主管部门和权威机构在物质毒性、燃烧、爆炸特性基础上，制定出危险物质及其临界量标准。通过危险物质及其临界量标准，可以确定哪些是可能发生事故的潜在危险源。

国际劳工组织认为：各国应根据具体的工业生产情况制定合适的危险物质及其临界量标准。该标准应能代表本国优先控制的危险物质，并便于根据新的知识和经验进行修改和补充。

（二）重大危险源的评价

根据危险物质及其临界量标准进行重大危险源辨识和确认后，就应对其进行风险分析评价。一般来说，重大危险源的风险分析评价包括以下几个方面。

（1）辨识各类危险因素及其原因与机制；

（2）依次评价已辨识的危险事件发生的概率；

（3）评价危险事件的后果；

（4）进行风险评价，即评价危险事件发生概率和发生后果的联合作用；

（5）风险控制，即将上述评价结果与安全目标值进行比较，检查风险值是否达到可接受水平，否则需进一步采取措施，降低危险水平。

（三）重大危险源的管理

企业应对工厂的安全生产负主要责任。在对重大危险源进行辨识和评价后，应对每一个重大危险源制定出一套严格的安全管理制度，通过技术措施（包括化学品的选择，设施的设计、建造、运转、维修以及有计划的检查）和组织措施（包括对人员的培训与指导、提供保证其安全的设备、工作人员水平、工作时间、职责的确定，以及对外部合同工和现场临时工的管理），对重大危险源进行严格控制和管理。

（四）重大危险源的安全报告

企业应在规定的期限内，对已辨识和评价的重大危险源向政府主管部门提交安全报告。如属新建的有重大危害性的设施，则应在其投入运转之前提交安全报告。安全报告应详细说明重大危险源的情况，可能引发事故的危险因素以及前提条件、安全操作和预防失误的控制措施，可能发生的事故类型、事故发生的可能性及后果，限制事故后果的措施、现场应急预案等。

安全报告应根据重大危险源的变化以及新知识和技术进展的情况进行修改和增补，并由政府主管部门进行检查和评审。

（五）应急预案

应急预案是重大危险源控制系统的重要组成部分。企业应负责制定现场应急预案，并且定期检验和评估现场应急预案和程序的有效程度，以及在必要时进行修订。

场外应急预案由政府主管部门根据企业提供的安全报告和有关资料制定。应急预案的目的是抑制突发事件，减少事故对工人、居民和环境的危害。因此，应急预案应提出详尽、实用、明确和有效的技术与组织措施。政府主管部门应保证将发生事故时要采取的安全措施和正确做法的有关资料散发给可能受事故影响的公众，并保证公众充分了解发生重大事故时的安全措施，一旦发生重大事故，应尽快报警。

每隔适当的时间应修订和重新散发应急预案宣传材料。

（六）工厂选址和土地使用规划

政府有关部门应制定综合性的土地使用政策，确保重大危险源与居民区和其他工作场所、机场、水库、其他危险源和公共设施安全隔离。

（七）重大危险源的监察

政府主管部门必须派出经过培训的、考核合格的技术人员定期对重大危险源进行监察、调查、评估和咨询。

二、我国重大危险源安全监管总体思路

为加强和规划重大危险源安全生产监督管理，我国既对重大危险源安全监管开展了系列研究，也对重大危险源安全监管进行了系列探索与实践。

重大危险源的监督管理是一项系统工程，需要合理设计、统筹规划，既要有利于国家有关部门宏观管理与决策，又要有利于地方各级政府的日常监督，促使企业严格管理、规范运作，确保安全生产。《安全生产法》对建立我国重大危险源安全监督管理系统给出了粗略的轮廓，即要求“生产经营单位对重大危险源应当登记建档，进行定期检测、评估、监控，并制定应急预案，告知从业人员和相关人员在紧急情况下应当采取的应急措施。生产经营单位应当按照国家有关规定将本单位重大危险源及有关安全措施、应急措施报有关地方人民政府应急管理部门和有关部门备案”。

依照《安全生产法》的规定，参照各省市重大危险源安全监管实践经验，2011年8月国家安全生产监督管理总局颁布了总局令第40号《危险化学品重大危险源监督管理暂行规定》。该规定的颁布实施，标志着重大危险源安全监督管理工作的系统化、科学化、制度化和规范化。2015年5月27日国家安全生产监督管理总局公布的第79号令对40号令进行了修订，加大了处罚的力度。

《危险化学品重大危险源监督管理暂行规定》共6章37条，既明确了生产经营单位的职责，也明确了政府部门的职责，构成了我国重大危险源安全监管的总体思路。

(一) 生产经营单位的安全管理职责

就生产经营单位而言，从事危险化学品生产、储存、使用和经营的单位(统称危险化学品单位)是本单位重大危险源安全管理的责任主体，其主要负责人对本单位的重大危险源安全管理工作负责，并保证重大危险源安全生产所必需的安全投入。危险化学品单位安全管理职责主要包括:

(1) 按照《危险化学品重大危险源辨识》标准，进行重大危险源辨识，记录辨识过程与结果;

(2) 进行重大危险源安全评估，确定重大危险源等级;

(3) 建立完善重大危险源安全管理规章制度和安全操作规程，并采取有效措施保证其得到执行;

(4) 根据构成重大危险源的危险化学品种类、数量、生产、使用工艺(方式)或者相关设备、设施等实际情况，建立健全安全监测监控体系，完善控制措施;

(5) 按照国家有关规定，定期对重大危险源的安全设施和安全监测监控系统进行检测、检验，并进行经常性维护、保养;

(6) 明确重大危险源中关键装置、重点部位的责任人或者责任机构，并对重大危险源的安全生产状况进行定期检查，及时采取措施消除事故隐患;

(7) 对重大危险源的管理和操作岗位人员进行安全操作技能培训;

(8) 在重大危险源所在场所设置明显的安全警示标志，写明紧急情况下的应急处置办法;

(9) 将重大危险源可能发生的事故后果和应急措施等信息，以适当方式告知可能受影响的单位、区域及人员;

(10) 依法制定重大危险源事故应急预案，建立应急救援组织或者配备应急救援人员，配备必要的防护装备及应急救援器材、设备、物资;

(11) 制订重大危险源事故应急预案演练计划，并进行事故应急预案演练;

(12) 对辨识确认的重大危险源及时、逐项进行登记建档。

(二) 政府部门安全监管职责

就政府部门而言，重大危险源的安全监督管理实行属地监管与分级管理相结合的原则。县级以上地方人民政府安全生产监督管理部门按照有关法律、法规、标准和规定，对本辖区内的重大危险源实施安全监督管理。具体安全监管职责主要包括:

(1) 建立健全危险化学品重大危险源管理制度，明确责任人员，加强资料归档;

(2) 加强对存在重大危险源的危险化学品单位的监督检查，督促危险化学品单位做好重大危险源的辨识、安全评估及分级、登记建档、备案、监测监控、事故应急预案编制、核销和安全管理工作；

(3) 加强对工业（化工）园区等重大危险源集中区域的监督检查，确保重大危险源与周边单位、居民区、人员密集场所等重要目标和敏感场所之间保持适当的安全距离。

第二节　重大危险源辨识

《危险化学品重大危险源监督管理暂行规定》明确要求，危险化学品单位应当按照《危险化学品重大危险源辨识》标准，对本单位的危险化学品生产、经营、储存和使用装置、设施或者场所进行重大危险源辨识，并记录辨识过程与结果。辨识重大危险源是加强重大危险源安全监督管理的首要工作。为此，首先需要确定重大危险源的辨识标准。

国际劳工组织认为，各国应根据具体的工业生产情况制定适合国情的重大危险源辨识标准。标准的定义应能反映出当地亟须解决的问题以及一个国家的工业模式，可能需有一个特指的或是一般类别或是两者兼有的危险物质一览表，并列出每个物质的限额或允许的数量，设施现场的危险物质超过这个数量，就可以定为重大危险源。任何标准一览表都必须是明确的，以便使雇主能迅速地鉴别出他控制下的哪些设施是在这个标准定义的范围内。要把所有可能造成伤亡的工业过程都定为重大危险源是不现实的，因为由此得出的一览表会太广泛，现有的资源无法满足要求。标准的定义需要根据经验和对危险物质了解的不断加深进行修改。

一、重大危险源的定义

(1) 危险化学品重大危险源：长期地或临时地生产、加工、使用或储存危险化学品，且危险化学品的数量等于或超过临界线的单元。

(2) 单元：一个（套）生产装置、设施或场所，或同属一个生产经营单位的且边缘距离小于 500m 的几个（套）生产装置、设施或场所。

(3) 临界量：对于某种或某类危险化学品规定的数量，若单元中的危险化学品数量等于或超过该数量，则该单元定为重大危险源。

二、重大危险源辨识采用的标准

危险化学品重大危险源辨识采用的标准和依据是《危险化学品重大危险源辨识》

（GB18218—2018）。该标准规定了辨识危险化学品重大危险源的依据和方法，适用于危险化学品的生产、使用、储存和经营等各企业或组织。

该标准不适用于：

（1）核设施和加工放射性物质的工厂，但这些设施和工厂中处理非放射性物质的部门除外；

（2）军事设施；

（3）采矿业，但涉及危险化学品的加工工艺及储存活动除外；

（4）危险化学品的运输；

（5）海上石油天然气开采活动。

三、危险源辨识的重要性

危险源辨识的意义在于可有效地预防事故发生，减少财产损失、人员伤亡和伤害。危险源辨识是从技术带来的负效应出发，分析、论证和评估由此产生的损失和伤害的可能性、影响范围、严重程度及应采取的对策措施等。危险源辨识作为企业管理的重要组成部分，无论是从降低企业的经济损失、提高企业的生产效率，还是从提高企业的诚信度和全体员工的素质等方面，都具有十分重要的意义。

（一）危险源辨识是安全生产管理的一个重要组成部分

“安全第一、预防为主、综合治理”是我国安全生产的基本方针，作为预防事故重要手段的危险源辨识，在贯彻安全生产方针中起着十分重要的作用，通过危险源辨识可确认企业（项目）是否具备了安全生产条件，是否在生产过程中贯彻安全生产方针和“以人为本”的管理理念。

（二）有助于重视安全投入

危险源辨识不仅能确认系统的危险性，而且能进一步考虑危险性发展为事故的可能性及事故造成损失的严重程度，进而计算事故造成的危害，即风险率。并以此说明系统危险可能造成负效益的大小，以便合理地选择控制、消除事故发生的措施，确定安全投入的多少，从而使安全投入和可能减少的负效益达到合理的平衡。

（三）有助于提高企业（项目）的安全管理水平

危险源辨识可以促使企业（项目）的安全管理模式的转变。

（1）将“事后处理”转变为“事先预防”。传统安全管理方法的特点是凭经验进行管理，多为事故发生后再进行处理的“事后处理”。通过危险源辨识，可以预先识别系统的危险性，分析企业（项目）的安全状况，全面地评价系统及各部分的危险程度和安全管理状况，促使企业（项目）达到规定的安全要求。

（2）将“单一管理”转变为“全面管理”。危险源辨识使企业（项目）所有部门都能按照要求，认真评价本部门的安全状况，将安全管理范围扩大到企业（项目）各部门、各个环节，使企业（项目）的安全管理实现全过程、全方位及贯穿于整个企业（项目）时间的系统安全管理。

（3）将“经验管理”转变为“目标管理”。仅凭经验、主观意志和思想意识进行安全管理，没有统一的标准、目标，而危险源辨识可使各部门、全体员工明确各自的安全指标要求，在明确的目标下，统一步调、分头进行，从而使安全管理工作做到科学化、系统化和标准化。

四、辨识单元划分对辨识结果的影响

（一）按照物质划分辨识

《危险化学品重大危险源辨识》（GB18218—2018）中对物质分别列表说明属于重大危险源辨识的物质的临界量，在辨识的过程中，如果单纯按照物质进行辨识，当所辨识的企业在500m范围内，就简单地将辨识的企业划为一个整体进行辨识，辨识结果是这个企业已构成重大危险源，那么企业在进行重大危险源申报时，必须将企业的生产场所、储存场所、公用辅助设施、办公楼（假如办公楼内设有化验室，化验室内有重大危险源辨识的危险化学品）都进行申报，导致重大危险源的范围扩大，辨识结果错误。

（二）以500m范围划分单元

在《危险化学品重大危险源辨识》（GB18218—2018）中单元定义：“一个（套）生产装置、设施或场所，或同属一个生产经营单位的且边缘距离小于500m的几个（套）生产装置、设施或场所。”在辨识中对单元仅限于一个生产装置、设施或场所的情形比较好处理，但将500m以内几套生产装置也划为一个单元，不同的处理方法，往往会出现完全不同的辨识结果。

国家标准在两种划分方法之间用了一个“或”字，这就表明，可以这样，也可以那样，对于部分以间歇式生产工艺为主的中小化工企业而言，以一套生产装置为单元，常常不构成重大危险源，而以500m内几套生产装置为单元，又构成重大危险源。

如果在一套生产装置不构成重大危险源时，而将500m以内有关联的几套生产装置作为一个单元进行进一步辨识，我认为，用“关联”一词加以限定恰到好处，这一处理方式既科学又有可操作性，解决了以往因单元划分而造成的误判和遗漏问题。

五、重大危险源辨识物质及存在量的确定

(一) 辨识物质的确定

《危险化学品重大危险源辨识》(GB18218—2018) 表明，不能误将危险货物全部列入重大危险源辨识中，因为《危险化学品重大危险源辨识》(GB18218—2018) 仅适用于危险化学品的生产、适用、储存和经营单位，所以，不属于危险化学品的其他危险物品，不宜以该标准为依据列入危险化学品重大危险源辨识范围。

(二) 危险化学品实际存在量确定

1. 确定方法

危险化学品临界量的确定方法如下。

(1) 在《危险化学品重大危险源辨识》(GB18218—2018) 规定范围内的危险化学品，其临界量按规定值确定；

(2) 若一种危险化学品具有多种危险性，按其中最低的临界量确定。

2. 注意事项

确定危险化学品实际存在量时，需注意以下事项。

(1) 必须收集相关规范资料，以及化学品安全技术说明书等表明危险化学品物质特性和危险特性等数据的相关技术资料。此外，还应掌握危险化学品的具体信息，如名称、数量、浓度、状况、分布等。

(2) 辨识的完整性，不仅确认是否属于重大危险源，更主要是了解和掌握企业中高危险性的危化品种类、数量和分布情况。

(3) 危险化学品辨识必须准确。同样的物质由于含量不同或性质变化可能存在不同的临界量，如硝酸铵 (含可燃物≥ 0.2%)、硝酸铵 (含可燃物≤ 0.2%) 和硝酸铵基化肥属于不同的危险类别，因此有不同的临界量。氯化氢属于辨识物质，而盐酸则不属于。

(4) 临界量最小原则。一种危险化学品常具有多种危险性，按临界量小的确定；同一设备或场所重复储存多种危化品时，按临界量最小的危化品来确定。

(5) 数量最大原则。对于单元内危化品的实际存在量要按照数量最大原则确定。

(6) 混合物数量的确定。对于属于混合物 (包括溶液) 数量按其整体数量确定，不按混合物中纯物质的数量确定。但应特别注意，如果由于混合物组分或溶液浓度

变化，导致该混合物（包括溶液）的整体危险性（与纯物质相比）发生重大变化时，则应确定该混合物是否还属于标准辨识范围内的危险化学品，如果属于则按标准规定确定临界量，如果已不属于则该混合物的数量不予考虑。如果混合物（包括溶液）中所有危化品的质量分数低于1%，则该混合物数量不予考虑。

六、危险化学品重大危险源辨识中的难点

《危险化学品重大危险源辨识》(GB18218—2018）虽解决了很多问题，使重大危险源辨识中操作性、准确性有所提高，但在实际辨识过程中仍存在以下难点。

（一）生产单元如何有效地划分

《危险化学品重大危险源辨识》(GB18218—2018）中生产单元是指危险化学品的生产、加工及使用等的装置及设施，当装置及设施之间有切断阀时，以切断阀作为分隔界限划分为独立的单元。切断阀是紧急切断阀还是具备切断功能的阀门即可，平时阀门的开关有无要求？通常各装置之间可能涉及多条管道互相连接，是所有管道都需要切断阀吗？后期整体装置内部，若企业为规避重大危险源，可能存在有意识将装置分隔开来安装切断阀，是否可以依据切断阀的设置情况来将单元分开？切断阀如何定义，任意阀门都可以还是紧急切断阀才算？各类塔釜之间均有切断阀，分开来一个个辨识还是联合一起辨识？划分生产装置单元的切断阀具体指哪种类型？

（二）实际存在量如何精准取值

《危险化学品重大危险源辨识》(GB18218—2018）中明确了危险化学品储罐以及其他容器、设备或仓储区的危险化学品的实际存在量按设计最大量确定。

若没有设计文件确定的最大允许量或实际最大储存量超过设计最大量时，该如何取在线量？

有的危险化学品常压储罐，设计了高高报警联锁切断等，那么是否还按照最大容积来计算呢？此外，实际生产过程中，生产单元内危险化学品设备众多，且部分设备（如塔器）内危险化学品复杂，且存在气、液两相状态，这种状态下，该如何取在线量，是按气相、液相分别取值进行计算还是按照设备内最大量的危险化学品进行取值？若生产单元内的装置为连续反应装置（如常、减压精馏装置），进料的同时还有物料流出，如何取在线量？

七、危险化学品重大危险源辨识的建议

(一) 生产单元划分的建议

对于生产装置，首先应根据具有明显防火间距和相对独立的功能的原则划分单元，单元间有切断阀的，应以切断阀作为分隔界限划分单元；单元间无切断阀的，按一个生产单元进行划分。对于生产装置内的中间储罐或装置储罐，应纳入生产装置一并辨识。而上所述的切断阀应以紧急切断阀为分隔界限，且切断阀应具有远程手动切断和远程自动切断功能。管道切断阀的安装应该根据实际工艺情况来定。企业切断阀情况以设计院验收盖章图纸为准，安装切断阀需要走完整的变更管理程序，特殊情况需走项目程序。

(二) 实际存在量精准取值的建议

危险化学品储罐以及其他容器、设备或仓储区的危险化学品的实际存在量应以设计文件中确定的最大允许量为准，若设计文件未规定设计最大量或设计最大量与实际储存量不一致但符合相关法律法规规定的，可考虑以实际储存量和设计最大量中的较大者来确定。

常压储罐，设计了高高报警联锁切断装置等，高高报警联锁切断装置实质上是储罐为了防止高液位冒罐而采取的一种安全措施，是一种非本质安全措施，也就是说即使采用了这种安全措施，也不能完全保证其作用，很多事故都证明了这一点。因此，重大危险源的计算不能拿概率性事件来当盾牌，更不能把安全的保证建立在可能性基础之上。尽管安全措施肯定要加，但不能因此降低重大危险源的计算标准。

此外，实际生产过程中，应对设备(如塔器)内危险化学品气相、液相两态按照实际运行过程进行计算，按气相、液相分别取在线量。对于连续装置(如常、减压精馏装置)进料的同时还有物料流出，应以设计最大量为准，但若无相关数据，可结合实际运行过程进行计算。

第三节　重大危险源评价分级

一、重大危险源的分级

重大危险源分级的目的在于按其危险性进行初步排序，便于对重大危险源的安全评估、监测监控、应急演练周期等安全管理工作提出不同的要求，也便于各级安

全监管部门根据重大危险源级别进行重点监管。

《危险化学品重大危险源监督管理暂行规定》根据危险程度将重大危险源由高到低划分为一级、二级、三级、四级四个级别。

(1) 一级重大危险源：可能造成特别重大事故；

(2) 二级重大危险源：可能造成特大事故；

(3) 三级重大危险源：可能造成重大事故；

(4) 四级重大危险源：可能造成一般事故。

二、重大危险源的评价方法

对重大危险源进行评价时，评价人员可根据具体的场所特性采用不同的评价方法。选用的评价方法均应包括定性评价和定量评价。

(一) 定性评价

定性安全评价方法主要是根据经验和直观判断能力，对生产系统的工艺、设备、设施、环境、人员和管理等方面的状况进行定性分析，安全评价的结果是一些定性的指标。例如，是否达到了某项安全指标、事故类别和导致事故发生的因素等。定性安全评价方法有安全检查表、专家现场询问观察法、因素图分析法、事故引发和发展分析、作业条件危险性评价法、故障类型和影响分析、危险可操作性研究等。

(二) 定量评价

定量安全评价方法是运用基于大量的实验结果和广泛的事故统计资料分析获得的指标或规律 (数学模型)，对生产系统的工艺、设备、设施、环境、人员和管理等方面的状况进行定量的计算，安全评价的结果是一些定量的指标。例如，事故发生的概率、事故的伤害 (或破坏) 范围、定量的危险性、事故致因因素的事故关联度或重要度等。

按照安全评价给出的定量结果的类别不同，定量安全评价方法还可以分为概率风险评价法、伤害 (或破坏) 范围评价法和危险指数评价法。

三、重大危险源的评价准备

(一) 资料准备

1. 安全评价的基础资料信息

安全评价的基础资料信息是指与项目安全性和安全评价相关的信息，是被评价对象的信息，依据这些信息才能进行安全评价，用这些信息与法律、法规信息对比，是安全评价的核心工作。

对被评价项目主体生产经营单位来说，生产经营活动的系统中存在人流、物质流、能量流和管理流，并通过信息流反映出来。

采集安全评价涉及的人、机、物、法、环基础技术资料，可参照下列清单进行收集。

附：重大危险源安全评价所需主要资料清单

(1) 营业执照，各种许可证复印件和近期安全评价报告。

(2) 单位概况。

① 基本情况；

② 生产工艺；

③ 装置、储存设施等基本情况；

④ 重大危险源的区域位置图；

⑤ 重大危险源事故档案。

(3) 外部环境条件。

① 所在地的自然条件资料；

② 周边道路交通和交通管制示意图；

③ 周边的重要场所、基础设施和单位分布情况；

④ 周边 24h 人口居住和活动分布情况。

(4) 从业人员情况。

① 主要负责人资格证书及培训考核情况；

② 安全管理人员资格证书及培训考核情况；

③ 特种作业人员资格证书及培训考核情况；

④ 其他从业人员培训考核情况。

(5) 安全生产管理。

① 企业安全管理机构设置及职责文件；

② 重大危险源有关岗位设置及责任制文件；

③ 重大危险源安全生产管理制度；

④ 重大危险源有关岗位操作规程；

⑤ 重大危险源管理档案记录；

⑥ 重大危险源事故应急救援预案：

a. 应急救援组织或应急救援人员的设置或配备的文件；

b. 应急救援物资和设施；

c. 周围医疗、消防等可支援力量；

d. 事故应急预案；

e. 事故应急预案演练记录。

⑦ 事故管理情况：

a.3 年内发生的重大危险源事故调查处理情况报告；

b. 对发生事故接受教训和整改情况。

(6) 与重大危险源相关的主要设备、设施资料。

(7) 涉及重大危险源的工艺过程。

(8) 危险物料。

① 生产、经营、储存、运输、使用危险物料或处置废弃危险物品明细；

② 生产、经营、储存、运输、使用危险物料或处置废弃危险物品的分布情况；

③ 生产、经营、储存、运输、使用危险物料或处置废弃危险物品的安全标签和安全技术说明书。

(9) 涉及重大危险源的建 (构) 筑物资料。

(10) 涉及重大危险源的安全防护设施管理。

(11) 重大危险源管理资料。

① 已进行的重大危险源申报登记资料和注册文件；

② 已进行的重大危险源检测、评价报告；

③ 重大危险源的监控措施。

在进入企业之前，需要通过企业提供的资料多方位地了解企业生产的相关信息，了解同类企业的信息也会有较多的帮助，应做到有的放矢地进行评价工作。

2. 相关法律、法规、规章、技术标准准备

法律、法规、规章、技术标准信息是安全评价的依据，对于评价中辨识出来的危险和有害因素，要将其控制措施与相关要求进行对照。不符合相关要求的，可以认定危险和有害因素不能被有效控制。对于查找出的“事故隐患”应及时按相关的要求完善控制措施。进行相关准备工作时应注意以下几个方面。

(1) 法律、法规、规章、技术标准信息是动态变化的，由于时代的变迁、社会的进步、经济实力的增强、技术水平的提高，法律、法规、规章、技术标准将不断进行修订。安全评价应随变化要求不断更新。为此，进行安全评价时必须关注法律、法规信息，力求用最新的法律、法规指导评价。

(2) 采集特殊适用于评价项目的法律信息时应考虑适用性，可根据评价项目进行判断。

3. 人员、装备准备

安全评价工作由具有与评价项目相关行业背景知识和安全评价资质的人员进行，参加人员应对企业基本信息有所了解并具有某方面的技术专长。

进入现场的装备应根据企业的生产类型和特点而定，常用装备有便携式气体检测报警仪、测距仪、相机、噪声仪、照度仪等。

(二) 现场查勘

1. 现场查勘方法

现场调查分析是安全评价必须进行的工作，是对评价对象进行了解的必要手段。通过调查掌握评价对象的基本工况，例如，总平面布置、工艺过程、设备设施等，通过分析和识别找出评价项目的危险和有害因素。调查分析是进行现场勘察、安全检查、检测检验的基础，同时也为安全评价提供素材和依据。

调查分析的关键是在评价范围内尽可能不遗漏重点问题和重点部位，要覆盖评价项目中生产、辅助、存储、运输、试验、销毁、生活等区域。

常用的调查分析方法是现场询问观察法，一般可采用按部门调查、按过程调查、顺向追踪、逆向追溯等。这些方式各有利弊，在工作中可以根据实际情况灵活应用。

(1) 按部门调查。按部门调查也称按“块”调查，是以企业部门 (车间) 为中心进行调查的方式。一个部门往往涉及并承担多个过程的职能，因此，调查时应以主要职能为主线进行调查。这种方法的优点是调查效率高，缺点是调查内容较分散。

(2) 按过程调查。按过程调查也称按“条”调查，是以过程为中心进行调查的方式。一个过程往往涉及多个部门，因此，调查时应以主要职能部门为主线进行调查。这种方法的优点是目标集中，易体现安全管理的符合性，缺点是效率较低。

(3) 顺向追踪。顺向追踪也称“归纳”式调查，是顺序调查的方式，从安全管理理念、安全管理制度等文件查到安全管理措施、危险和有害因素的实际控制。从每层安全措施或设施对危险和有害因素控制失效的可能性，判断事故发生的途径及事故发生的概率，属于“事件树”的逻辑判断方法。这种方法的优点是可系统地了解安全管理的整个内容，可观察到各接口协调的情况，缺点是耗时较长。

(4) 逆向追溯。逆向追溯也称“演绎”式调查，是逆向调查的方式，先假设事故发生，调查危险和有害因素的实际控制、安全管理措施等，查找安全管理制度、安全管理理念等文件。从事故形成条件的可能性推出发生事故的原因及概率，属于“事故树”的逻辑判断方法。这种方法的优点是从结果查起，针对性强，易发现问题，但在问题复杂的情况下，需要专业人士进行分析判断。

2. 现场查勘工作程序

（1）前置条件检查。前置条件指在签订评价合同前，评价人员到项目所在地考察评价项目所属行业、项目状况，听取客户对安全评价的要求。应注意可提供的信息资料是否齐全，项目是否存在恶意违规现象。

（2）工况调查。主要了解建设项目的基本情况、项目规模、建立联系和记录企业自述等。

① 基本情况包括企业全称、注册地址、项目地址、建设项目名称、设计单位、施工及安装单位、项目性质、项目总投资额、产品方案、主要供需方、技术保密要求等。

② 项目规模包括自然条件、项目占地面积、建（构）筑物面积、生产规模、单体布局、生产组织结构、工艺流程、主要原（材）料耗量、产品规模、物料的储运等。

③ 建立联系包括向企业出示安全评价机构资质证书、告知安全评价原则和流程、接受安全评价工作程序、送达并解释资料清单的内容、说明需要企业配合的工作、确定通信方式等。

④ 企业自述指在评价过程中应注意了解企业对安全设施的看法和认知程度，对项目中与原设计不一致的单体应充分知晓相应的原因，并重视可能诱发的新的危险和有害因素。

3. 现场查勘的目的

现场查勘的目的是核实危险和有害因素，发现新的危险和有害因素，勘察周边环境的适合性和安全设施的状况。

（1）核实危险和有害因素及分布。从设计文件、原辅料、产品、平面布置、工艺流程等相关资料中获得危险和有害因素的间接信息，需要评价人员到评价项目现场进行核实。核实的内容主要是危险和有害因素存在的位置、场合或状态，存在的数量、浓度、强度和形式，必要时提出进行检测检验的要求。

（2）发现新的危险和有害因素及分布。对照规范标准，在评价项目现场查找是否有间接信息中没有提到的危险和有害因素。

（3）查看周边环境，尤其是可能构成重大危险源所在位置的周边环境，了解周边生产经营单位的基本情况，了解常住人口的分布情况等。

（4）勘察安全设施状态。

① 首先检查是否存在安全设施。

② 其次检查安全设施的选择是否正确，安全设施与生产系统是否匹配，是否采用了“本质安全的直接设施”或“安全附件间接设施”，是否从预防、控制、减灾上考虑选择安全设施。

③ 最后检查安全设施是否处于完好和可用状态。考察安全设施的可靠性和有效

性是否能达到保障系统（单元）安全的效果，必要时可以要求提供产品合格证明、定期检定证书、检测检验报告等。

④ 通过档案、记录及与现场人员的询问，勘察企业安全管理状况及其落实运行情况。

4. 现场查勘的主要内容

（1）安全距离。

① 外部安全距离。安全距离主要指“安全防护距离”。一般认为“安全距离”是防火间距、卫生防护距离、机械防护安全距离、电气安全距离等“安全防护距离”的总称。重大危险源的外部安全距离主要是指防火间距，存在毒性气体、粉尘等的生产装置应包括卫生防护距离。

根据《危险化学品安全管理条例》的规定，危险化学品的生产装置和储存数量构成重大危险源的储存设施，与下列场所、区域的距离必须符合国家标准或者国家有关规定。

a. 居住区以及商业中心、公园等人员密集场所；

b. 学校、医院、影剧院、体育场（馆）等公共设施；

c. 饮用水源、水厂以及水源保护区；

d. 车站、码头（依法经许可从事危险化学品装卸作业的除外）、机场以及通信干线、通信枢纽、铁路线路、道路交通干线、水路交通干线、地铁风亭以及地铁站出入口；

e. 基本农田保护区、基本草原、畜禽遗传资源保护区、畜禽规模化养殖场（养殖小区）、渔业水域以及种子、种畜禽、水产苗种生产基地；

f. 河流、湖泊、风景名胜区、自然保护区；

g. 军事禁区、军事管理区；

h. 法律、行政法规规定的其他场所、设施、区域。

目前我国对重大危险源所在地与以上八类地区的距离还没有一个明确和统一的规定。通常在防火间距方面应按照《建筑设计防火规范（2018版）》（GB 50016—2014）、《石油化工企业设计防火规范》（GB 50160—2008）、《工业企业总平面设计规范》（GB 50187—2012）、《化工企业总图运输设计规范》（GB 50489—2009）中的相关规定执行。可以进行危害后果定量计算的，安全间距也应参考定量计算的结果。目前我国卫生防护距离归属于环境保护部门进行管理，在卫生防护距离的要求上，应执行国家各类企业卫生防护距离要求的相关标准或采用建设项目已获得政府行政主管部门批复的《环境影响报告》中的卫生防护距离结果。

同时需要注意的是，储存数量构成重大危险源的危险化学品储存设施的选址，应当避开地震活动断层和容易发生洪灾、地质灾害的区域。

② 内部防火间距。重大危险源内部防火间距方面应按照《建筑设计防火规范（2018 版）》（GB 50016—2014）、《石油化工企业设计防火规范》（GB 50160—2008）和其他专业标准中的相关规定执行，此处所称的内部防火间距包括重大危险源所在场所内部的防火间距和该场所与周边场所（或生产装置）的防火间距两个部分。

（2）生产工艺与设备先进性。重大危险源所在场所的工艺与设备先进性判断的依据主要为《产业结构调整指导目录》。该文件中将各工业生产领域中工艺与设备分为鼓励类、限制类、淘汰类三种。鼓励类为国家产业政策鼓励采用的；限制类为已有项目可以予以保留，但不再允许新项目采用的；淘汰类为应禁止使用的。重大危险源所在场所的工艺与设备也应符合以上规定。

（3）生产设备检测检验。检测检验就是定量的现场检查，包括压力容器等特种设备检测检验、避雷设施检测检验、静电测试、安全附件（安全阀、压力表等）检测及校准、防爆电器安装检测、安全联锁装置测试、毒物浓度测定、粉尘浓度测定、噪声测定、风速风量测量、电磁场测量、可燃气体报警和有毒气体报警变松器检定、电离和非电离辐射测定、设备探伤及晶相分析、设备腐蚀速率检测等。

① 现场检测。评价人员现场勘察时对所需数据直接检测检验。因为从评价的角度出发，现场检测获得的数据更加有针对性。现场勘察一般使用便携式工具或仪器。现场勘察经常要用拍照来记录现象、用摄像来记录过程，若在防爆区域内使用电子器材可能成为点火源，应使用防爆型装备。

② 委托有法定资质的单位进行检测检验。由于评价报告需要采用社会公认的检测数据，所以对国家已有要求的法定检测，要以法定资质检测检验单位的数据为准。以下内容需要法定检测检验。

a. 特种设备检测检验；

b. 职业卫生检测；

c. 避雷设施安装检测；

d. 防爆电器安装检测；

e. 消防检查和检测；

f. 现场检测报警变送器检定；

g. 安全附件检测和校准。

被评价单位按国家相关要求已委托有法定资质的单位出具检测检验报告，评价机构应先对这些报告在评价中的“适用性”进行确定（例如，是否在数据有效期内、检测目的是否与评价要求一致、数据的权威性等），必要时评价机构应亲自或委托有法定资质的单位到评价项目现场验证，然后根据评价需要采纳或部分采纳报告的数据，注明出处，并对采用的“适用性”负责。

(4) 安全设施运行检查。安全设施设备是指屏蔽危险和有害因素发生事故的预防、控制、救灾设施。安全设施是针对危险和有害因素的，可分为本质安全的直接设施、安全附件的间接设施、预先警告的提示设施、自己的个体防护设施四种。考察安全设施设备应从可靠性的角度检查安全设施设备的运行情况，记录设施设备的完好状况和故障率。

《危险化学品安全管理条例》规定："生产、储存危险化学品的单位，应当根据其生产、储存的危险化学品的种类和危险特性，在作业场所设置相应的监测、监控、通风、防晒、调温、防火、灭火、防爆、泄压、防毒、中和、防潮、防雷、防静电、防腐、防泄漏以及防护围堤或者隔离操作等安全设施、设备，并按照国家标准、行业标准或者国家有关规定对安全设施、设备进行经常性维护、保养，保证安全设施、设备的正常使用。生产、储存危险化学品的单位，应当在其作业场所和安全设施、设备上设置明显的安全警示标志。"

安全设施设备检查主要包括：

① 防火设施检查。检查内容有火灾危险性分类、耐火等级、层数、建筑面积、防火间距、安全疏散、消防给水、灭火器配置等。

② 防爆设施检查。除炸药爆炸外，生产企业的爆炸主要指物理增压爆炸和化学反应爆炸。化学反应引起爆炸，经常是发生在化学反应釜、反应塔等装置里；而爆炸性环境指装置和管道里易燃物质泄漏到大气中与空气混合，形成爆炸性混合物的爆炸，是环境空间的爆炸。

物理增压爆炸和化学反应爆炸两者采取防爆的方法截然不同，前者用严格控制工艺参数（温度、压力、流量等）手段和装置增加安全阀、爆破膜等安全附件；后者主要的安全措施为用防爆电气设备控制可能产生点火源的电气火花、静电荷累积、雷电火花等。

③ 安全监控系统检查。安全监控系统检查应检查控制的完整性、有效性和合理性，检查参数控制方式选择的合理性以及与工艺过程的匹配性；检查监控设备的完整性和可靠性，检查监控设备的维护记录，保证监控设备运行的辅助设施；对监控系统操作人员的安全管理检查，包括监控系统操作人员的培训和考核记录、操作规程的制定、设备和人员的管理制度检查、开停机操作规程和日常生产记录以及监控系统应急救援预案。在检查危险化学品重大危险源时，应符合《危险化学品重大危险源安全监控通用技术规范》（AQ 3035—2010）、《危险化学品重大危险源罐区现场安全监控装备设置规范》（AQ 3036—2010）中规定的具体技术要求。

若危险化学品重大危险源属于国家首批重点监管的危险化工工艺或国家首批重点监管的危险化学品，其所在场所还应满足相关规章的安全规定。

(5) 安全管理。

① 安全管理组织和制度检查。应检查评价项目主要负责人是否取得安全培训合格证；是否建立安全管理网络；是否建有安全管理组织 (安全科、安环处、安保部等)；是否配备专职安全管理干部 (以持证为准)，是否有明确的安全管理职责和任务；是否制定了从厂长 (或总经理) 至基层员工的安全生产责任制；企业是否承诺认真贯彻《中华人民共和国安全生产法》，并实现全员、全面、全过程的安全管理，各岗位是否已建立安全操作规程和相关安全管理制度。

② 安全生产日常管理检查。

a. 检查安全生产日常管理是否采用过程控制管理。

b. 检查生产过程中所用的易发生火灾爆炸危险或有毒的原材料是否有生产单位提供的《安全技术说明书》；是否向职工提供所使用的化学原料和辅料的化学物质安全周知卡。

c. 检查生产场所是否按照《安全色》(GB 2893—2008)、《安全标志及其使用导则》(GB 2894-2008) 和《化学品分类和危险性公示通则》(GB 13690—2009) 设置安全标志。

d. 检查涉及危险化学品的区域是否明显划出区域并设立周知牌，是否向进入区域人员告知生产过程中的各种燃烧爆炸及有毒危险物料的危险性 (爆炸性、燃烧性、毒性等)；是否为事故应急救援配置了空气呼吸器等防护用品。

③ 安全设施维护。检查对安全专用设备及器材 (例如，消防器材、气体报警仪、个人防护用品以及安全用具等) 是否进行经常性维护、保养，并定期检测；维护、保养、检测是否有记录和责任人签字。

④ 安全培训。检查是否对职工开展安全培训并有培训记录，是否对新员工进行入厂三级教育、日常教育，特种作业人员是否培训合格并持证。

⑤ 监督与检查。监督与检查是安全管理措施的动态表现。应检查该企业是否进行综合检查、专业检查、季节性检查、节假日检查和日常检查。

⑥ 事故应急预案与演练。生产经营单位应依据《生产经营单位安全生产事故应急预案编制导则》(AQ/T 9002—2006) 的要求编制事故应急预案，生产经营单位事故应急预案应包括综合预案、专项预案、现场预案等，应形成综合的应急救援体系。

应急预案生产经营单位应定时进行事故应急预案的演练和更新，应急预案演练的组织者或策划者在确定采取哪种类型的演练方法时，应考虑以下因素。

a. 应急预案和响应程序制定工作的进展情况；

b. 本辖区面临风险的性质和大小；

c. 本辖区现有应急响应能力；

d. 应急演练成本及资金筹措状况；

e. 有关政府部门对应急演练工作的态度；

f. 应急组织投入的资源状况；

g. 国家及地方政府部门颁布的有关应急演练的规定。

无论选择何种演练方法，应急演练方案必须与辖区重大事故应急管理的需求和资源条件相适应。

5. 现场查勘注意事项

(1) 注意类比对象的选择。对于评价对象无法进行现场勘察的内容，可以寻找类比对象进行调查。但必须注意类比对象与评价对象之间的偏差，评价结果带有估计的成分。类比对象与评价对象共有的对应点越多，评价结果就越接近真实。因此，评价结果的准确性在很大程度上取决于所选择的类比对象。如果类比对象选择错误，不仅得不到相近于评价对象的评价结果，还会误导评价，不能找出评价对象的“事故隐患”，反而误判“事故隐患”。

(2) 注意现场查勘的系统性。进行现场查勘时，应关注评价对象的每一处细节，尽量全面了解评价对象的全貌，避免产生盲人摸象类的失误。

(3) 注意现场询问观察法与现场检查数据的校核。进行现场查勘时，现场询问观察法是主要的工作方法之一。但是有时企业相关人员存在故意或无意隐瞒的现象，故询问的结果应与现场查看的情况、相关检测报告及检测结果相互佐证，避免误差。

(三) 重大危险源辨识单元划分

在危险和有害因素分析的基础上，根据评价目标和评价方法的需要，将系统分成有限个确定范围的单元进行评价，该范围称为辨识单元。

辨识单元一般以生产工艺、工艺装置、物料的特点、特征与危险和有害因素的类别、分布有机结合进行划分，还可以按评价的需要将一个辨识单元再划分为若干子评价单元或更细致的单元。

辨识单元的划分有多种方法，需要依据企业的实际情况，按照以上所述的划分原则进行。一般应遵循以下几个原则。

(1) 生产过程相对独立；

(2) 空间位置相对独立；

(3) 事故范围相对独立；

(4) 具有相对明确的区域界线。

《危险化学品重大危险源辨识》(GB 18218—2018) 规定，辨识单元为一个 (套) 生产装置、设施或场所，或同属一个生产经营单位且边缘距离小于 500m 的几个 (套)

生产装置、设施或场所。故辨识单元划分时，一个辨识单元的直径不能大于500m。应用时，通常按相对独立的生产场所或储存场所进行更细致的单元划分，由此判断整体系统中能够独立构成重大危险源的单元，以便进行重点监管。

四、重大危险源评价报告编制

(一) 重大危险源安全评价报告主要内容

重大危险源安全评价报告目前还没有统一的格式要求，总体原则是应满足相关要求。重大危险源安全评价报告应包括以下主要内容。

(1) 评价对象的基本情况；

(2) 评价依据；

(3) 评价程序；

(4) 重大危险源辨识；

(5) 重大危险源等级确认；

(6) 重大危险源安全状态确认；

(7) 事故的定性或定量分析；

(8) 事故后果预测和影响；

(9) 应补充的安全对策措施和整改情况复查；

(10) 评价结论。

(二) 重大危险源安全状态确认方面的主要内容

重大危险源安全状态确认方面主要应包括以下内容。

(1) 地理位置与周围环境安全性分析；

(2) 内部平面布置安全性分析；

(3) 工艺过程可靠性分析；

(4) 设备可靠性分析；

(5) 自动控制可靠性分析；

(6) 公用工程可靠性分析；

(7) 消防设施可靠性分析；

(8) 职业危害和个体防护措施可靠性分析；

(9) 安全管理措施的可靠性分析；

(10) 重大事故隐患控制措施的有效性分析；

(11) 应急救援预案的配套完整性、适用性和有效性分析。

(三) 评价报告提出的安全对策措施的注意事项

1. 安全对策措施的基本要求

安全对策措施是基于存在隐患分析，归纳整理出将风险控制在可以接受的水平必须消除的事故隐患，有针对性地提出相应的安全对策措施的过程。所提出的对策措施应有针对性和可操作性。安全对策措施的基本要求为:

(1) 能消除或减弱生产过程中产生的危险、危害;

(2) 处置危险有害物，并降低到国家规定的限值内;

(3) 预防生产装置失灵和操作失误产生的危险、危害;

(4) 能有效地预防重大事故和职业危害的发生;

(5) 发生意外事故时，能为遇险人员提供自救和互救条件。

2. 安全对策措施应遵循的原则

提出安全对策措施应遵循的原则有:

(1) 安全技术措施等级顺序。当安全技术措施与经济效益发生矛盾时，应优先考虑安全技术措施上的要求，使生产设备本身具有本质安全性能，不出现任何事故和危害；若不能或不能完全实现直接安全技术措施，必须为生产设备设计出一种或多种安全防护装置，最大限度地预防、控制事故或危害的发生；间接安全技术措施也无法实现或实施时，须采用检测报警装置、警示标志等措施，警告、提醒从业人员注意，以便采取相应的对策措施或紧急撤离危险场所；若间接、指示性安全技术措施仍然不能避免事故、危害发生，则应采用安全操作规程、安全教育、培训和个体防护用品等措施来规定人的行为和人与机 (物) 接触的规则，预防、减弱系统的危险、危害程度。

(2) 具体原则。

① 消除。通过合理的设计和科学的管理，尽可能从根本上消除危险和有害因素。如采用无害化工艺技术，在生产中以无害物质代替有害物质，实现自动化、遥控作业等。

② 预防。当消除危险和有害因素有困难时，可采取预防性技术措施，预防危险、危害的发生。如使用安全屏障、漏电保护装置、安全电压、熔断器、防护罩、负荷限制器、行程限制器、制动设施等。

③ 减弱。在无法消除危险、有害因素且难以预防的情况下，可采取降低危险和危害的措施。如加设局部通风排毒装置，生产中以低毒性物质代替高毒性物质，采取降温措施，设置避雷、消除静电、减振、消声等装置。

④ 隔离。在无法消除、预防和减弱的情况下，应将从业人员与危险和有害因素

隔开，将不能共存的物质分开。如遥控作业、安全罩、隔离屏、隔离操作室、安全距离、事故发生时的自救装置（如防护服、各类防毒面具）等。

⑤ 联锁。当操作者失误或设备运行一旦达到危险状态时，应通过联锁装置终止危险、危害的发生。

⑥ 警告。在易发生故障和危险性较大的地方，应设置醒目的安全色、安全标志，必要时设置声、光或声光组合报警装置。

3. 安全对策措施特点

安全对策措施应具有针对性、可操作性和经济合理性。

（1）针对性。针对性指针对不同行业的特点和评价得到的主要危险和有害因素及其后果，提出对策措施。

由于危险和有害因素及其后果具有隐蔽性、随机性、交叉影响性，对策措施不仅要针对某项危险和有害因素孤立地采取措施，还应为使系统达到安全的目的，采取优化组合的综合措施。

（2）可操作性。提出的措施是设计单位、建设单位、生产经营单位进行设计、生产、管理的重要依据，因而对策措施应该在经济、技术、时间上是可行的，能够落实和实施。此外，应尽可能具体指明对策措施所依据的法规、标准，说明应采取的具体的对策措施，以便于应用和操作，不宜笼统地以“按某某标准有关规定执行”作为对策措施提出。

（3）经济合理性。其指不应超越国家、建设项目、生产经营单位的实际经济水平和技术水平，而按过高的安全要求提出安全对策措施。在采用先进技术的基础上，考虑到进一步发展的需要，以安全法规、标准和规范为依据，结合评价对象的经济、技术状况，使安全技术装备水平与工艺装备水平相适应，求得经济、技术、安全的合理统一。

评价报告所提出的安全对策措施应符合国家有关法规、标准及设计规范的规定。在进行安全评价时，针对已辨识出来的危险和有害因素以及对应的危险源，要严格按国家有关法规、安全标准和行业设计的安全要求对照分析；对未设置安全设施、安全设施失效或安全设施不满足安全要求的危险和有害因素以及对应的危险源，要指出“事故隐患”种类和名称且附相关依据的条文，并提出设置或改进“安全设施”的安全对策措施，使其符合安全指标。

必须说明的是，达到国家有关法规、标准及设计规范是最低要求，若有行业标准或企业标准应该以后者为准，达不到行业标准或企业标准，即使满足国家标准也不能判定符合标准。安全评价要注意属地管理原则，注意当地的地方行政文件以及这些文件引用的标准，因为这是最实际、最具体的要求，而且比国家标准严格得多。

如果部分地方标准低于国家标准（在规定上不允许，但实际上却存在），评价应该以国家标准为最低限，不能低于国家标准的要求。

外资企业引用外国标准，在评价时建议视同企业标准，外国标准高于国家标准的条款可以参照，外国标准低于国家标准时，按国家标准执行，不能低于国家标准的要求。

（四）评价结论注意事项

关于评价结论，应注意：

（1）列出评价对象存在的危险和有害因素的种类及其危险危害程度；

（2）明确是否构成重大危险源；

（3）明确能够独立构成重大危险源的场所或设施；

（4）明确重大危险源的分级；

（5）明确事故风险是否可接受。

也就是说，评价结论应明确指出项目安全状态水平，并简要说明。通常的评价结论有符合安全要求、基本符合安全要求、不符合安全要求三种。

五、重大危险源危害后果分析

（一）利用数学模型进行危害后果分析

重大危险源的危害后果分析属于重大危险源定量评价的范畴。目前成熟的安全领域的危害后果定量计算方法均适用，如蒸气云爆炸模型、池火灾模型、重气扩散模型、冲击波超压模型等。这些数学模型多数以传热、传质、物质爆炸等理论为基础建立，使用时应注意应用前提、限制条件和单位换算。同时对于复杂系统或计算过程较复杂时应注意借助计算机进行辅助计算。

（二）个人风险和社会风险分析

个人风险和社会风险是在考虑“人、机、料、法、环”多因素后对人们可接受风险标准的一种评价方法，已被越来越多地引入重大危险源的评价领域。《危险化学品重大危险源监督管理暂行规定》中规定对于构成一、二级危险化学品重大危险源的场所均应进行个人风险和社会风险分析。

1. 可容许个人风险标准

个人风险是指因危险化学品重大危险源各种潜在的火灾、爆炸、有毒气体泄漏事故造成区域内某一固定位置人员的个体死亡概率，即单位时间内（通常为年）的个体死亡率，通常用个人风险等值线表示。

个人风险容许标准：表明危险源附近的目标人群是否可暴露于某一风险水平之上。通常给出可容许风险的上限和下限值。上限是可容许基准，风险值高于可容许基准必须进行整改；下限是可忽略基准，风险值低于可忽略基准，则可根据事故的优先顺序进行改善。个人风险容许标准主要基于目标人群的聚集程度、对风险的敏感性、暴露的可能性、撤离的难易程度等，不同目标人群的可接受风险不同。

2. 可容许社会风险标准

社会风险是指能够引起大于等于 4 人死亡的事故累积频率，即单位时间内（通常为年）的死亡人数。通常用社会风险曲线表示。

可容许社会风险标准采用 ALARP（As Low As Reasonable Practice）原则作为可接受原则。ALARP 原则通过两个风险分界线将风险划分为 3 个区域，即不可容许区、尽可能降低区（ALARP）和可容许区。

（1）若社会风险曲线落在不可容许区，除特殊情况外，该风险无论如何不能被接受。

（2）若落在可容许区，风险处于很低的水平，该风险是可以被接受的，无须采取安全改进措施。

（3）若落在尽可能降低区，则需要在可能的情况下尽量减少风险，即对各种风险处理措施方案进行成本效益分析等，以决定是否采取这些措施。

第四节　重大危险源登记建档与备案

一、重大危险源登记建档

登记建档是《安全生产法》的明确要求，也是企业落实重大危险源安全管理的具体体现。为此，危险化学品单位应当对辨识确认的重大危险源及时、逐项进行登记建档。

重大危险源档案应当包括下列文件、资料。

（1）辨识、分级记录；

（2）重大危险源基本特征表；

（3）涉及的所有化学品安全技术说明书；

（4）区域位置图、平面布置图、工艺流程图和主要设备一览表；

（5）重大危险源安全管理规章制度及安全操作规程；

（6）安全监测监控系统、措施说明、检测、检验结果；

（7）重大危险源事故应急预案、评审意见、演练计划和评估报告；

(8) 安全评估报告或者安全评价报告；

(9) 重大危险源关键装置、重点部位的责任人、责任机构名称；

(10) 重大危险源场所安全警示标志的设置情况；

(11) 其他文件、资料。

需指出的是，这些文档不一定集中保存在企业的一个部门，如安全管理部门，而可能根据其各自职责和文档类型分散保存在不同的部门。

二、重大危险源备案

备案，即存档备查。《危险化学品安全管理条例》(国务院令第591号) 第二十五条规定："对剧毒化学品以及储存数量构成重大危险源的其他危险化学品，储存单位应当将其储存数量、储存地点以及管理人员的情况，报所在地县级人民政府安全生产监督管理部门 (在港区内储存的，报港口行政管理部门) 和公安机关备案。"《危险化学品重大危险源监督管理暂行规定》对备案具体要求进行了明确和细化。

危险化学品单位在完成重大危险源安全评估报告或者安全评价报告后15日内，应当填写重大危险源备案申请表，连同《危险化学品重大危险源监督管理暂行规定》第二十二条规定的重大危险源档案材料 (其中第二款第五项规定的文件资料只需提供清单)，报送所在地县级人民政府安全生产监督管理部门备案。

县级人民政府安全生产监督管理部门应当每季度将辖区内的一级、二级重大危险源备案材料报送至设区的市级人民政府安全生产监督管理部门。设区的市级人民政府安全生产监督管理部门应当每半年将辖区内的一级重大危险源备案材料报送至省级人民政府安全生产监督管理部门。

重大危险源出现《危险化学品重大危险源监督管理暂行规定》第十一条所列情形之一的，危险化学品单位应当及时更新档案，并向所在地县级人民政府安全生产监督管理部门重新备案。

此外，危险化学品单位新建、改建和扩建危险化学品建设项目，应当在建设项目竣工验收前完成重大危险源的辨识、安全评估和分级、登记建档工作，并向所在地县级人民政府安全生产监督管理部门备案。

第五节　重大危险源安全监控

一、重大危险源安全监控系统建设要求

危险化学品重大危险源安全监测监控系统建设应满足以下要求。

（1）重大危险源配备温度、压力、液位、流量、组分等信息的不间断采集和监测系统以及可燃气体和有毒有害气体泄漏检测报警装置，并具备信息远传、连续记录、事故预警、信息存储等功能；一级或者二级重大危险源，具备紧急停车功能。记录的电子数据的保存时间不少于30天。

（2）重大危险源的化工生产装置装备满足安全生产要求的自动化控制系统；一级或者二级重大危险源，装备紧急停车系统。

（3）对重大危险源中的毒性气体、剧毒液体和易燃气体等重点设施，设置紧急切断装置；毒性气体的设施，设置泄漏物紧急处置装置。涉及毒性气体、液化气体、剧毒液体的一级或者二级重大危险源，配备独立的安全仪表系统。

（4）重大危险源中储存剧毒物质的场所或者设施，设置视频监控系统。

（5）安全监测监控系统符合国家标准或者行业标准的规定。

此外，由于重大危险源本身的危险性及其生产条件的复杂性与苛刻性，为确认重大危险源中的安全设施和安全监测监控系统在运行一段时间后是否仍能满足当时设计条件，需要对其定期进行检测、检验，并进行经常性维护、保养，保证重大危险源的安全设施和安全监测监控系统有效、可靠运行。

二、重大危险源安全监控预警系统构成

重大危险源安全监控系统由数据采集装置、逻辑控制器、执行机构以及工业数据通信网络等仪表和器材组成，可采集安全相关信息，并通过数据分析进行故障诊断和事故预警确定现场安全状况，同时配备联锁装备，在危险出现时采取相应措施的重大危险源计算机数据采集与监控系统。

（一）技术要求

由于危险化学品重大危险源涉及生产、使用和储存大量易燃、易爆及毒性物质，易发生燃烧、爆炸和中毒等重大事故，故进行重大危险源监控预警系统设计时，需特别注意以下要求。

（1）重大危险源（储罐区、库区和生产场所）应设有相对独立的安全监控预警系统，相关现场探测仪器的数据宜直接接入系统控制设备中，系统应符合本标准的规定。

（2）系统中的设备应符合有关国家法规或标准的规定，按照经规定程序批准的图样及文件制造和成套，并经国家权威部门检测检验认证合格。

（3）系统所用设备应符合现场和环境的具体要求，具有相应的功能和使用寿命。在火灾和爆炸危险场所设置的设备，应符合国家有关防爆、防雷、防静电等标准和

规范的要求。

(4) 控制设备应设置在有人值班的房间或安全场所。

(5) 系统报警等级的设置应同事故应急处置与救援相协调，不同级别的事故分别启动相对应的应急预案。

(6) 对于容易发生燃烧、爆炸和毒物泄漏等事故的高度危险场所、远距离传输、移动监测、无人值守或其他不宜于采用有线数据传输的应用环境，应选用无线传输技术与装备。

(二) 监控项目

对于储罐区 (储罐)、库区 (库)、生产场所三类重大危险源，因监控对象不同，所需要的安全监控预警参数有所不同。主要可分为:

(1) 储罐以及生产装置内的温度、压力、液位、流量、阀位等可能直接引发安全事故的关键工艺参数;

(2) 当易燃易爆及有毒物质为气态、液态或气液两相时，应监测现场的可燃 / 有毒气体浓度;

(3) 气温、湿度、风速、风向等环境参数;

(4) 音视频信号和人员出入情况;

(5) 明火和烟气;

(6) 避雷针、防静电装置的接地电阻以及供电状况。

对于储罐区 (储罐)，监测预警项目主要根据储罐的结构和材料、储存介质特性以及罐区环境条件等的不同进行选择。一般包括罐内介质的液位、温度、压力，罐区内可燃 / 有毒气体浓度、明火、环境参数以及音视频信号和其他危险因素等。

对于库区 (库)，监测预警项目主要根据储存介质特性、包装物和容器的结构形式以及环境条件等的不同进行选择。一般包括库区室内的温度、湿度、烟气以及室内外的可燃 / 有毒气体浓度、明火、音视频信号以及人员出入情况和其他危险因素等。

对于生产场所，监测预警项目主要根据物料特性、工艺条件、生产设备及其布置条件等的不同进行选择。一般包括温度、压力、液位、阀位、流量以及可燃 / 有毒气体浓度、明火、音视频信号和其他危险因素等。

(三) 系统组成

在架构上，重大危险源安全监控预警系统一般由监测器、隔离变送器、摄像机、二次仪表、现场监控器、执行机构 (包括报警器等)、视频处理设备、监控计算机、传输接口、电源、线缆、防雷装置、防静电装置、其他必要设备等和软件组成。其中，监控中心硬件一般包括传输接口、监控计算机、显示设备、服务器、网络设备、大容量储存设备、UPS 电源、打印机、空调等其他配套设备等。现场设备包括传感器、隔离变送设备、摄像机、二次仪表、现场监控器、执行机构等。

三、重大危险源安全监控措施

（一）制定危化品风险判别标准

在风险预防工作中，需要科学地制定危化品风险分类等级，建立全部危化品的危险性数据档案，进行合理的风险分类和风险评估。对重点危险品的流向进行全面分析，对企业生产水平和生产工艺危险系数进行评判，对生产工艺中存在的危化品存储设备，要记录清楚设备的封闭情况，做好防渗漏处理。

（二）编制危化品相关设备操作规程

完善有效的操作规程是企业进行高效、安全生产的前提。为了确保所编制的操作规程的合理性，在编写操作规程的过程中，需要对生产工艺过程进行细致的分析，必须加深对工艺系统的认知。对危化品使用、运输、存储流程进行细化分析的同时，要编制操作步骤指南，还应针对生产过程中可能发生的事故，制定应急预案。仔细分析出危险性较大的区域，采取相应的风险控制和预防措施，主要可从以下几个方面入手分析：管理制度的缺陷、制度执行力不足、安全技术条件不成熟、风险防控措施不完善，找出不足之处，针对性地进行政策制定，并及时执行。当相关制度规定制定之后，在实施之前需要对制度进行论证和审核，还要针对安全制度规章制定相应的安全检查表。

（三）潜在危险管理制度制定

危化品生产过程中，存在很多潜在危险有害因素，分析潜在危险首先需要对每一步工作进行细化分析，在每一步工作中找到其潜在的危险有害因素，然后针对其潜在的危险因素，制定相应的安全防范措施。

（四）完善安全检查制度

在检查过程中，一是判定工艺是否符合安全方面规定的各项参数，每一步操作是否做得全面，安全操作规程是否符合相应的安全技术要求；二要检查防护用品是否达标；三要检查工艺流程中危险因素是否标注明确；四要检查是否制定了相应的应急预案；五要检查是否对工人进行安全操作培训；六要检查是否对工人进行设备安全使用进行培训。

(五) 工艺环节风险隐患控制

化工企业是危险性较大的企业，根据企业自身特点，在企业的生产过程中，要对危险化学品环境风险隐患进行系统的排查，并制定合理的治理措施，制定按时检查的制度，制定安全检查表，及时进行定期检查、月检查、季度检查，并且针对生产工艺危险性较高的部位制订专项检查计划。这就需要对各个生产工艺环节的环境风险和隐患进行科学评估，对各工艺环节的危险源进行标定，针对各个危险源的自身特点，系统地制定预防措施和控制方法。针对危险性较大的危险源要着重进行风险管理。在对各个工艺环节进行危险性排查的过程中，不仅要做到实时监测，还要做到精细化管理。

(六) 采取技术措施预防安全事故

对危化品进行有效控制，尽量避免使用有毒性、易燃易爆的化学物品，若真的不可避免地使用到，可以采用低毒性化学品代替高毒性的化学品。及时更新工艺，及时使用环保新工艺，尽可能地降低，甚至是消除危险有害化学品。为了保证工作人员的安全，不可让工作人员直接接触有毒有害化学品，因此应该采用隔离措施，在工作人员和危险化学品之间建立一定的屏障。经常采取的措施主要是完全封闭法，对存在危险有害化学品的设备、储存罐进行全面封闭，严禁工作人员直接与其接触。

(七) 储存精细化管理

对于危险的有害化学品的储存要根据每一个化学品的类别和特征，根据每一种危险有害化学品的特征和发生灾害特点，设置专门的防护和抢险设备，并开展定期的维护和检修，安排专人进行专项管理。建立健全储存装置的定期安全大检查，对危险有害化学品的包装、标签、状态进行一一核对。对储存设施的防火防爆设备、防静电设备进行系统性的检查。要根据储存的化学品制定专项的应急预案，定期开展针对性的演练。化学品的存储、使用要一一记录在案，并且安排专人进行管理。定期针对危险品的储存进行一次相对应的安全评价，针对存在的问题，及时地进行整改完善，存在较大隐患的储存设备应该立即停止使用，及时地进行维修或者更换。

(八) 风险评估

根据国家相关的法律法规，针对企业的实际情况，制定风险评估标准，根据企业的风险标准，对现有的风险进行评估，并且划分风险等级。对于不同的风险等级，制定不同等级的风险管控措施。建立具有针对性的风险管理数据库，绘制本企业的风险分布图，并对所有的工作人员进行系统的培训，让所有的工作人员都清晰明了地知道风险所在的位置，并制定切实可行的监督措施，确保每一个工作人员都能按照风险管控的措施进行各种操作，并且及时对风险管理数据库进行更新，确保数据库的时效性和针对性。

第六章　危险化学品事故应急管理

第一节　应急预案

一、职责分工

市级安全监管局负责指导全市危险化学品事故应急预案体系建设；负责相关大中型国有企业的危险化学品事故应急预案备案工作；负责建立完善应急预案信息管理系统；负责《市危险化学品事故应急预案》的编制工作。

区县安全监管局负责建立完善本区域危险化学品事故应急预案体系；负责属地内生产经营单位危险化学品事故应急预案的指导、检查和备案工作；负责区县级危险化学品事故应急预案的编制工作；负责本辖区危险化学品事故应急预案信息纳入信息管理系统，实施动态管理。

生产经营单位的主要负责人负责组织制定并实施本单位的危险化学品事故应急预案。国有集团（控股）公司负责对其子公司（分公司）等生产经营单位危险化学品事故应急预案的管理工作；指导和督促所属单位编制和修订危险化学品事故应急预案；建立危险化学品事故应急预案数据库和组织应急预案的评审和报备工作。

二、预案体系

市级危险化学品事故应急预案体系由市级专项应急预案、部门危险化学品事故应急预案、各区县危险化学品事故应急预案及单位危险化学品事故应急预案等组成。

（1）市级危险化学品事故应急预案是本市处置危险化学品事故的专项应急预案，由市政府负责制定并公布实施。

（2）部门危险化学品事故应急预案是市政府有关部门根据总体应急预案、专项应急预案和部门职责，为应对危险化学品事故制定的预案，由市政府有关部门制定印发，报市政府备案。

（3）各区县危险化学品事故应急预案包括各区县政府专项应急预案和区县相关部门应急预案，街道（乡镇）危险化学品应急预案。各区县政府专项应急预案报市政府备案。

（4）危险化学品从业单位根据有关法律、法规制定本单位危险化学品事故应急预案。

三、应急预案的编制

（一）总体要求

应急预案编制的总体要求：

（1）符合有关法律、法规、规章和标准的规定；

（2）结合本地区、本部门、本单位的危险化学品安全生产实际情况；

（3）结合本地区、本部门、本单位的危险性分析情况；

（4）明确应急组织和人员职责分工，并有具体的落实措施；

（5）有明确、具体的事故预防措施和应急程序，并与其应急能力相适应；

（6）有明确的应急保障措施，并能满足本地区、本部门、本单位的应急工作要求；

（7）预案基本要素齐全、完整，附件信息准确，并适时更新；

（8）预案内容与相关应急预案相互衔接。

（二）市、区县预案编制

市、区县预案是生产安全事故应急指挥部办公室为市生产安全事故应急指挥部的常设办事机构，负责组织、协调、指导、检查本市危险化学品事故的预防和应对工作，主要职责之一是组织制定、修订全市危险化学品事故应急预案，指导区县制定、修订区县危险化学品事故应急预案。

区县危险化学品事故应急预案应符合法律、法规、规章有关要求，并参照由市安全监管局牵头编制的《北京市危险化学品事故应急预案》等要求进行编制。

1. 市、区县危险化学品事故应急预案要素

市、区县危险化学品事故应急预案应包括以下基本要素。

（1）总则包括现状及风险分析、指导思想、工作原则、编制依据、事故等级、适用范围、预案体系。

（2）应急指挥体系与职责指挥机构及其职责、办事机构及其职责、成员单位及其职责、专家顾问组及其职责。

（3）监测与预警。

（4）应急处置与救援信息报送、先期处置、指挥协调、现场处置、事故处置方案要点、现场指挥部、人员安全防护、信息发布和新闻报道、响应升级、响应结束。

（5）后期处置与调查评估后期处置、调查评估。

（6）保障措施、指挥系统保障、救援物资保障、救援装备保障、应急抢险救援

队伍保障、资金保障、技术保障。

(7) 宣传、培训和演练。

(8) 附件包括：预案管理名词术语说明。

(9) 附件包括：工作流程图、成员单位通信录、应急救援队伍情况表等。

2. 重大危险源“一对一”应急预案

属地政府重大危险源“一对一”应急预案为落实属地安全生产应急管理责任，扎实推进属地乡镇人民政府、街道办事处重大危险源“一对一”应急预案管理工作，建立本市重大危险源上下对应、相互衔接的预案管理体系，做好重大危险源“一对一”应急预案管理工作提出了明确的工作要求。

重大危险源“一对一”应急预案要求：

(1) 结合本地区综合应急预案和应急管理工作实际，明确乡镇人民政府、街道办事处负责处置的重大危险源生产安全事故范围。

(2) 在“一对一”应急预案中进一步明确预警信息的主要来源与内容，明确属地乡镇人民政府、街道办事处和相关部门之间、上下级之间、属地政府和企业之间常规信息、预警信息、重大事故信息接收和报告内容、方式、传输渠道和要求，以及信息共享的方式、方法、报送及反馈程序等。

(3) 按照国家生产安全事故应急响应标准，在预案中明确属地乡镇人民政府、街道办事处事故应急响应的工作流程和具体内容，在重大危险源发生生产安全事故后，启动应急响应程序，组织力量参加抢险救援。

(4) 将各类重大危险源生产安全事故信息报告、事故核实与跟踪、现场指挥协调、事故信息沟通等工作在预案中予以明确，落实到属地乡镇人民政府、街道办事处各部门和人员，确保职责明确、反应灵敏、工作有序。

(5) 按照事故类别，在预案中明确现场应急指挥机构的工作程序，分门别类制定事故现场应急处置工作要点和具体处置方案。同时，细化完善预案应急通信、队伍、专家、装备、物资和经费保障等内容，对属地乡镇人民政府、街道办事处重大危险源“一对一”应急预案演练和修订等提出具体要求。

3. 危险化学品生产经营单位预案

危险化学品生产经营单位（以下简称生产经营单位）应当明确的事故类别，对本单位存在的各类事故风险进行全面辨识和评估，在辨识和评估的基础上，广泛听取一线操作人员、专业技术人员及应急管理专家的意见，针对可能发生的事故特点，根据有关标准和规定编制本单位应急预案，包括综合应急预案、专项应急预案和现场处置方案等。具体要求如下。

(1) 综合应急预案内容明确本单位的应急组织机构及其职责、预案体系及响应程序、事故预防及应急保障、应急培训及预案演练等主要内容。规模较小的生产经营单位可在专项预案中明确上述内容，不单独编制综合应急预案。

(2) 专项应急预案内容应当包括危险性分析、可能发生的事故特征、应急组织机构与职责、应急处置程序和管理、保障要求等内容。

(3) 现场处置方案应当明确以下内容：可能存在的各类事故风险；针对每一类事故风险，逐一制定应急处置流程，并明确各流程的具体操作人员，流程应包括报警、紧急处置、受伤人员急救等；并明确生产现场带班人员、班组长和调度人员在遇到险情时第一时间下达停产撤人命令的直接决策权和指挥权；所需的应急处置工具、装备等，并明确数量及存放位置；现场作业人员疏散撤离路线；根据重点工作岗位的实际情况必须考虑的其他要求和条件。

(4) 涉及危险化学品重大危险源的生产经营单位应当制定危险化学品重大危险源应急预案。危险化学品重大危险源应急预案作为本单位的专项预案，分析、确定本单位危险化学品重大危险源可能发生的事故形式及后果，明确预测预警及应急处置程序、应急救援队伍及物资保障等。同时，针对危险化学品重大危险源重要设备、重点部位和重点工作岗位等制定现场处置方案。

(5) 生产经营单位编制的综合预案、专项预案和现场处置方案，应当按照从总公司（集团公司、总厂）到子公司、分公司直至基层单位、车间、班组，形成上下对应、相互衔接的预案体系建设要求进行编制，并遵循危害因素分析透彻，预防措施得当、应对准备充分、响应快速及时、处置救援妥当、针对性强和易操作的原则。

四、应急预案的评审和备案

(一) 市、区县预案

市、区县安全监管部门应当组织有关专家对本部门编制的应急预案进行审定；涉及相关部门职能或者需要有关部门配合的，应当征得有关部门同意。

市、区县安全监管部门应当根据本市相关规定，制定本地区相关应急预案并组织评审、报备等管理工作。其中，区县危险化学品事故应急预案报市安全监管局备案；市危险化学品事故应急预案报市应急委备案。

(二) 生产经营单位预案

生产经营单位应当自行组织专家或委托安全生产技术服务机构对本单位编制的应急预案进行评审。

1. 评审方法

应急预案评审采取形式评审和要素评审两种方法。形式评审主要用于应急预案备案时的评审，要素评审用于生产经营单位组织的应急预案评审工作。应急预案评审采用符合、基本符合、不符合三种意见进行判定。对于基本符合和不符合的项目，应给出具体修改意见或建议。

(1) 形式评审。依据《生产经营单位生产安全事故应急预案编制导则》和有关行业规范，对应急预案的层次结构、内容格式、语言文字、附件项目以及编制程序等内容进行审查，重点审查应急预案的规范性和编制程序。

(2) 要素评审。依据国家有关法律、法规、《生产经营单位生产安全事故应急预案编制导则》和有关行业规范，从合法性、完整性、针对性、实用性、科学性、可操作性和衔接性等方面对应急预案进行评审。为细化评审，采用列表方式分别对应急预案的要素进行评审。评审时，将应急预案的要素内容与评审表中所列要素的内容进行对照，判断是否符合有关要求，指出存在问题及不足。应急预案要素分为关键要素和一般要素。

2. 评审程序

应急预案编制完成后，生产经营单位应在广泛征求意见的基础上，对应急预案进行评审。

(1) 评审准备：成立应急预案评审工作组，落实参加评审的单位或人员，将应急预案及有关资料在评审前送达参加评审的单位或人员。

(2) 组织评审：评审工作应由生产经营单位主要负责人或主管安全生产工作的负责人主持，参加应急预案评审人员应符合《生产安全事故应急预案管理办法》要求。生产经营规模小、人员少的单位，可以采取演练的方式对应急预案进行论证，必要时应邀请相关主管部门或安全管理人员参加。应急预案评审工作组讨论并提出会议评审意见。

(3) 修订完善：生产经营单位应认真分析研究评审意见，按照评审意见对应急预案进行修订和完善。评审意见要求重新组织评审的，生产经营单位应组织有关部门对应急预案重新进行评审。

(4) 批准印发：生产经营单位的应急预案经评审或论证，符合要求的，由生产经营单位主要负责人签发。

3. 评审要点

应急预案评审应坚持实事求是的工作原则，结合生产经营单位工作实际，按照有关行业规范，从以下七个方面进行评审。

(1) 合法性：符合有关法律、法规、规章和标准，以及有关部门和上级单位规范性文件要求。

(2) 完整性：具备《导则》所规定的各项要素。

(3) 针对性：紧密结合本单位危险源辨识与风险分析。

(4) 实用性：切合本单位工作实际，与生产安全事故应急处置能力相适应。

(5) 科学性：组织体系、信息报送和处置方案等内容科学合理。

(6) 操作性：应急响应程序和保障措施等内容切实可行。

(7) 衔接性：综合、专项应急预案和现场处置方案形成体系，并与相关部门或单位应急预案相互衔接。

4. 评审纪要或报告

评审应当形成书面纪要或书面报告，并附有各位专家或安全生产技术服务机构的书面评审意见、专家组会议评审意见和参加评审人员的签名材料。生产经营单位应当根据专家意见对应急预案进行修订完善；专家组会议评审论证意见要求重新组织评审论证的，应按要求修订后重新组织评审论证。生产经营单位编制应急预案通过专家评审或论证后，由生产经营单位主要负责人批准实施。

5. 预案备案

生产经营单位编制的综合应急预案、专项应急预案应按下列要求报送安全生产监督管理部门备案，提交应急预案电子文本；提交的书面材料包括应急预案备案申请表，应急预案评审或论证综合意见，并附专家签字的名单、应急预案经正式批准实施的证明材料、其他需要补充说明的材料。

新成立的生产经营单位应在正式开展生产经营活动前，制定完成本单位的综合应急预案、专项应急预案，并报送安全生产监督管理部门备案。

生产经营单位应急预案备案时间已满 3 年的，要重新予以备案；对企业新成立尚未备案的，要立即进行备案。备案编号应根据市应急委统一要求进行明确。

安全监管部门收到生产经营单位提交的应急预案和备案申请材料后，实施形式审查。对经审查符合条件的，予以备案并出具《生产经营单位生产安全事故应急预案备案登记表》；经审查不符合条件的，通知其进行修订并说明原因。

市、区县安全监管局通过本市应急预案信息管理系统开展应急预案备案、审核和信息接报等管理工作，并建立应急预案信息数据库，满足应急预案管理和应急救援指挥决策需要。

五、应急预案的修订

(一) 市、区县预案

安全监管部门制定的应急预案原则上每 3 年至少修订一次，预案修订情况记录并归档。随着相关法律、法规的制定、修改，机构调整或应急资源发生变化，以及应急处置过程中和应急演练中发现的问题和出现的新情况，要适时对本预案进行修订。

（二）生产经营单位预案

生产经营单位制定的应急预案应至少每3年修订一次，应急预案修订情况应有记录并归档。有下列情形之一的，应急预案应及时修订。

(1) 生产经营单位因兼并、重组、转制等导致隶属关系、经营方式、法定代表人发生变化的；

(2) 生产经营单位生产工艺和技术发生变化的；

(3) 周围环境发生变化，形成新的危险化学品重大危险源的；

(4) 应急组织指挥体系或者职责已经调整的；

(5) 依据的法律、法规、规章和标准发生变化的；

(6) 应急预案演练评估报告要求修订的；

(7) 应急预案管理部门要求修订的。

生产经营单位应当将修订后的应急预案及时报送安全监管部门重新备案。

第二节　应急演练

应急演练是指各级政府应急管理机构和相关部门以及企事业单位、社会团体，针对特定的突发事件风险和应急保障工作要求，组织应急人员与公众，在预设条件下，按照应急预案规定的职责和程序，对应急预案启动、预警与预警响应、应急响应和应急保障等工作环节进行的应对过程训练。应急演练是应急管理工作的重要内容，以发现问题和改进工作为基本任务，是提高合成应急、协同应急能力的有效途径。通过应急演练达到检验预案、磨合机制、锻炼队伍和宣传教育的基本目的。应急演练工作包括规划与计划、准备、实施、评估总结和改进五个阶段。

一、应急演练的计划

市生产安全事故应急指挥部制定市级危险化学品事故专项应急演练年度工作计划。各区县负责制定本区域的危险化学品事故应急演练年度工作计划。工作计划内容包括应急演练拟实施的时间、地点、演练目标、演练主要内容、方式、参与单位及相关要求等。

二、应急演练的准备

(一) 各工作小组职责分工

应急演练准备工作包括成立相关工作小组、编制应急演练工作方案或脚本、准备应急演练活动安排及主持词等文稿、预先进行相关应急预案培训等准备工作。可根据需要选择成立应急演练领导小组，以及导调组、评估组、技术组、保障组等相关工作小组。各工作小组职责分工如下。

1. 领导小组

领导小组主要在举办实战演练或综合应急演练时成立，负责领导应急演练的筹备工作和实施；负责审批应急演练工作方案和经费使用；负责审批应急演练评估总结报告；决定应急演练的其他重要事项等。

2. 导调组

导调组具体负责应急演练的组织、协调和实施工作，负责编制应急演练工作方案，并根据工作方案拟定应急演练工作脚本；负责协调指导参演单位进行应急演练准备等工作；在演练中，承担应急演练导调职责。

3. 评估组

评估组负责根据应急演练工作方案，拟定应急演练考核要点和提纲，跟踪和记录应急演练的进展情况，发现应急演练中存在的问题，对应急演练进行点评。根据需要，负责针对应急演练实施中可能面临的风险进行评估，负责应急演练安全保障方案的审核与论证。

4. 技术组

技术组负责保障应急演练所涉及的有线通信、无线调度、异地会商、移动指挥、社会面监控，应急信息管理系统等技术支撑系统的正常运转；可根据应急演练工作方案拟定应急演练技术支持脚本，并参与应急演练的技术系统调度工作。

5. 保障组

保障组主要负责应急演练过程中的会务、物资、装备和后勤保障等工作。

(二) 应急演练工作方案

1. 内容

应急演练工作方案是应急演练准备工作的基础环节，每次应急演练均应制定方案，其内容应包括以下几点。

(1) 应急演练的目的与要求；

(2) 应急演练场景设计，包括模拟假想事件的发生时间、地点、状态、特征、波及范围以及事态变化等情况；

(3) 参演单位和主要人员的任务及职责；

(4) 应急演练工作流程与应急演练日程安排；

(5) 应急演练的评估内容、准则和方法，并制定相关具体评定标准；

(6) 应急演练总结与评估工作安排；

(7) 附件：应急演练技术支持和保障条件、参演单位联系方式、应急演练安全保障方案等。

2. 审核与批准

应急演练工作方案的审核与批准。

(1) 市生产安全事故应急指挥部针对市级危险化学品事故专项应急演练工作方案，报分管市领导或本部门、本地区主要负责人员批准。

(2) 各区（县）组织的综合应急演练工作方案，由各区（县）应急委批准；专项应急演练工作方案由区（县）分管领导或部门主要领导批准。

三、应急演练的实施

应急演练有以下三种实施形式。

(一) 程序性应急演练

根据应急演练具体目的和选定事件的场景，事先编制应急演练工作方案和脚本。演练时，参演人员根据应急演练脚本，结合各自职能分工，逐条分项推演，熟悉突发事件的应对工作流程，对工作程序进行验证。

(二) 考核性应急演练

事先编制多场景的应急演练工作方案或相应的脚本，演练时，由导调组随机调整演练场景的个别或部分信息指令，使应急演练人员依据变化后的信息和指令自主进行响应，对参演人员应对事件的能力进行考核。

(三) 检验性应急演练

事先编制应急演练工作方案，但不事先编制应急演练脚本，应急演练的时间、地点、场景由导调组随机控制，演练前只向参演人员通告事件情景梗概，根据导调组给出的信息，依据相关预案、法律、法规和自身应急工作经验，充分发挥主观能动性自主进行响应，对参演人员及单位自主应对事件的能力进行检验。

应急演练应在导调组的控制下进行。导调组一般不直接干预参演人员的响应行动，但当与应急演练目的或内容出现较大偏差，甚至可能发生某种危险时，则应进行直接干预或中止演练，以保证演练安全、有序进行。

四、应急演练的评估、总结与改进

考核性和检验性应急演练原则上均应进行评估，其目的是确定应急演练是否已经达到应急演练的目的和要求，检验相关应急机构指挥人员及应急响应人员完成任务的能力情况。

评估组应掌握事件背景和应急演练场景，熟悉被评估岗位和人员的响应程序、标准和要求；应急演练过程中，应按照应急演练内容所规定的评估项目，依推演的先后顺序逐一进行记录。

（一）现场点评

应急演练结束后，在演练现场，评估人员或评估组负责人对演练中发现的问题、不足及取得的成效进行口头点评。

（二）书面总结

应急演练结束后，演练主办单位应组织各参演单位和人员进行认真总结，针对演练筹备过程中及演练进行中所发现的各类问题，由不同部门从不同角度提出改进意见和建议，并形成书面总结报告。报告内容包括：

（1）应急演练的基本情况和特点；

（2）应急演练的主要收获和经验；

（3）应急演练中存在的问题及原因；

（4）对应急演练组织和保障等方面的建议及改进意见；

（5）对应急预案和有关执行程序的改进建议；

（6）对应急设施、设备维护与更新方面的建议；

（7）对应急组织、应急响应人员能力与培训方面的建议等。

演练主办单位在专项应急演练和综合应急演练结束后，应及时做好后期改进工作。针对演练中暴露出的问题，研究解决方案，改进应急工作流程，修订相关应急预案和工作制度，完善应急技术支撑体系，强化信息报告和应急联动机制。

应急演练活动结束后，应将应急演练工作方案以及应急演练评估、总结报告等文字资料，以及记录演练实施过程的相关图片、视频、音频等资料归档保存。

第三节　应急救援队伍建设与管理

一、应急救援队伍建设

专职救援队伍是指不参加企业内生产经营活动，专门从事应急救援工作的应急救援组织；兼职救援队伍是指参加企业内正常生产经营活动，并定期接受应急救援培训，在突发事件发生后参与抢险处置工作的应急救援组织。

(一) 专职安全生产应急救援队伍建设

根据国务院、国家安全监管总局和本市有关规定，市安全监管局组织指导下列危险化学品企业开展专职安全生产应急救援队伍建设工作。

(1) 从业人员 700 人以上且年产量 3.5 万吨 (固、液态危险化学品) 以上的危险化学品生产企业，或管辖多家危险化学品生产企业的总公司、集团;

(2) 液态危险化学品总储量 5 万立方米以上的危险化学品经营、储存企业，或管辖多家危险化学品经营、储存企业的总公司、集团;

(3) 其他需要建立专职安全生产应急救援队伍的危险化学品企业。

危险化学品企业应当在按照《石油化工企业设计防火标准 (2018 年版)》(GB 50160—2008) 等标准建立专职消防队的基础上，增加有毒有害气体防护 (以下简称气防)、危险化学品泄漏处置等专业技术人员，配备满足应对本企业安全生产事故应急处置所需的装备、设施和物资储备，开展专职安全生产应急救援队伍建设工作，具备满足本企业生产安全事故应急救援专业处置需要的条件。

危险化学品专职安全生产应急救援队伍所属企业与其他企业签订救援协议，应具备以下条件。

(1) 救援人员数量不低于 28 人 (包括队长、副队长、灭火队员、气防队员、技术员、值班员等)，其中，灭火队员不应低于 18 人，气防队员不应低于 2 人。

(2) 至少配备 3 辆以泡沫灭火剂为主的消防车辆和 1 辆指挥车。每辆消防车辆至少配备 2 套空气呼吸器和小型灭火器具，每 2 辆泡沫消防车应配备 1 门移动泡沫炮，每 3 辆消防战斗车至少配备 1 套断电钳、扩张器、无齿锯等破拆工具。

(3) 至少配备 1 辆具备气防功能的救护车，车上配备担架、通信工具、有毒有害气体检测仪、空气呼吸器、苏生器、防化服、空气压缩机，以及一定数量的空气呼吸器备用气瓶和必要的维护维修器具等。

危险化学品企业应为专职安全生产应急救援队伍配备专门的训练场所和设施，并配备车库、通信室、办公室、值勤宿舍、器材库、会议室、学习室和必要生活设施等。

(二) 兼职应急救援队建设

未建立专职应急救援队的危险化学品企业应建立兼职应急救援队，并与邻近具备相关资质、相应能力或符合要求的危险化学品专职安全生产应急救援队所在企业签订应急救援协议，建立联动机制，明确职责分工，加强联合演练，保证应急救援协议的有效实施。

危险化学品企业兼职安全生产应急救援队伍建设，应以生产装置、经营、储运场所等重点岗位作业人员为主，队员人数不低于本企业从业人员总数的30%，并保证作业时间，兼职救援队员人数不少于全部作业人员总数的20%，最低不少于5人。

危险化学品企业应结合本企业安全生产特点，为兼职安全生产应急救援队配备满足本企业生产安全事故应急处置所需要的防护服（防化气密服、防火气密服、防溅气密服等）、安全带、安全绳、防酸碱面罩、防酸碱护目镜、防爆工具、防爆灯、氧气呼吸器、自动苏生器、灭火器具、气体检测仪和医疗急救箱等应急救援设备。

二、应急救援队伍管理

专职安全生产应急救援队伍的职责。

(1) 参与本企业生产安全事故应急救援工作。

① 营救受害人员，对受伤人员进行初期紧急救护。疏散、撤离、安置受到威胁的人员，配合做好现场秩序维护工作。

② 控制危险源，标明危险区域，封锁危险场所。危险化学品专业救援队要开展抢修设备、封堵泄漏点和危险化学品泄漏物回收、清洗、吹扫等工作，配合开展工艺紧急处理、运输车辆转移等。

③ 为救援决策工作提供专业技术资料和建议。

④ 根据救援工作需要，采取其他防止危害扩大的必要措施。

(2) 开展本企业生产安全事故预防性检查，参与隐患排查工作，提出预防和整改措施。参与本企业应急预案的编制工作。

(3) 按照相关规定参加应急救援培训，具备本行业领域内突发生产安全事故应急救援的专业能力。

(4) 加强队伍管理，定期组织应急演练，做好人员、通信、物资和设备等应急准备工作，具备随时应对突发事件的能力。

(5) 依照与相关企业签订应急救援协议，掌握相关企业应急预案，协助其开展预防性检查、制定落实专门的应急救援措施和开展生产安全突发事件应急救援工作。

(6) 积极参与社会救援。兼职安全生产应急救援队伍的职责。

① 参加事故救援工作。开展突发事件先期处置工作，组织职工自救互救，维护企业内部秩序；为专职应急队伍和社会救援力量提供现场信息，配合开展救援工作；协助做好善后处置、物资发放等救援工作。

② 参加应急救援学习、培训，掌握专业应急救援知识，具备满足本企业突发事件应急救援所需的专业技能。

③ 参与本企业安全检查、隐患排查治理和应急预案编制工作。

④ 定期组织开展应急演练，掌握企业内的交通道路、主要生产装置、重点部位等情况，做好通信、应急物资等的准备，具备随时应对突发事件的条件。

专职安全生产应急救援队伍应当建立管理档案，掌握本企业和所签订应急救援协议企业的重点部位、重要设备等的详细资料、各项应急预案、专业救援程序和处置要求；兼职安全生产应急救援队伍应掌握本企业各类应急预案，熟悉突发事件专业救援程序，并建立培训考核档案。

专职安全生产应急救援队伍应当配备专门的值班人员和通信设备，实行24h值班备勤；兼职安全生产应急救援队伍应当建立快速通信联络机制，配备必要的通信工具，确保应急救援工作的及时性。

专职安全生产应急救援队伍应制定专业领域内突发事件的处置方案，按照岗位、人员分工明确各项专业处置工作程序。同时，根据本企业实际，针对各重点部位可能发生的各类突发事件，分别制定应急处置流程，详细规定所需的救援人员、装备和操作步骤等。

专职安全生产应急救援队伍应制订年度培训计划，明确每周重点培训科目、范围、目标、时间、参加人员等具体内容和要求，并认真组织实施；兼职安全生产应急救援队应根据本企业安全生产特点，制订培训工作计划，由有资质的培训机构对队员进行培训和考核，每名救援队员接受的培训时间每月不低于4h，并建立培训档案，记录人员接受培训的情况。

危险化学品企业应将专、兼职安全生产应急救援队伍建设情况，通报所在区县安全生产监管局。主要内容包括：所在单位名称、地址和联系方式；应急救援队人员构成、设备、物资等整体情况；可实施的救援范围；救援协议签订情况；需要报告的其他情况。

专职安全生产应急救援队伍因企业被撤销或者分立、合并以及其他原因需撤销或者重新改造、组建的，应提前通知签订救援协议的企业，并将情况报所在区县安全生产监督管理局。兼职安全生产应急救援队因特殊原因导致队员数量、装备等发生较大变化时，应及时将变化情况报所在区县安全生产监管局。

专职安全生产应急救援队伍应服从当地政府和安全监管部门的调动，根据要求及时赶赴突发事件现场开展应急救援工作。

第四节 事故报告与调查处理

事故报告是事故救援的重要前提，只有通过迅速、及时、准确的生产安全事故报告，才能在第一时间掌握事故情况、实施事故救援、控制事态发展，将事故损失和影响降到最低；事故调查和处理既是分析事故根源、解决安全隐患的重要基础，又是吸取教训、追究责任、惩前毖后的有效手段和领导工作决策的重要依据。

一、事故概述

事故：造成死亡、疾病、伤害、损坏或其他损失的意外情况。

生产安全事故：生产经营活动中发生的造成死亡、疾病、伤害、损坏或其他损失的意外情况。

责任事故：因有关人员的过失而造成的事故。

非责任事故：因自然原因造成的人力不可抗拒的事故，或在技术改造、发明创造、科学实验活动中，因科学技术条件限制无法预测而发生的事故。

事故具有因果性、必然性、偶然性、潜在性、再现性、规律性、预测性等基本特性，掌握事故的基本特性有助于科学预防和控制事故。

因果性：事故是一系列原因综合作用的结果。

必然性：只要存在发生的条件，事故终究要发生。

偶然性：相同条件下，事故可能发生，可能不发生；相同事故的后果存在巨大的差异。

潜在性：事故发生的条件常常隐藏在许多表面现象之下。

再现性：同样的事故可能不断重复发生。

规律性：事故是一种客观现象，其内部各因素之间有着必然的联系。

预测性：对未来的某段时间、某个范围内发生事故的可能性大小及造成的后果是可以预测的。

人类一直在探索总结事故发生的原因，至今，事故致因理论主要包括因果连锁论、人机轨迹交叉理论以及能量意外释放理论，这些理论从不同的角度总结了事故发生的原因。总之，人的不安全行为和物的不安全状态是导致事故的根本原因，人的不安全行为和物的不安全状态可能是由于管理缺陷所导致。据统计，既没有不安全状态，也没有不安全行为的事故（不可抗力）所占比例仅为1.9%。可见，事故是可以预防的，避免事故发生的有效方法是，对生产经营过程中存在的危险有害因素进行辨识，对其带来的危险进行评价，并对产生的风险进行科学有效的控制。

二、安全生产事故的分级

依据《生产安全事故报告和调查处理条例》(以下简称《条例》）第三条规定，生产安全事故造成的人员伤亡或者直接经济损失，事故一般分为以下等级。

（1）特别重大事故，是指造成30人以上死亡，或者100人以上重伤（包括急性工业中毒)，或者1亿元以上直接经济损失的事故；

（2）重大事故，是指造成10人以上30人以下死亡，或者50人以上100人以下重伤，或者5000万元以上1亿元以下直接经济损失的事故；

（3）较大事故，是指造成3人以上10人以下死亡，或者10人以上50人以下重伤，或者1000万元以上5000万元以下直接经济损失的事故；

（4）一般事故，是指造成3人以下死亡，或者10人以下重伤，或者1000万元以下直接经济损失的事故。

三、事故报告

事故发生后，事故现场有关人员以及接到事故报告的单位负责人应当按照《条例》规定，向事故发生地区（县）安全生产监督管理部门和负有安全生产监督管理职责的有关部门报告。接报单位核实事故信息后，应当在2h内上报市生产安全事故应急指挥部办公室和负有安全生产监督管理职责的有关部门。

安全生产监督管理部门和负有安全生产监督管理职责的有关部门上报事故情况，应当同时报告本级人民政府；必要时，可以越级上报。安全生产监督管理部门和负有安全生产监督管理职责的有关部门逐级上报事故情况，每级上报的时间不得超过2h。

市生产安全事故应急指挥部办公室对于一般危险化学品事故信息，应及时报市应急办；发生较大以上危险化学品事故，市生产安全事故应急指挥部办公室、相关部门、事发地区县应急委要立即向市应急办报告。同时，市生产安全事故应急指挥部办公室需将详细信息报国家安全监管总局。

事故信息报告内容应包含：事故发生的单位名称、时间、地点（设备或设施名称)；事故发生的初步原因；事故概况和处理情况；人员伤亡及撤离情况（人数、程度)；事故对周边自然环境影响情况，是否造成环境污染和破坏；报告人的单位、姓名和联系电话；续报相关情况。

事发单位要立即启动本单位事故应急救援预案，组织本单位应急救援队伍和工作人员营救受害人员，疏散、撤离、安置受到威胁的人员；控制危险源，标明危险区域，封锁危险场所，采取其他防止危害扩大的必要措施；向所在地政府及有关部门、单位报告。

危险化学品事故发生后，街道办事处、乡镇政府要立即组织人员以营救遇险人员为重点，开展先期处置工作；采取必要措施，防止发生次生、衍生事故，避免造成更大的人员伤亡、财产损失和环境污染。

安全生产监督管理部门接到危险化学品事故报告后，应当根据规定的事故调查处理职责分工和事故的具体情况，及时通知同级公安、监察、人力资源和社会保障部门、总工会、负有安全生产监督管理职责的有关部门赶赴事故现场，组织开展事故调查工作。同时，邀请同级检察机关派人参与事故调查工作。

四、事故调查

（一）事故调查的原则

（1）事故调查必须以事实为依据、以科学为手段，在充分调查研究的基础上科学、公正、实事求是地给出事故调查结论；

（2）事故调查必须遵循“四不放过”的原则，即事故原因不查清不放过、事故责任者和群众没有受到教育不放过、事故责任者没有受到追究不放过、没有采取相应的预防改进措施不放过；

（3）依靠专家与科学技术手段；

（4）第三方的原则；

（5）不干涉、不阻碍的原则。

（二）事故调查的内容

主要了解发生事故的具体时间和具体地点；检查现场，做好详细记录；统计受害人数、伤害程度；分析事故原因；向事故当事人及现场人员了解事故前的生产情况（包括作业人员的任务、分工及工艺条件、设备完好情况等）；了解受害者情况、经济损失情况等。

（三）事故调查分级负责

根据《生产安全事故报告和调查处理条例》规定，按照“政府统一领导，分级负责”原则，按事故严重程度组成调查组，对事故进行调查和分析。

一般生产安全事故，由事故发生地所在区（县）安全生产监督管理部门组织成立事故调查组。

较大和重大生产安全事故，以及市人民政府要求成立市级调查组调查处理的一般生产安全事故，由市安全生产监督管理部门组织成立事故调查组。

（四）事故调查组

根据事故的具体情况，事故调查组由有关人民政府、安全生产监督管理部门、负有安全生产监督管理职责的有关部门、人力资源和社会保障部门、监察机关、公安机关以及工会派人组成，并依法邀请人民检察院派人参加。

事故调查组组长由安全生产监督管理部门负责人担任；市和区（县）人民政府直接组织事故调查的，事故调查组组长由负责事故调查的人民政府指定。

事故调查组成员单位应当委派1名主管领导和1名部门负责人参加事故调查组，并确保参加同一起事故调查的人员相对固定。需要变更人员的，应当事先与事故调查组组长单位沟通同意。

1. 事故调查组分工

事故调查组成员单位在调查组组长统一领导下，应当按照下列分工开展调查工作，并在调查组范围内及时沟通事故调查情况和提供相关调查材料。

（1）安全生产监督管理部门负责组织事故调查组履行事故调查的法定职责；代表事故调查组起草事故调查报告；依法报请本级人民政府批复结案；根据本级人民政府对事故调查报告的批复，负责落实本部门对事故责任单位、责任人员实施的行政处罚，监督事故责任单位对内部人员的处理和落实整改措施；负责事故调查处理相关新闻发布工作；负责事故调查处理相关文件的归档工作。

（2）监察部门负责调查与事故有关的监察对象的行政责任，并提出对事故负有责任的监察对象和党员进行责任追究处理建议；对有关行政机关及其工作人员在事故调查处理工作中履行法定职责情况进行监督；将依职权作出的相关处理决定及时通报同级安全生产监督管理部门；在事故调查报告批复后，负责监督有关部门对监察对象和党员责任追究的落实；对不落实人民政府批复的有关行政机关及其工作人员，依法追究其行政责任。

（3）公安机关负责维护事故现场秩序；根据事故的情况，对涉嫌犯罪人员依法立案侦查，采取强制措施和侦查措施；犯罪嫌疑人逃匿的，应当迅速追捕归案；及时与事故调查组沟通调查情况。

（4）工会组织依法参与事故的调查处理工作，有权对侵害职工生命安全和健康权益的事故责任人提出处理意见；提出吸取事故教训、改善劳动保护条件的整改措施和建议。

（5）人力资源和社会保障部门负责事故中的工伤认定、劳动能力鉴定和工伤保险待遇核定等工作，处理涉及劳动争议的问题和案件。

（6）负有安全生产监督管理职责的部门负责事故相关单位涉及本行业有关安全生产法律、法规、规范、标准贯彻执行情况的调查取证；负责事故发生单位事故现场清理的监督检查工作；负责依法对事故相关责任单位、责任人员提出处理建议，以及事故调查报告批复后的落实工作，督促相关责任单位落实整改措施，并将处理决定文件及时通报同级安全生产监督管理部门。

2. 事故调查组职责

事故调查组履行下列职责。

（1）查明事故发生的经过、原因、人员伤亡情况及直接经济损失；

（2）认定事故的性质和事故责任；

（3）提出对事故直接责任单位、其他责任单位和责任人员的处理建议；

（4）总结事故教训，提出防范和整改措施；

（5）提交事故调查报告。

安全生产监督管理部门承担事故调查组的日常工作，并为事故调查组提供必要的工作条件。

事故调查组应当自事故发生之日起60日内提交事故调查报告；特殊情况下，经负责事故调查的人民政府批准，提交事故调查报告的期限可以适当延长，但延长的期限最长不超过60日。

（五）现场调查项目

（1）现场处理。调查组进入事故现场进行调查的过程中，在事故调查分析没有形成结论之前，要注意保护事故现场，不得破坏与事故有关的物体、痕迹、状态等。当进入现场或做模拟试验需要移动现场某些物体时，必须做好现场标志，同时要采用照相或摄像的方式，将可能被清除或践踏的痕迹记录下来，以保证现场勘察能够获得完整的事故信息内容。

（2）收集物证。对损坏的物体、部件、碎片、残留物、致害物的位置等，均应贴上标签，注明时间、地点、管理者；所有物体应保持原样，不准冲洗擦拭；对健康有害的物品，应采取不损坏原始证据的安全保护措施。

（3）现场记录。应做好以下方面的拍照：一是方位拍照，要能反映事故现场在周围环境中的位置；二是全面拍照，要能反映事故现场各部门之间的联系；三是中心拍照，反映事故现场中心情况；四是细目拍照，解释事故直接原因的痕迹物、致害物等；五是人体拍照，反映伤亡者主要受伤和造成死亡的伤害部位。

（4）绘制事故图。根据事故类别和规模以及调查工作的需要，绘出事故调查分析所必须了解的信息示意图，如建筑物平面图、剖面图，事故现场涉及范围图，设备或工器具构造简图、流程图，受害者位置图，事故时人员位置及疏散（活动）图，破坏物立体图或展开图等。

（5）证人取证。尽快搜集证人口述材料，然后对人证材料的真实性进行考证，听取单位领导和群众意见。

（6）现场取证收集与事故鉴别、记录有关的材料以及事故发生的有关事实材料。

（六）事故调查报告

事故调查报告应当包括下列内容：事故发生单位概况；事故发生经过和事故救援情况；事故造成的人员伤亡和直接经济损失；事故发生的原因和事故性质；事故责任的认定以及对事故责任者的处理建议以及事故防范和整改措施。

事故调查报告经事故调查组全体成员签字确认后，由事故调查组组长单位上报本级人民政府批复结案。

五、事故处理

事故调查报告报经本级人民政府批复后，事故调查组成员单位应当按照批复意见要求，依法落实对事故相关责任单位和责任人员的处理意见。

事故调查组成员单位对事故调查报告涉及相关责任单位和责任人员行政许可资质等行政处罚，依管理权限无法直接实施处罚的，应当函达本系统有管理权限的机关实施处罚。事故调查组成员单位对事故调查报告的处理意见没有落实的，应当提出不予落实的具体意见和理由，向本级人民政府报告。安全生产监督管理部门应当在事故调查报告批复后，会同事故调查组有关部门，及时将生产安全事故调查处理情况向社会公布。

由生产经营单位负责组织调查的直接经济损失在10万元（含本数）以上100万元以下且未造成人员死亡或者重伤的一般事故，应当在规定的时限内完成事故调查处理工作，并在事故处理工作完成之日起10个工作日内，将调查处理情况报告事故发生地安全生产监督管理部门。

六、事故赔偿

企业职工因工作遭受事故伤害或者患职业病后，无论企业是否参加了工伤保险，职工的伤亡赔偿、医疗费用、工伤待遇等均按照国家《工伤保险条例》处理。即如果企业参加了社会工伤保险，按照要求交纳了工伤保险金，上述费用将由保险公司支付；如果没有参加工伤保险，则由企业按照工伤保险标准支付各种费用。

第七章　特殊化学品及化工工艺监管有关要求

第一节　重点监管的危险化学品

一、重点监管的危险化学品界定

重点监管的危险化学品包括列入《第二批重点监管的危险化学品名录》(以下简称《名录》)的60种危险化学品以及在温度20℃和标准大气压(101.3kPa)条件下属于以下类别的危险化学品。

(1) 易燃气体类别1(爆炸下限小于等于13%，或爆炸极限范围大于等于12%的气体)；

(2) 易燃液体类别1(闭杯闪点小于23℃，且初沸点小于等于35℃的液体)；

(3) 自燃液体类别1(与空气接触不到5min便燃烧的液体)；

(4) 自燃固体类别1(与空气接触不到5min便燃烧的固体)；

(5) 遇水放出易燃气体的物质类别1(在环境温度下与水发生剧烈反应所产生的气体通常显示自燃的倾向，或释放易燃气体的速度等于或大于每千克物质在任何1min内释放10L的任何物质或混合物)；

(6) 三光气等光气类化学品。

二、重点监管的危险化学品安全措施和应急处置原则

为指导有关企业规范安全生产，消除安全管理薄弱环节，切实提高安全管理水平和本质安全水平，同时为了指导安监部门增强执法检查的针对性和有效性，在确定《名录》的同时，配套编制了《首批重点监管的危险化学品安全措施和应急处置原则》及《第二批重点监管的危险化学品安全措施和应急处置原则》(以下简称《措施和原则》)。《措施和原则》从特别警示、理化特性、危害信息、安全措施、应急处置原则等方面，对《名录》中的危险化学品逐一提出了安全措施和应急处置原则，既涵盖化学品的理化性质、燃烧和爆炸危险性、活性反应、健康危害等基本内容，又包括针对性、操作性较强的安全措施和应急处置原则。《措施和原则》的公布，为危险化学品的生产、储存、使用、经营、运输安全生产提供了指南。可供各级安全监管部门和危险化学品企业在危险化学品安全监管和安全生产管理工作中参考使用，

既可以指导企业加强安全生产工作，又为各地安全监管部门执法检查提供参考和指导。以氯为示例，《措施和原则》中的氯安全措施和应急处置原则如下。

（一）特别警示

剧毒，吸入高浓度气体可致死；包装容器受热有爆炸的危险。

（二）理化特性

1. 特性

常温常压下为黄绿色，有刺激性气味的气体。常温下、709kPa 以上压力时为液体，液氯为金黄色。微溶于水，易溶于二硫化碳和四氯化碳。相对分子质量为 70.91，熔点为 -101℃，沸点为 -34.5℃，气体密度为 3.21g/L.，相对蒸气密度为（空气 =1）2.5，相对密度为（水 =1）1.41（20℃），临界压力为 7.71MPa，临界温度为 144℃，饱和蒸气压为 673kPa（20℃）。

2. 主要用途

用于制造氯乙烯、环氧氯丙烷、氯丙烯、氯化石蜡等；用作氯化试剂，也用作水处理过程的消毒剂。

（三）危害信息

1. 燃烧和爆炸危险性

本品不燃，但可助燃。一般可燃物大都能在氯气中燃烧，一般易燃气体或蒸气也都能与氯气形成爆炸性混合物。受热后容器或储罐内压增大，泄漏物质可导致中毒。

2. 活性反应

强氧化剂，与水反应，生成有毒的次氯酸和盐酸。与氢氧化钠、氢氧化钾等碱反应生成次氯酸盐和氯化物，可利用此反应对氯气进行无害化处理。液氯与可燃物、还原剂接触会发生剧烈反应。与汽油等石油产品，烃、氨、醚、松节油、醇、乙炔、二硫化碳、氢气、金属粉末和磷接触能形成爆炸性混合物。接触烃基膦、铝、锑、铋、硼、黄铜、碳、二乙基锌等物质会导致燃烧、爆炸，释放出有毒烟雾。潮湿环境下，严重腐蚀铁、钢、铜和锌。

3. 健康危害

氯是一种强烈的刺激性气体，经呼吸道吸入时，与呼吸道黏膜表面水分接触，产生盐酸、次氯酸，次氯酸再分解为盐酸和新生态氧，产生局部刺激和腐蚀作用。

（1）急性中毒：轻度者有流泪、咳嗽、咳少量痰、胸闷，出现气管 - 支气管炎或支气管周围炎的表现；中度中毒发生支气管肺炎，局限性肺泡性肺水肿、间质性肺水肿或哮喘样发作，病人除有上述症状的加重外，还会出现呼吸困难、轻度紫绀等；重者发生肺泡性水肿，急性呼吸窘迫综合征，严重窒息，昏迷或休克，可出现气胸、纵隔气肿等并发症。吸入极高浓度的氯气，可引起迷走神经反射性心搏骤停或喉头痉挛而发生“电击样”死亡。眼睛接触可引起急性结膜炎，高浓度氯可造成眼角膜损伤。皮肤接触液氯或高浓度氯，在暴露部位可产生灼伤或急性皮炎。

(2) 慢性影响：长期低浓度接触，可引起慢性牙龈炎、慢性咽炎、慢性支气管炎、肺气肿、支气管哮喘等，还可引起牙齿酸蚀症。

(四) 安全措施

1. 一般要求

(1) 操作人员必须经过专门培训，严格遵守操作规程，熟练掌握操作技能，具备应急处置知识；严加密闭，提供充分的局部排风和全面通风，工作场所严禁吸烟。提供安全沐浴和洗眼设备。

(2) 生产、使用氯气的车间及储氯场所应设置氯气泄漏检测报警仪，配备两套以上重型防护服。戴化学安全防护眼镜，穿防静电工作服，戴防化学品手套。工作场所浓度超标时，操作人员必须佩戴防毒面具，紧急事态抢救或撤离时，应佩戴正压自给式空气呼吸器。

(3) 液氯汽化器、储罐等压力容器和设备应设置安全阀、压力表、液位计、温度计，并应装有带压力、液位、温度远传记录和报警功能的安全装置。设置整流装置与氯压机、动力电源、管线压力、通风设施或相应的吸收装置的联锁装置。氯气输入、输出管线应设置紧急切断设施。

(4) 避免与易燃或可燃物、醇类、乙醚、氢接触。

(5) 生产、储存区域应设置安全警示标志。搬运时轻装轻卸，防止钢瓶及附件破损。吊装时，应将气瓶放置在符合安全要求的专用筐中进行吊运。禁止使用电磁起重机和用链绳捆扎，或将瓶阀作为吊运着力点。配备相应品种和数量的消防器材及泄漏应急处理设备。倒空的容器可能存在残留有害物时应及时处理。

2. 操作安全

(1) 氯化设备、管道处、阀门的连接垫料应选用石棉板、石棉橡胶板、氟塑料、浸石墨的石棉绳等高强度耐氯垫料，严禁使用橡胶垫。

(2) 采用压缩空气充装液氯时，空气含水应≤ 0.01%。采用液氯汽化器充装液氯时，只允许用温水加热汽化器，不准使用蒸汽直接加热。

(3) 液氯汽化器、预冷器及热交换器等设备，必须装有排污装置和污物处理设施，并定期分析三氯化氮含量。如果操作人员未按规定及时排污，并且操作不当，易发生三氯化氮爆炸、大量氯气泄漏等危害。

(4) 严禁向泄漏的钢瓶上喷水。

(5) 充装量为 50kg 和 100kg 的气瓶应保留 2kg 以上的余量，充装量为 500kg 和 1000kg 的气瓶应保留 5kg 以上的余量。充装前要确认气瓶内无异物。

(6) 充装时，使用万向节管道充装系统，严防超装。

3. 储存安全

(1) 储存于阴凉、通风的仓库内，库房温度不宜超过 30℃，相对湿度不超过 80%，防止阳光直射。

(2) 应与易 (可) 燃物、醇类、食用化学品分开存放，切忌混储。储罐远离火种、热源。保持容器密封，储存区要建在低于自然地面的围堤内。在气瓶储存时，空瓶和实瓶应分开放置，并应设置明显标志。储存区应备有泄漏应急处理设备。

(3) 对于大量使用氯气钢瓶的单位，为及时处理钢瓶漏气，现场应备应急堵漏工具和个体防护用具。

(4) 禁止将储罐设备及氯气处理装置设置在学校、医院、居民区等人口稠密区附近，并远离频繁出入处和紧急通道。

(5) 应严格执行剧毒化学品“双人收发”“双人保管”制度。

4. 运输安全

(1) 运输车辆应有危险货物运输标志，安装具有行驶记录功能的卫星定位装置。未经公安机关批准，运输车辆不得进入危险化学品运输车辆限制通行的区域。不得在人口稠密区和有明火等场所停靠。夏季应早晚运输，防止日光暴晒。

(2) 运输液氯钢瓶的车辆不准从隧道过江。

(3) 汽车运输充装量 50kg 及以上钢瓶时，应卧放，瓶阀端应朝向车辆行驶的右方，用三角木垫卡牢，防止滚动，垛高不得超过 2 层且不得超过车厢高度。不准同车混装有抵触性质的物品和让无关人员搭车。严禁与易燃物或可燃物、醇类、食用化学品等混装、混运。车上应有应急堵漏工具和个体防护用品，押运人员应会使用。

(4) 搬运人员必须注意防护，按规定穿戴必要的防护用品；搬运时，管理人员必须到现场监卸监场；夜晚或光线不足时、雨天不宜搬运。若遇特殊情况必须搬运时，必须得到部门负责人的同意，还应有遮雨等相关措施；严禁在搬运时吸烟。

(5) 采用液氯气化法向储罐压送液氯时，要严格控制汽化器的压力和温度，釜式汽化器加热夹套不得包底，应用温水加热，严禁用蒸汽加热，出口水温不应超过 45℃，气化压力不得超过 1MPa。

(五) 应急处置原则

1. 急救措施

(1) 吸入：迅速脱离现场至空气新鲜处，保持呼吸道通畅。如呼吸困难，给氧，给予2%～4%的碳酸氢钠溶液雾化吸入。

(2) 呼吸、心跳停止，立即进行心肺复苏术，及时就医。

(3) 眼睛接触：立即分开眼睑，用流动清水或生理盐水彻底冲洗，及时就医。

(4) 皮肤接触：立即脱去污染的衣物，用流动清水彻底冲洗，及时就医。

2. 灭火方法

本品不燃，但周围起火时应切断气源。喷水冷却容器，尽可能将容器从火场移至空旷处。消防人员必须佩戴正压自给式空气呼吸器，穿全身防火防毒服，在上风向灭火。由于火场中可能发生容器爆破的情况，消防人员须在防爆掩蔽处操作。有氯气泄漏时，使用细水雾驱赶泄漏的气体，使其远离未受波及的区域。

灭火剂：根据周围着火原因选择适当灭火剂灭火。可用干粉、二氧化碳、水(雾状水)或泡沫。

3. 泄漏应急处置

(1) 根据气体扩散的影响区域划定警戒区，无关人员从侧风、上风向撤离至安全区。建议应急处理人员穿内置正压自给式空气呼吸器的全封闭防化服，戴橡胶手套。如果是液体泄漏，还应注意防冻伤。禁止接触或跨越泄漏物。勿使泄漏物与可燃物质(如木材、纸、油等)接触。尽可能切断泄漏源。喷雾状水抑制蒸气或改变蒸气云流向，避免水流接触泄漏物。禁止用水直接冲击泄漏物或泄漏源。若可能翻转容器，使之逸出气体而非液体。防止气体通过下水道、通风系统和限制性空间扩散。构筑围堤堵截液体泄漏物。喷稀碱液进行中和、稀释。隔离泄漏区直至气体散尽。泄漏场所保持通风。

(2) 不同泄漏情况下的具体措施：瓶阀密封填料处泄漏时，应检查压紧螺帽是否松动或拧紧压紧螺帽；瓶阀出口泄漏时，应检查瓶阀是否关紧或关紧瓶阀，或用铜六角螺帽封闭瓶阀口。

(3) 瓶体泄漏点为孔洞时，可使用堵漏器材(如材签、木塞、止漏器等)处理，并注意对堵漏器材紧固，防止脱落。上述处理均无效时，应迅速将泄漏气瓶浸没于备有足够体积的烧碱或石灰水溶液吸收池进行无害化处理，并控制吸收液温度不高于45℃、pH不小于7，防止吸收液失效分解。

(4) 隔离与疏散距离：小量泄漏，初始隔离60m，下风向疏散白天400m、夜晚160m；大量泄漏，初始隔离600m，下风向疏散白天3500m、夜晚800m。

三、重点监管的危险化学品安全监管要求

1.《首批重点监管的危险化学品名录》监管要求

(1) 安全监管部门要根据《首批重点监管的危险化学品名录》，查清本辖区生产、储存、使用、经营重点监管的危险化学品单位情况，并优先纳入年度执法检查计划；安全监管部门要参照《措施和原则》的有关内容，加大对生产、储存、经营及使用重点监管的危险化学品行为的执法检查力度，切实加强对涉及重点监管危险化学品企业的安全监管。

(2) 涉及重点监管的危险化学品的生产、储存装置，原则上须由具有甲级资质的化工行业设计单位进行设计。

(3) 生产、储存重点监管的危险化学品的企业，应根据本企业工艺特点，装备功能完善的自动化控制系统，严格工艺、设备管理。对使用重点监管的危险化学品数量构成重大危险源的企业的生产储存装置，应装备自动化控制系统，实现对温度、压力、液位等重要参数的实时监测。

(4) 生产重点监管的危险化学品的企业，应针对产品特性，按照有关规定编制完善的、可操作性强的危险化学品事故应急预案，配备必要的应急救援器材、设备，加强应急演练，提高应急处置能力。

2.《第二批重点监管的危险化学品名录》监管要求

根据国家安全监管总局监管三司于 2013 年 2 月 5 日发布的《第二批重点监管的危险化学品名录》，对重点监管危险化学品作出以下补充要求。

(1) 生产、储存、使用重点监管的危险化学品的企业，应当积极开展涉及重点监管危险化学品的生产、储存设施自动化监控系统改造提升工作，高度危险和大型装置要依法装备安全仪表系统 (紧急停车或安全联锁)，并确保于 2014 年年底前完成。

(2) 地方各级安全监管部门应当按照有关法律、法规和本通知的要求，对生产、储存、使用、经营重点监管的危险化学品的企业实施重点监管。

第二节　重点监管的危险化工工艺

一、重点监管的危险化工工艺界定

首批重点监管的危险化工工艺包括光气及光气化工艺、电解工艺 (氯碱)、氯化工艺、硝化工艺、合成氨工艺、裂解 (裂化) 工艺、氟化工艺、加氢工艺、重氮化工艺、氧化工艺、过氧化工艺、胺基化工艺、磺化工艺、聚合工艺、烷基化工艺。

其后与第二批重点监管的危险化工工艺一并发布的《调整的首批重点监管危险化工工艺中的部分典型工艺》提出如下修改内容。

(1) 涉及涂料、黏合剂、油漆等产品的常压条件生产工艺不再列入“聚合工艺”。

(2) 将“异氰酸酯的制备”列入“光气及光气化工艺”的典型工艺中。

(3) 将“次氯酸、次氯酸钠或N-氯代丁二酰亚胺与胺反应制备N-氯化物”“氯化亚砜作为氯化剂制备氯化物”列入“氯化工艺”的典型工艺中。

(4) 将“硝酸胍、硝基胍的制备”“浓硝酸、亚硝酸钠和甲醇制备亚硝酸甲酯”列入“硝化工艺”的典型工艺中。

(5) 将“三氟化硼的制备”列入“氟化工艺”的典型工艺中。

(6) 将“克劳斯法气体脱硫”“一氧化氮、氧气和甲（乙）醇制备亚硝酸甲（乙）酯”“以双氧水或有机过氧化物为氧化剂生产环氧丙烷、环氧氯丙烷”列入“氧化工艺”的典型工艺。

(7) 将“叔丁醇与双氧水制备叔丁基过氧化氢”列入“过氧化工艺”的典型工艺中。

(8) 将“氯氨法生产甲基肼”列入“胺基化工艺”的典型工艺中。

于2013年发布的第二批重点监管的危险化工工艺包括新型煤化工工艺、电石生产工艺、偶氮化工艺。

二、重点监管的危险化工工艺安全监管要求

(一) 督促化工企业完成重点监管的危险化工工艺自动化改造提升工作

(1) 化工企业要按照《首批重点监管的危险化工工艺目录》《首批重点监管的危险化工工艺安全控制要求、重点监控参数及推荐的控制方案》《第二批重点监管危险化工工艺目录》及其《重点监控参数安全控制基本要求和推荐的控制方案》要求，对照本企业采用的危险化工工艺及其特点，确定重点监控的工艺参数、装备和完善自动控制系统，大型和高度危险化工装置要按照推荐的控制方案装备紧急停车系统。

(2) 采用危险化工工艺的新建生产装置原则上要由甲级资质化工设计单位进行设计。

(二) 安全监管部门要进一步加强重点监管的危险化工工艺安全监管工作

(1) 要全面完成化工企业危险工艺自动化控制系统改造。

(2) 新建化工装置要装备自动化控制系统。

(3) 启动涉及重点监管危化品的生产、储存设施和危化品重大危险源自动化监

控系统改造提升工作。

涉及重点监管危化品的生产装置必须装备自动化控制系统，高度危险和大型装置要装备紧急停车系统；重点监管危化品的储存设施和危化品重大危险源要装备自动化监控系统，实现温度、压力、液位、流量、可燃有毒气体泄漏等重要参数自动监测监控报警，高度危险和大型装置要有紧急切断措施。

(4) 高度重视危险化学品建设项目安全设计监督管理，尤其是涉及重点监管的危险化工工艺和重点监管的危险化学品的建设项目要开展设计安全审查。

各级安全监管部门要督促本辖区涉及第二批重点监管危险化工工艺的化工企业积极开展自动化控制改造工作，并确保于2014年底前完成。

(三) 首批重点监管的危险化工工艺安全控制要求

1. 光气及光气化工艺

(1) 重点监控工艺参数。一氧化碳、氯气含水量；反应釜温度、压力；反应物质的配料比；光气进料速度；冷却系统中冷却介质的温度、压力、流量等。

(2) 安全控制的基本要求。事故紧急切断阀；紧急冷却系统；反应釜温度、压力报警联锁；局部排风设施；有毒气体回收及处理系统；自动泄压装置；自动氨或碱液喷淋装置；光气、氯气、一氧化碳监测及超限报警；双电源供电。

(3) 宜采用的管制方式。光气及光气化生产系统一旦出现异常现象或发生光气及其剧毒产品泄漏事故时，应通过自控联锁装置启动紧急停车并自动切断所有进出生产装置的物料，将反应装置迅速冷却降温，同时将发生事故设备内的剧毒物料导入事故槽内，开启氨水、稀碱液喷淋，启动通风排毒系统，将事故部位的有毒气体排至处理系统。

2. 电解工艺 (氯碱)

(1) 重点监控工艺参数。电解槽内液位；电解槽内电流和电压；电解槽进出物料流量；可燃和有毒气体浓度；电解槽的温度和压力；原料中铵含量；氯气杂质含量 (水、氢气、氧气、三氯化氮等)；等等。

(2) 安全控制的基本要求。电解槽温度、压力、液位、流量报警和联锁；电解供电整流装置与电解槽供电的报警和联锁；紧急联锁切断装置；事故状态下氯气吸收中和系统；可燃和有毒气体检测报警装置等。

(3) 宜采用的管制方式。① 将电解槽内压力、槽电压等形成联锁关系，系统设立联锁停车系统。② 安全设施，包括安全阀、高压阀、紧急排放阀、液位计、单向阀及紧急切断装置等。

3. 氯化工艺

（1）重点监控工艺参数。氯化反应釜温度和压力；氯化反应釜搅拌速率；反应物料的配比；氯化剂进料流量；冷却系统中冷却介质的温度、压力、流量等；氯气杂质含量（水、氢气、氧气、三氯化氮等）；氯化反应尾气组成；等等。

（2）安全控制的基本要求。反应釜温度和压力的报警和联锁；反应物料的比例控制和联锁；搅拌的稳定控制；进料缓冲器；紧急进料切断系统；紧急冷却系统；安全泄放系统；事故状态下氯气吸收中和系统；可燃和有毒气体检测报警装置；等等。

（3）宜采用的管制方式。① 将氯化反应釜内温度、压力与釜内搅拌、氯化剂流量、氯化反应釜夹套冷却水进水阀形成联锁关系，设立紧急停车系统。② 安全设施，包括安全阀、高压阀、紧急放空阀、液位计、单向阀及紧急切断装置；等等。

4. 硝化工艺

（1）重点监控工艺参数。硝化反应釜内温度、搅拌速率；硝化剂流量；冷却水流量；pH；硝化产物中杂质含量；精馏分离系统温度；塔釜杂质含量；等等。

（2）安全控制的基本要求。反应釜温度的报警和联锁；自动进料控制和联锁；紧急冷却系统；搅拌的稳定控制和联锁系统；分离系统温度控制与联锁；塔釜杂质监控系统；安全泄放系统；等等。

（3）宜采用的管制方式。① 将硝化反应釜内温度与釜内搅拌、硝化剂流量、硝化反应釜夹套冷却水进水阀形成联锁关系，在硝化反应釜处设立紧急停车系统，当硝化反应釜内温度超标或搅拌系统发生故障，能自动报警并自动停止加料。分离系统温度与加热、冷却形成联锁，温度超标时，能停止加热并紧急冷却。② 硝化反应系统应设置泄爆管和紧急排放系统。

5. 合成氨工艺

（1）重点监控工艺参数。合成塔、压缩机、氨储存系统的运行基本控制参数，包括温度、压力、液位、物料流量及比例等。

（2）安全控制的基本要求。合成氨装置温度、压力报警和联锁；物料比例控制和联锁；压缩机的温度、入口分离器液位、压力报警联锁；紧急冷却系统；紧急切断系统；安全泄放系统；可燃、有毒气体检测报警装置。

（3）宜采用的管制方式。将合成氨装置内温度、压力与物料流量、冷却系统形成联锁关系；将压缩机温度、压力、入口分离器液位与供电系统形成联锁关系；紧急停车系统合成单元自动控制还需要设置以下几个控制回路：① 氨分、冷交液位；② 废锅液位；③ 循环量控制；④ 废锅蒸汽流量；⑤ 废锅蒸汽压力。安全设施包括安全阀、爆破片、紧急放空阀、液位计、单向阀及紧急切断装置等。

6. 裂解（裂化）工艺

（1）重点监控工艺参数。裂解炉进料流量；裂解炉温度；引风机电流；燃料油进料流量；稀释蒸汽比及压力；燃料油压力；滑阀差压超驰控制、主风流量控制、外取热器控制、机组控制、锅炉控制等。

（2）安全控制的基本要求。裂解炉进料压力、流量控制报警与联锁；紧急裂解炉温度报警和联锁；紧急冷却系统；紧急切断系统；反应压力与压缩机转速及入口放火炬控制；再生压力的分程控制；滑阀差压与料位；温度的超驰控制；再生温度与外取热器负荷控制；外取热器汽包和锅炉汽包液位的三冲量控制；锅炉的熄火保护；机组相关控制；可燃与有毒气体检测报警装置；等等。

（3）宜采用的管制方式：

① 将引风机电流与裂解炉进料阀、燃料油进料阀、稀释蒸汽阀之间形成联锁关系，一旦引风机故障停车，裂解炉则自动停止进料并切断燃料供应，但应继续供应稀释蒸汽，以带走炉膛内的余热。

② 将燃料油压力与燃料油进料阀、裂解炉进料阀之间形成联锁关系，燃料油压力降低，则切断燃料油进料阀，同时切断裂解炉进料阀。

③ 分离塔应安装安全阀和放空管，低压系统与高压系统之间应有逆止阀并配备固定氮气装置、蒸汽灭火装置。将裂解炉电流与锅炉给水流量、稀释蒸汽流量之间形成联锁关系；一旦水、电、蒸汽等公用工程出现故障，裂解炉能自动紧急停车。

④ 反应压力正常情况下由压缩机转速控制，开工及非正常工况下由压缩机入口放火炬控制。

⑤ 再生压力由烟机入口蝶阀和旁路滑阀（或蝶阀）分程控制。

⑥ 再生、待生滑阀正常情况下分别由反应温度信号和反应器料位信号控制，一旦滑阀差压出现低限，则转由滑阀差压控制。

⑦ 再生温度由外取热器催化剂循环量或流化介质流量控制。

⑧ 外取热汽包和锅炉汽包液位采用液位、补水量和蒸发量三冲量控制。

⑨ 带明火的锅炉设置熄火保护控制。

⑩ 大型机组设置相关的轴温、轴振动、轴位移、油压、油温、防喘振等系统控制。

⑪ 在装置存在可燃气体、有毒气体泄漏的部位设置可燃气体报警仪和有毒气体报警仪。

7. 氟化工艺

（1）重点监控工艺参数。氟化反应釜内温度、压力；氟化反应釜内搅拌速率；氟化物流量；助剂流量；反应物的配料比；氟化物浓度。

（2）安全控制的基本要求。反应釜内温度和压力与反应进料、紧急冷却系统的报警和联锁；搅拌的稳定控制系统；安全泄放系统；可燃和有毒气体检测报警装置；等等。

（3）宜采用的管制方式。氟化反应操作中，要严格控制氟化物浓度、投料配比、进料速度和反应温度等。必要时应设置自动比例调节装置和自动联锁控制装置。

将氟化反应釜内温度、压力与釜内搅拌、氟化物流量、氟化反应釜夹套冷却水进水阀形成联锁控制，在氟化反应釜处设立紧急停车系统，当氟化反应釜内温度或压力超标或搅拌系统发生故障时自动停止加料并紧急停车。

8. 加氢工艺

（1）重点监控工艺参数。加氢反应釜或催化剂床层温度、压力；加氢反应釜内搅拌速率；氢气流量；反应物质的配料比；系统氧含量；冷却水流量；氢气压缩机运行参数、加氢反应尾气组成；等等。

（2）安全控制的基本要求。温度和压力的报警和联锁；反应物料的比例控制和联锁系统；紧急冷却系统；搅拌的稳定控制系统；氢气紧急切断系统；加装安全阀、爆破片等安全设施；循环氢压缩机停机报警和联锁；氢气检测报警装置；等等。

（3）宜采用的管制方式。将加氢反应釜内温度、压力与釜内搅拌电流、氢气流量、加氢反应釜夹套冷却水进水阀形成联锁关系，设立紧急停车系统。加入急冷氮气或氢气的系统。当加氢反应釜内温度或压力超标或搅拌系统发生故障时自动停止加氢，泄压，并进入紧急状态。

9. 重氮化工艺

（1）重点监控工艺参数。重氮化反应釜内温度、压力、液位、pH；重氮化反应釜内搅拌速率；亚硝酸钠流量；反应物质的配料比；后处理单元温度等。

（2）安全控制的基本要求。反应釜温度和压力的报警和联锁；反应物料的比例控制和联锁系统；紧急冷却系统；紧急停车系统；安全泄放系统；后处理单元配置温度监测、惰性气体保护的联锁装置；等等。

（3）宜采用的管制方式。将重氮化反应釜内温度、压力与釜内搅拌、亚硝酸钠流量、重氮化反应釜夹套冷却水进水阀形成联锁关系，在重氮化反应釜处设立紧急停车系统，当重氮化反应釜内温度超标或搅拌系统发生故障时自动停止加料并紧急停车。

重氮盐后处理设备应配置温度检测、搅拌、冷却联锁自动控制调节装置，干燥设备应配置温度测量、加热热源开关、惰性气体保护的联锁装置。安全设施包括安全阀、爆破片、紧急放空阀等。

10. 氧化工艺

（1）重点监控工艺参数。氧化反应釜内温度和压力；氧化反应釜内搅拌速率；氧化剂流量；反应物料的配比；气相氧含量；过氧化物含量；等等。

（2）安全控制的基本要求。反应釜温度和压力的报警和联锁；反应物料的比例控制和联锁及紧急切断动力系统；紧急断料系统；紧急冷却系统；紧急送入惰性气体的系统；气相氧含量监测、报警和联锁；安全泄放系统；可燃和有毒气体检测报警装置；等等。

（3）宜采用的管制方式。将氧化反应釜内温度和压力与反应物的配比和流量、氧化反应釜夹套冷却水进水阀、紧急冷却系统形成联锁关系，在氧化反应釜处设紧急停车系统，当氧化反应釜内温度超标或搅拌系统发生故障时自动停止加料并紧急停车，并配备安全阀、爆破片等安全设施。

11. 过氧化氢工艺

（1）重点监控工艺参数。过氧化反应釜内温度；pH；过氧化反应釜内搅拌速率；（过）氧化剂流量；参加反应物质的配料比；过氧化物浓度；气相氧含量；等等。

（2）安全控制的基本要求。反应釜温度和压力的报警和联锁；反应物料的比例控制和联锁及紧急切断动力系统；紧急断料系统；紧急冷却系统；紧急送入惰性气体的系统；气相氧含量监测、报警和联锁；紧急停车系统；安全泄放系统；可燃和有毒气体检测报警装置；等等。

（3）宜采用的管制方式。将过氧化反应釜内温度与釜内搅拌电流、过氧化物流量、过氧化反应釜夹套冷却水进水阀形成联锁关系，设置紧急停车系统。

过氧化反应系统应设置泄爆管和安全泄放系统。

12. 胺基化工艺

（1）重点监控工艺参数。胺基化反应釜内温度、压力；胺基化反应釜内搅拌速率；物料流量；反应物质的配料比；气相氧含量；等等。

（2）安全控制的基本要求。反应釜温度和压力的报警和联锁；反应物料的比例控制和联锁系统；紧急冷却系统；气相氧含量监控联锁系统；紧急送入惰性气体的系统；紧急停车系统；安全泄放系统；可燃和有毒气体检测报警装置；等等。

（3）宜采用的管制方式。将胺基化反应釜内温度、压力与釜内搅拌、胺基化物料流量、胺基化反应釜夹套冷却水进水阀形成联锁关系，设置紧急停车系统。安全设施，包括安全阀、爆破片、单向阀及紧急切断装置等。

13. 磺化工艺

（1）重点监控工艺参数。磺化反应釜内温度；磺化反应釜内搅拌速率；磺化剂流量；冷却水流量。

（2）安全控制的基本要求。反应釜温度的报警和联锁；搅拌的稳定控制和联锁系统；紧急冷却系统；紧急停车系统；安全泄放系统；三氧化硫泄漏监控报警系统；

等等。

(3) 宜采用的管制方式。将磺化反应釜内温度与磺化剂流量、磺化反应釜夹套冷却水进水阀、釜内搅拌电流形成联锁关系，紧急断料系统，当磺化反应釜内各参数偏离工艺指标时，能自动报警、停止加料，甚至紧急停车。

磺化反应系统应设置泄爆管和紧急排放系统。

14. 聚合工艺

(1) 重点监控工艺参数。聚合反应釜内温度；等等。

(2) 安全控制的基本要求。反应釜温度和压力的报警和联锁；紧急冷却系统；紧急切断系统；紧急加入反应终止剂系统；搅拌的稳定控制和联锁系统；料仓静电消除、可燃气体置换系统；可燃和有毒气体检测报警装置；高压聚合反应釜设有防爆墙和泄爆面；等等。

(3) 宜采用的管制方式。将聚合反应釜内温度、压力与釜内搅拌电流、聚合单体流量、引发剂加入量、聚合反应釜夹套冷却水进水阀形成联锁关系，在聚合反应釜处设立紧急停车系统。当反应超温、搅拌失效或冷却失效时，能及时加入聚合反应终止剂。

15. 烷基化工艺

(1) 重点监控工艺参数。烷基化反应釜内温度和压力；烷基化反应釜内搅拌速率；反应物料的流量及配比；等等。

(2) 安全控制的基本要求。反应物料的紧急切断系统；紧急冷却系统；安全泄放系统；可燃和有毒气体检测报警装置；等等。

(3) 宜采用的管制方式。将烷基化反应釜内温度和压力与釜内搅拌、烷基化物料流量，烷基化反应釜夹套冷却水进水阀形成联锁关系，当烷基化反应釜内温度超标或搅拌系统发生故障时自动停止加料并紧急停车。

安全设施包括安全阀、爆破片、紧急放空阀、单向阀及紧急切断装置等。

第三节　剧毒化学品安全监管

一、剧毒化学品的判定界限

(一) 剧毒化学品的定义

剧毒化学品是指具有非常剧烈毒性危害的化学品，包括人工合成的化学品及其混合物（含农药）和天然毒素。

（二）剧毒化学品毒性判定界限

大鼠试验，经口 $LD_{50} \leqslant 50mg/kg$，经皮 $LD_{50} \leqslant 200mg/kg$，吸入 $LC_{50} \leqslant 500ppm$（气体）或 2.0mg/L（蒸气）或 0.5mg/L（尘、雾）。

二、剧毒化学品安全监管要求

依据新《条例》，安全监督管理部门负责剧毒化学品安全监督管理综合工作，对新建、改建、扩建生产、储存剧毒化学品（包括使用长输管道输送剧毒化学品）的建设项目进行安全条件审查，核发安全生产许可证、安全使用许可证和经营许可证，并负责剧毒化学品登记工作。

剧毒化学品安全监管具体要求包括以下几点。

（一）高度重视剧毒化学品从业单位安全监管工作

区（县）安全监管部门要进一步提高做好剧毒化学品从业单位安全监管工作的认识，高度重视和认真做好剧毒化学品从业单位的安全监管工作，督促企业全面落实剧毒化学品生产、经营、储存等环节的安全生产责任制和治安防范责任制各项措施，有效预防剧毒化学品事故的发生。

（二）全面落实剧毒化学品从业单位的安全管理主体责任

剧毒化学品从业单位是剧毒化学品安全管理工作的责任主体，企业法人代表（主要负责人）是安全生产的第一责任人。各企业要切实履行安全生产管理职责，认真贯彻执行各项法律、法规及相关职能部门有关安全生产的监管要求，严加防范，制定切实可行的剧毒化学品安全管理制度和操作岗位规程，对剧毒化学品生产、经营、储存实行严格安全管理。

1. 严格剧毒化学品从业人员培训上岗制度

凡从事剧毒化学品生产、经营、仓库保管和安全管理的人员必须按规定参加相关部门组织的培训，经考核合格持证上岗。

2. 严格执行采购供应制度

经营剧毒化学品单位必须依法取得省核发的《剧毒化学品经营许可证》，销售剧毒化学品时，应认真查验公安部门核发的购买凭证、准购证和公路运输通行证等，并严格各环节的流向登记记录。凡未经批准，一律不准私自销售和转供（卖）剧毒化学品。各剧毒化学品生产经营储存企业要进一步完善剧毒品出入库管理操作程序制度，入库时必须对照购买凭证，有两名持证人员在场验收并签名登记。

3. 严格执行仓库保管制度

剧毒化学品必须在专用仓库内单独存放，并严格实行“五双”管理制度，即双人收发、双人记账、双人双锁、双人运输、双人使用（投料）。企业要健全剧毒化学品的定期盘库制度，做到账物一致，真正使仓库管理做到措施严密、管理规范、责任到人。

4. 严格执行安全生产检查制度

各企业必须对本单位剧毒化学品安全管理制度的执行情况、重大危险源监控、重要装置和设施的维护检测情况及涉及剧毒化学品人员的安全教育等方面进行定期、不定期检查抽查。对在检查中发现的问题要落实责任，限期整改。按规定要求安装的视频监控系统，企业要明确专人定期检查录像记录，确保监控报警系统正常运行。

5. 积极开展安全标准化活动

各企业要认真贯彻执行国家安全监管总局《危险化学品从业单位安全标准化规范》，积极组织从业人员参加危险化学品安全标准化培训，做好安全标准化达标的各项基础和申报考核工作。

6. 完善事故应急处置机制

各企业要明确事故报警责任人，设立专门报警通信工具；制定事故应急救援预案，定期演练；配备相应的应急救援器材。

（三）加强剧毒化学品生产经营储存安全生产检查和督导

（1）安全监管部门要加强与相关剧毒化学品安全监管部门信息的沟通，积极组织或配合开展剧毒化学品安全专项检查或部门联合执法行动，督促企业严格落实主体责任，认真开展隐患排查治理，及时消除隐患，坚决杜绝剧毒化学品事故发生。

（2）从严审批剧毒化学品生产经营储存资质，督促生产、储存、使用、经营剧毒化学品单位做好安全评价工作；对新建、改建、扩建生产、储存剧毒化学品（包括使用长输管道输送剧毒化学品）的建设项目进行安全条件审查，并负责剧毒化学品登记工作。

（3）安全监管部门要定期专门组织人员检查剧毒化学品生产经营储存企业，重点检查剧毒化学品采购、运输、交货、入库、领料、投料、盘库、废弃物处置等各个环节的现场管理情况；检查企业剧毒化学品安全管理制度的建立与落实情况、各项安全防范措施的落实情况及剧毒化学品账物是否相符、员工安全培训持证上岗、安全评价、安全标准化、防盗监控装备配置、应急演练等落实情况。通过安全生产检查和督导，促进剧毒化学品生产储存企业日常安全管理工作走向制度化、规范化和标准化。

三、剧毒化学品监管的现状

(一) 剧毒化学品管理取得的显著成绩

国家公安部一直高度重视剧毒化学品的有关监管工作，特别要求全国公安机关必须逐级把此项工作放在特别突出的位置。近年来，全国各地未曾发生严重的剧毒化学品重大安全事故。

(二) 剧毒化学品管理法律体系逐步健全

我国对剧毒化学品的管理一直很重视。修订后的《危险化学品安全管理条例》于 2011 年 12 月 1 日经国务院颁布施行，自此公安机关对剧毒化学品的管理工作真正意义上有法可依，依照条例的有关规定，剧毒化学品的管理工作依法由公安机关负责，这更加有力地确保了剧毒化学品的安全管理，同时也标志着我国剧毒化学品的安全管理工作正式步入了法治轨道。

(三) 剧毒化学品管理模式趋于成熟

近年来，随着社会的发展、经济体制的转型，我国的剧毒化学品管理在吸取他国成功经验的基础上逐渐加以完善并改进，结合我国自身的国情也逐步形成了一套自己独特的管理模式，在剧毒化学品管理中遵循“安全第一，预防为主”的方针，同时坚持谁生产谁负责，公安机关严格监管的原则。这样生产者既是剧毒化学品管理的实施者，同样也是剧毒化学品管理的维护者，诚然可以有效预防和减少安全事故的发生。

四、加强剧毒化学品监管的意义

(一) 提升剧毒化学品的管理水平，保障其安全生产促进社会经济发展

剧毒化学品是经济建设和医疗、科研不可或缺的原材料，被广泛用于人类生产生活的许多领域，在某些方面甚至有着举足轻重的作用。例如，用于农业和林业的病虫害防治，用于冶金、电镀、化学合成、染料制造等工业生产的重要原料和试剂，用于医疗卫生事业方面的救治等。近年来，剧毒化学品在人们的日常生活中运用范围越来越广、使用量以及种类也越来越多，因此公安机关的管理难度也不断加大。针对此问题，公安机关治安管理部门要正确认识现状，加大管理，各部门密切配合，通力协作确保不发生一起事故，保障剧毒化学品的正常生产、及时供应、安全使用，

促进其科学合理健康发展，确保社会和谐稳定以及人民生命财产安全。

（二）加强剧毒化学品的安全管理，确保人民生命财产安全

加强剧毒化学品的安全管理，可以防止中毒事故及投毒案件的发生，确保人民生命财产安全。剧毒化学品对人、动物等都具有极强的毒害性，由于其体积较小，对人和动物的致死量一般也很小，极易被违法犯罪嫌疑人利用从事投毒等违法犯罪活动。公安机关治安管理部门应当会同各有关责任部门，建立健全各项管理制度，严格剧毒化学品的管理工作。对剧毒化学品的生产、储存、运输、销售和使用环节进行严格监督检查，确保其科学有序运行，对涉毒单位和人员进行剧毒化学品基础知识和相关法律、法规知识教育，严防中毒事故的发生，及时堵塞管理漏洞、消除安全隐患防止剧毒化学品丢失、被盗，严密控制其外流途径，有效堵塞违法犯罪分子获取剧毒化学品的各种渠道，最大限度地减少和消除投毒案件的发生。

五、剧毒化学品监管存在的问题

（一）缺乏专业培训

公安机关不熟悉剧毒化学品管理的相关知识，平时没有相应的专门培训。根据条例的有关规定，剧毒化学品的管理工作由公安机关治安管理部门依法进行开展。各级公安机关治安管理部门领导是辖区内剧毒化学品安全管理的主要负责人，分管民警是第一责任人。但是由于剧毒化学品种类繁多，加之其名称都是一些专业术语，平时又没有专门相应的培训业务，又由于分管民警平时要忙于其他公安业务，至此造成他们平时无暇去学习并充分认识剧毒化学品的相关知识，造成他们在处理剧毒化学品相关案例时没有专业的知识做支撑，以至于会给民警自身造成一定的伤害。

（二）公安机关对剧毒化学品生产企业和使用单位数量掌控不清

由于一些客观因素的存在，各地公安部门对剧毒化学品的管理工作与公安部的严格要求仍存在较大的差距。一是由于大部分剧毒化学品生产企业和使用单位都有自己的安全防范部门，这些部门没有有效纳入公安机关的监管范围，同时公安机关对企业的原材料和产品的买卖情况以及使用单位剧毒化学品的真实使用情况都无法获知。二是由于一些地方政府质量检验部门或安全监督管理部门没有按照《危险化学品安全管理条例》相关要求将剧毒化学品的生产经营许可证的具体颁发情况及时通报给当地公安机关进行备案。

(三) 剧毒化学品生产者和使用者对安全重视不够，监管人员缺乏责任心

虽然国家有相应严格的管理制度，但部分单位重经济效益、轻安全管理，在剧毒化学品的日常管理中监管人员麻痹大意，工作不认真负责、疏于防范，造成剧毒化学品的管理存在潜在的巨大安全隐患，有的甚至酿成了重大事故。

(四) 剧毒化学品收交环节缺少科学的检验程序步骤

我国《危险化学品安全管理条例》中规定，群众上交的危险化学品，由公安机关治安管理部门依法接收，公安机关接收后的剧毒化学品面临的首要问题是分类存放。剧毒化学品必须坚持分类存放的基本原则，这是确保安全管理的前提。在日常管理过程中必须分开存放不同种类的剧毒化学品，根据危险级别、化学性质的异同等进行分开存放，严禁同库存放性质不同的物质。

目前，公安机关为了更好地侦破与剧毒化学品有关的案件，公安部特出台相关规定，对涉及剧毒化学品案件的化学样品统一由公安机关交给当地省级农药检定所进行免费检验。对于特别重大复杂的案件，当地省级农药鉴定机关无法检验的可提出申请交由公安部物证鉴定中心和农业部农药鉴定所进行鉴定。

而对于公安机关接收的群众上交的剧毒化学品，由于公安机关没有自己的鉴定场所，同时无法进行科学的鉴定检验程序步骤，因此必然会给下一步的接收和存放工作带来很多困难。

群众上交的剧毒化学品大多是由于一些企业淘汰甚至破产以及被人为丢弃的，这类剧毒化学品通常情况下没有包装名称，相当一部分甚至公安机关都难以分辨清楚，诚然会给接收工作带来巨大的困难。公安机关如果不按时去接收，就有行政不作为之嫌，如果一味盲目地去接收，在没有科学的检验鉴定程序和库房严重不足的情况下，一旦化学性质不同的剧毒化学品被混存到一起，后果将是不堪设想的，发生事故公安机关必然也难逃其责。

(五) 剧毒化学品后续销毁处理不到位

如今我国的一些企业处理危险剧毒化学品由于技术不完善、成本花销特别大，而且处理能力水平又特别低，真正能够处理剧毒化学品的单位企业又特别少。另外，环境保护部门认定的相关处理企业对剧毒化学品的处理都是需要付费的，且收费价格很高，但是公安机关对剧毒化学品的接收、收缴都是免费的，公安机关不得不面临巨额处理费用这个重大问题。

六、加强剧毒化学品监管的对策

(一) 全面提高认识，加大培训力度

全国各级公安机关主要负责人要充分认识到剧毒化学品管理工作的危险性和特殊性，在平时的日常工作中要严格按照公安部的相关要求，依据《危险物品管理条例》的有关规定，加大对涉剧毒化学品企业和使用单位的管理力度。对参与管理的相关民警定期进行培训，培训后要进行严格的考核，确保他们能够熟练地胜任自己的本职工作。

(二) 多部门协调合作，准确掌握涉剧毒化学品单位数量

摸清底数、掌握情况是剧毒化学品管理工作的基本要求，公安机关在对剧毒化学品相关单位进行管理的同时要主动与其他部门，如质量检验部门、安全生产监督部门、交通运输部门等及时协调联系，及时获取相关资料，全面掌握剧毒化学品的生产、销售、使用单位的相关信息情况。

(三) 建立完善各项管理制度，落实责任追究制度

各相关生产和使用部门要对剧毒化学品的类别进行科学有效的区分，认真贯彻，“谁管理，谁负责”的原则，做到权、责、利的统一，确保各项措施顺利落实。同时公安机关对剧毒化学品的运输管理要严格审批程序，实行分级审批，减少安全隐患，公安机关治安管理部门要认真监督、检查生产者和使用者的工作落实情况，对发现的问题要督促其及时进行整改。

(四) 规范检验鉴定的相关程序步骤

1. 确定检验鉴定单位

《危险化学品安全管理条例》规定，卫生行政部门负责剧毒化学品的毒性鉴定工作。以郑州市为例，郑州市疾病预防控制中心环境与职业卫生研究所承担着该市全部剧毒化学品的相关毒性鉴定工作。

2. 明确检验鉴定费用

根据有关规定承担检验鉴定的机构单位，在对剧毒化学品进行鉴定时可适当收取相应的费用，对此公安机关和卫生行政机关应共同协商并提请当地人民政府解决费用支出的相关问题。同时物价部门也要制定相应的标准，防止收费过高，造成一些单位和个人因为价格的问题而不去做检验鉴定，随意丢弃剧毒化学品，继而造成

潜在的危害。

(五) 剧毒化学品后续处理程序要落实长效机制

1. 尽快认定专业单位定期接收危险化学品

环境保护部门应尽快认定危险化学品处理的专业单位，同时要求其定期去接收和处理公安机关依法收缴的剧毒化学品，使剧毒化学品的接收、移交处理形成一种动态管理系统，这样公安机关的暂存压力不仅可以得到充分、有效的减轻，而且也大大降低了剧毒化学品的安全风险。

2. 政府应主动承担剧毒化学品的处理费用

剧毒化学品的处理费用一般包括两个方面：一方面，群众捡拾上交的剧毒化学品的处理费用政府应完全承担；另一方面，对于涉剧毒化学品单位上交的其处理费用应由该单位和政府共同承担。这样不仅可以有效降低涉剧毒化学品单位的开销，同时也避免了因一些单位难以负担起处理费用而选择不去上交公安机关的情形，剧毒化学品随意丢弃现象的发生也将会得到有效遏制。

3. 加大投入力度，提升装备设置

各地公安机关治安管理部门需严格按照公安部的有关要求，如实地向地方人民政府反映在剧毒化学品管理中遇到的困难，争取获得更大的财政资助，妥善解决剧毒化学品管理工作中存在的一些问题，如购买专用运输车辆和建设暂存库房等，继而杜绝剧毒化学品在公安机关接收、暂存环节发生事故问题，确保剧毒化学品管理工作的绝对安全。

第四节　易制毒化学品安全监管

一、易制毒化学品基本知识

(一) 易制毒化学品的定义

目前，国际社会和我国对易制毒化学品尚没有一个明确的定义。1988 年“联合国禁止非法贩运麻醉药品和精神药物公约”(以下简称“八八公约”) 中也没有给出专门的定义，但“八八公约”对易制毒化学品的表述却准确地反映了易制毒化学品的内涵，即经常用于非法制造麻醉药品和精神药物的物质。国际社会也大多采用这一说法，并逐步简称为前体化学品 (precursor chemicals)。

“易制毒化学品”一词最早正式出现于 1997 年 1 月 29 日对外经济贸易合作部发

布的《易制毒化学品进出口管理暂行规定》中。随后，各地颁布的地方性法规中使用了“特殊化学品”“易制毒特殊化学品”“易制毒化学物品”等多种称谓。2005年国务院颁布施行的《易制毒化学品管理条例》(以下简称《条例》)统一了“易制毒化学品”的名称，但未给出易制毒化学品的定义，只规定了：“易制毒化学品分为三类。第一类是可以用于制毒的主要原料，第二类、第三类是可以用于制毒的化学配剂。易制毒化学品的具体分类的品种，由本条例附表列示。”此后我国颁布的有关禁毒政策、法规、文件都明确采用了该提法。

“易制毒化学品”字面含义是“容易用于制造毒品的化学品”，是我国对可用于制造海洛因、可卡因、甲基苯丙胺等麻醉药品和精神药物的物质的统称，包括用于生产和制造各种毒品及国家规定管制的麻醉药品和精神药物的原料前体、试剂、溶剂及稀释剂、添加剂等。综上所述，根据易制毒化学品的理化性质及制毒作用，可将其定义为：国家规定管制的可用于制造麻醉药品和精神药物的化学原料及配剂。也就是说，纳入易制毒化学品管制范畴的物品，无论是前体、原料还是化学助剂，其首要条件必须是化学品。

(二) 易制毒化学品与制毒物品的区别

就像毒品是汉语约定俗成的专有名词，制毒物品和易制毒化学品都是为管控制毒犯罪活动而创设的新概念。尤其是在国内合成毒品制造问题日益凸显的态势下，利用易制毒化学品进行制毒犯罪的案件层出不穷。随着执法部门打击力度的不断加大，这两个法律名词的使用频率也随之增加。然而，制毒犯罪个案的复杂程度较高，同一种毒品因加工技术的区别可能存在所需原料制剂的差异，由于涉及的化学品种类繁多，加之对相关司法解释的理解过于片面，执法部门出现了混淆使用“制毒物品”和“易制毒化学品”概念的问题，时间一长，主观上容易将两个法律概念趋同，造成因名词不“明”发生的无“法”执法的尴尬局面。

1. “制毒物品”的概念和范围界定

最高人民法院、最高人民检察院和公安部联合下发《关于办理制毒物品犯罪案件适用法律若干问题的意见》(以下简称《意见》)明确指出：“制毒物品”是指刑法第三百五十条规定的醋酸酐、乙醚、三氯甲烷或者其他用于制造毒品的原料或者配剂。具体品种范围按照国家关于易制毒化学品管理的规定确定，并采用引证罪状的方式将制毒物品的范围限定于24种国家管制的易制毒化学品。

2. “制毒物品”与“易制毒化学品”的关系

刑法上的“制毒物品”在化工与行政管理领域与“易制毒化学品”是对应概念，在《意见》中明确“具体品种范围按照国家关于易制毒化学品管理的规定确定”。但

《条例》附表中所列举的品种并不是绝对确定的范围，国家根据化工行业的发展以及禁毒形势的需要，特别是合成毒品的现状和发展趋势，会对易制毒化学品的品种范围做出调整。这样就使得制毒物品的范围具有动态性，可以适应未来多变及不确定的禁毒形势，具有前瞻性。

但是，“制毒物品”与“易制毒化学品”两者概念又不完全对等，法律赋予“制毒物品”概念范畴的外延。主要原因有：一是易制毒化学品中的化学品应指各种元素组成的纯净物和混合物，无论是天然的还是人造的，都属于化学品，所以“易制毒化学品”一词难以涵盖麻黄碱类复方制剂等药品制剂、麻黄草等原植物及压片机等制毒设备，即不足以涵盖制毒物品的广义内容；二是对于一些可用于制造毒品的化学品，如氯化铵、硫酸钡、氯化亚砜等尚未被列入易制毒化学品管制的，列为制毒物品，有利于司法部门的实践操作；三是我国不但面临着堵截列管易制毒化学品流入非法渠道，还面临着非列管制毒原料配剂用于制毒的挑战。可见，制毒物品不仅包含列管的易制毒化学品，还包括非列管的其他制毒原料配剂。因此，从法律意义上讲，所有用于制造毒品的易制毒化学品均属于制毒物品，但并非所有的制毒物品都属于易制毒化学品。

（三）易制毒化学品的种类

毒品的制造是一个复杂的化学反应过程，常与一些化学药品、化学试剂有关。易制毒化学品为用于非法生产或合成毒品过程中的化学品，包括前体化学品（母体）、试剂、溶剂、催化剂、掺杂物、稀释剂、添加剂等。

1. 前体化学品（precursor）

前体化学品，也叫原料或母体，是指在制毒过程中改变原有属性，全部或部分结合转变成被管制的麻醉药品和精神药物的化学物质，如麻黄碱是一种合成甲基苯丙胺毒品的原料，反应后转变为甲基苯丙胺。

这部分物质还包括用于制备制毒原料的化学物质，如采用苯丙酮为原料合成苯丙胺时，可通过苯乙酸先制备苯丙酮，再进行苯丙胺毒品的合成，因此这类物质也属于易制毒化学品。

2. 试剂（reagent）

试剂是指在制毒过程中起化学反应或参与反应，但不会成为最终产品组成部分的化学物质。包括与母体反应转变为毒品的反应试剂；加速合成反应的催化剂；提炼、精制、合成过程中的酸、碱试剂，氧化还原试剂等。如乙酸酐为合成海洛因的反应试剂，将吗啡转变为乙酰吗啡；高锰酸钾在提取可卡因中作为氧化剂，可破坏其中的一些杂质，使其不被提取出来，并不成为可卡因的组成部分。

3. 溶剂（solvent）

溶剂是指有机溶剂，为液体状，用于溶解固体物质，在制毒过程中不参与化学反应，不发生化学变化，不会成为毒品的成分。但挥发不彻底可残存在毒品中，如三氯甲烷、乙醚、甲苯等。

4. 催化剂（catalyst）

催化剂是指在制毒过程中能加快化学反应速度，提高反应转化率，理论上反应前后其化学性质、化学成分和数量都不会发生变化的物质，如冰毒生产时的氯化钯。

5. 掺假剂（adulterant）

掺假剂是指毒品合成后加入的、具有药物活性的物质，以提高毒品的协同作用。如制可卡因时加入的利多卡因、普鲁卡因；制海洛因时加入的咖啡因。

6. 稀释剂（diluent）

稀释剂是指在毒品的混合过程中，从外界加入毒品中的、无药物活性的物质，只起到加大体积、分散药物、增加重量的作用，如在冰毒、摇头丸中加入葡萄糖、淀粉、乳糖等。

7. 添加剂（additive）

添加剂是指为改变毒品的某些性能而加入毒品中的物质，如香料、着色剂、甜味剂等。

（四）易制毒化学品的性质

1. 双重性质

易制毒化学品被广泛应用于工农业生产、医药、教学和群众日常生活（合法性），流入非法渠道又可用于制造毒品（非法性）。合法性体现在，其主要用途是经济建设不可缺少的工业原料，是有用和有益于社会的物品。例如，在化工生产中醋酸酐可用作乙酰化试剂、脱水剂等；黄樟素可用于香料、添加剂、杀虫剂、防腐剂等；麻黄素和伪麻黄素在医疗上可作为支气管扩张药；苯乙酸可用于香料及制造工业，作为饮料、甜食的调味剂，也可作为植物生长刺激素。非法性体现在，其一旦流入非法渠道，即可成为生产或制造毒品的化学原料或者配剂，存在潜在的、间接的危害。在制毒过程中，易制毒化学品可作为前体原料或者配剂发挥作用，没有这些化学品也就不可能生产或制造出毒品，这也是易制毒化学品不同于普通化工产品的根本之处。例如，麻黄碱类的化学品是制造甲基苯丙胺的主要原料；异黄樟脑是制造摇头丸所需的主要易制毒化学品；盐酸羟亚胺是非法合成氯胺酮的化学原料；N- 乙酰邻氨基苯酸是制造安眠酮的主要化学原料。

2. 管制性质

易制毒化学品兼具有益和有害的两面性决定了其具有管制性。管制性具有两层含义：一是易制毒化学品的应当被管制性；二是易制毒化学品的明文规定管制性。其中，易制毒化学品的可制毒性决定了其应当被管制的性质，也就是说，易制毒化学品因其本身特性决定了其既不能像普通商品一样完全自由生产、贸易、流通，也不能等同于纯粹毒品完全禁止，而是在国家管制下有条件地生产、经营和使用。同时，易制毒化学品的管制性也表现为该类化学品是国家明文规定管制的物品，立法没有明确予以管制的品种，即使该物质具备用于制造毒品的危害，被制毒分子用于毒品加工制造，如麻黄碱复方制剂、麻黄草、甲胺、氯化亚砜、氯化钯、硫酸钡等，也只能称作非列管制毒物品，而非法律意义上的易制毒化学品。

二、易制毒化学品的制毒用途

随着社会和科技的发展进步，毒品也经历了从纯天然毒品、粗制毒品到精制毒品的发展过程。易制毒化学品在天然毒品的提炼、化学毒品的合成中起到了不可替代的作用。

(一) 易制毒化学品在制毒中的作用

尽管不同的易制毒化学品在毒品非法生产和加工中的作用不尽相同，或作为原料，或作为溶剂，或作为试剂等，但从使用目的来看，无论是被列入国际管制的易制毒化学品，或是被列入国际特别监视的易制毒化学品，以及大量未被列入管制或监视的其他化学品，其在毒品非法制造中所起到的作用大致相同。

易制毒化学品在毒品非法制造中的作用主要有两点：一是用于提取天然毒品中的有效成分，如从鸦片中提取吗啡，从古柯叶中提取可卡因，从大麻植物中提取大麻油等；二是用于合成毒品的非法制造，如用麻黄素合成甲基苯丙胺，用醋酸酐合成海洛因等。

由于生产和制造不同的毒品所需要的易制毒化学品的种类不同，而同一种毒品生产又可以采用不同的工艺与原料，随着制毒技术的发展和禁毒形势的不断变化，可用于制毒的化学品日益增多。因此，必须对一些重要的、经常被用于制毒的易制毒化学品加强认识。

(二) 易制毒化学品在天然毒品提炼中的作用

大麻、鸦片、古柯碱、仙人球碱等毒品都是从植物中提取，无须经过任何加工就可以吸食。特别是毒品原植物产地的居民，直接吸食较多，例如，在哥伦比亚、墨西哥，当地居民直接咀嚼古柯叶；在印度和我国新疆南部地区，当地居民将大麻嫩叶、花蕊研成粉末与烟叶一起抽吸。但这些天然毒品的直接使用往往局限于产地，只有在经过提纯后才可用于注射及流通。从毒品原植物中提炼毒品时，需要一些化学品，这些化学品不作为原料，不成为毒品的有效成分，但可成为毒品中的残留成分，且大多以酸类、碱类、盐类及有机溶剂为主。

1. 吗啡的提炼

吗啡是鸦片的主要成分，含量在 10% 左右。不论是合法生产的药用吗啡，还是非法生产的吗啡，均由鸦片提炼。从生鸦片中提取吗啡时，先将水加热到一定温度，后加入生鸦片充分搅拌，得到鸦片膏后，加入碱（如氢氧化钙或氧化钙）分离出吗啡，过滤掉残渣和难溶的生物碱，加入氯化铵或浓氨水进行充分反应，用滤布过滤，留在滤布上的白色颗粒就是吗啡，用水、酸和活性炭混合加热提纯吗啡。经冷却和过滤除渣后，加入氯化铵将其转化为不溶于水的吗啡碱，晾干压成块状即得成品。

吗啡提炼过程中常用的易制毒化学品有氯化铵、氢氧化钙、氨水、活性炭、盐酸、硫酸、酒石酸、乙醚等。

2. 大麻的提炼

大麻主要存在于大麻植物的雌株嫩叶、花絮及果实中。主要成分有四氢大麻酚、大麻酚和大麻二酚等，毒品的形式有大麻草、大麻树脂、大麻油。

大麻植物的叶、花、果实研碎过筛，分离出大麻树脂，加入有机溶剂石油醚（或甲醇、乙醇、丙酮、氯仿等），回流加热，当大麻或大麻树脂全部被提炼出来后，过滤掉残渣，将大麻浓缩，可得大麻油。大麻的提炼物有大麻干品、大麻树脂、大麻油。大麻树脂是吸食毒品的主要形式；大麻油是由大麻草或大麻树脂精制而得，是含有效成分较高的液体大麻，且易于密封，避免气味逸出。

提炼大麻所需要的化学品不多，主要有甲醇、乙醇、石油醚、三氯甲烷、丙酮等有机溶剂。

3. 可卡因的提炼

可卡因是古柯树叶子中含有的一种生物碱，提炼可卡因的基本原料是古柯树叶。可卡因毒品除古柯叶外，还有可卡膏（可卡糊）、可卡碱和盐酸可卡因。提炼可卡因的方法有很多，使用的技术、试剂及数量各异，但基本原理相似。一般先将古柯叶转化为硫酸可卡因，再将硫酸可卡因转化为游离的可卡因（膏），最后将游离的可卡因（膏）转化为盐酸可卡因。

提炼可卡因所需要的易制毒化学品有：浓硫酸、氨水、丙酮、乙醚、浓盐酸、石油醚以及高锰酸钾等。

(三) 易制毒化学品在合成毒品制造中的作用

易制毒化学品在毒品的非法制造和合成过程中，可以起到基本原料、化学反应(氧化、衍生、水解、还原、缩合等) 和精制等作用。非法制造不同的毒品，所用的化学品有所不同；制造同一种毒品，也可以用不同的化学品。同一种化学品，也可以用于制造不同的毒品。

1. 海洛因的合成

最初合成海洛因的原料是鸦片，但用鸦片制成的海洛因杂质较多，除单乙酰吗啡外，还有乙酰可待因、罂粟碱、蒂巴因等，因此一般以吗啡作为基本原料。虽然Gates等已于1952年就合成了吗啡，但由于吗啡的实验室合成十分困难，海洛因主要还是由天然吗啡制取。吗啡也可由可卡因进行转化。

吗啡结构中的酚羟基和醇羟基乙酰化即得海洛因。将一定比例的吗啡和醋酸酐混合，在一定温度下加热数小时，待吗啡和醋酸酐充分反应后，用水和三氯甲烷除去合成物中的杂质，可得到纯度较低的二乙酰吗啡，在其中加入适量的碳酸氢钠或碳酸钠、氨水等，中和酸溶液，然后过滤分离出颗粒状的二乙酰吗啡；接着用乙醇和活性炭对所得二乙酰吗啡进行净化，加热使乙醇挥发，再加入乙醇使之充分溶解，然后加入乙醚、丙酮等溶剂，随后加入盐酸，溶液中就开始出现白色小薄片，充分反应后过滤分离出这些小薄片，干燥，最后得到纯度较高的盐酸二乙酰吗啡。

海洛因合成加工过程中常用的易制毒化学品有：醋酸酐、三氯甲烷、碳酸氢钠、碳酸钠、氨水、乙醚、乙醇、丙酮、活性炭、氧化钙、盐酸、硫酸、氯化铵等。

2. 苯丙胺类的合成

(1) 苯丙胺、甲基苯丙胺 (冰毒) 的合成。滥用的苯丙胺和甲基苯丙胺大部分来自非法的地下毒品加工厂。非法合成苯丙胺类毒品的方法有很多，方法的选择取决于可以得到的起始原料。最普遍的是利用苯基丙酮为原料，与甲酰胺进行甲酰基化的反应 (Leuckart 反应)。这种合成方法快捷简单、产量高且危险性低。但由于苯基丙酮受到严格管制，难以得到，因此非法制造时一般用苯乙酸和苯甲醛先制成苯基丙酮后，再进而合成苯丙胺、甲基苯丙胺。

① 以苯乙酸为原料。以苯乙酸为原料合成冰毒时，合成苯基丙酮的方法是相同的，而利用苯基丙酮合成苯丙胺、甲基苯丙胺因所使用的原料、溶剂、催化剂等则不同，在生成中间产物、合成的条件以及工艺过程等方面会出现差异。

② 以麻黄素为原料。麻黄草是一种植物，在合成甲基苯丙胺之前需要对其进行提取。通过化学方法提取出麻黄素或伪麻黄素后，利用不同的催化剂、原材料等，可以采取多种不同的工艺合成甲基苯丙胺。

（2）MDMA的合成。“摇头丸”的主要药物成分是MDMA、MDA，其合成方法较多，制备方法的选择一般取决于非法加工生产者所能得到的初始原料及拥有的设备和实验条件。以3，4-亚甲基二氧苯基-2-丙酮（MDP-2-P）为初始原料合成MDMA、MDA是最常用的方法。由于MDP-2-P被严格管制，制毒分子便寻找其他与MDA等母体结构类似的化工原料先合成MDP-2-P，一般用黄樟素或异黄樟素为原料，合成MDP-2-P。

① 以黄樟素为原料。以黄樟素为原料合成MDMA时，先用盐酸或氢溴酸发生取代反应，生成氯代黄樟素或溴代黄樟素，再进一步与甲胺反应得到MDMA。

② 以异黄樟素为原料。以异黄樟素为原料合成MDMA时，其起始的原材料也是黄樟素，只是黄樟素生成异黄樟素时所使用的催化剂、溶剂不同而已。经过催化反应生成异黄樟素，用硫酸、甲酸和过氧化氢氧化处理后，有两种合成甲基苯丙胺的工艺，第一种是利用甲胺、铝箔和氯化汞合成MDMA；第二种是利用甲胺、盐酸和氰基硼氢化钠合成MDMA。

目前用于合成苯丙胺类毒品的易制毒化学品有：麻黄素、伪麻黄素、1-苯基-2-丙酮、黄樟素、异黄樟素、胡椒醛、肉豆蔻醚、甲酰胺、甲酸胺、羟胺、五氯化磷、氯化亚砜、氨水、甲胺、硝基乙烷、氢化铝锂、氯化钯、氯仿、乙醚、丙酮、甲苯、氢溴酸、盐酸、硫酸、醋酸、氢气等。

3. 氯胺酮（K粉）的合成

从目前破获的非法加工制造氯胺酮案件来看，非法加工制造氯胺酮有两种方法：一种是物理加工方法，利用氯胺酮注射液，用微波炉加热制取。需要的原料为氯胺酮注射液，氯胺酮注射液（240盒 ×10支）可以加工上千克氯胺酮粉末。另一种是化学合成方法，不同的反应路线需要不同的化学品，主要有：羟亚胺、邻氯苯甲酸、邻氯苯甲酰氯、邻氯苯基环戊基酮、1-溴环戊基-邻氯苯基酮、邻氯苯甲腈、苯甲酸乙酯、活性炭、氨水、无水乙醇、氯化氢、甲苯、溴代环戊烷、镁粉、乙醚等。如果用盐酸羟亚胺合成氯胺酮，产出率最少可达50%；如果使用纯品盐酸羟亚胺和质量好的设备，产出率可达90%。

4. 麦角酰二乙胺（LSD）的合成

LSD是一种强效的致幻剂，基本不做医疗药用。生产LSD可以使用几种不同的方法，常用麦角酸作为起始原料，而麦角酸也是地下实验室用麦角胺、麦角新碱在酒石酸、氢氧化钾、乙醇等介质中回流而成的。其他麦角碱类也可作为代用品使用。

目前用于合成LSD的易制毒化学品有：麦角新碱、麦角酸、麦角胺、氯仿、乙醚、丙酮、盐酸、二乙胺等。

5. 苯环已哌啶（PCP）的合成

地下实验室非法制造的PCP都使用哌啶和环己酮为起始原料。最常用的方法是经过一个中间过程，生成中间体1-哌啶环已烷腈（PCC），再由中间体合成苯环已哌啶。1-哌啶环已烷腈在许多国家已被管制。

目前用于合成PCP的易制毒化学品有：哌啶、盐酸、环已酮、氰化钾、亚硫酸钠、氯化铵、苯基溴化镁、氢溴酸、氨水、p-甲苯磺酸等。

6. 墨斯卡灵的合成

墨斯卡灵可由没食子酸经过羟基甲酯化生成3，4，5-三甲氧基苯甲酸，然后还原为3，4，5-三甲氧基苯甲醛，再与硝基甲烷反应并还原制得。

目前用于合成墨斯卡灵的易制毒化学品有：邻氨基苯甲酸、碳酸钠、醋酸酐、盐酸、三氯化磷等。

7. 安眠酮的合成

安眠酮的合成是以邻氨基苯甲酸为原料，地下实验室非法合成安眠酮主要有两种方法，一种以邻氨基苯甲酸与醋酸酐反应生成N-乙酰邻氨基苯酸，再与邻甲苯胺、三氯化磷反应即得安眠酮；另一种方法是以邻氨基苯甲酸与邻甲苯胺、乙酸反应即得。

三、易制毒化学品安全监管要求

目前被纳入管制范围的易制毒化学品有24个品种，安全监管部门负责监管其中的20个非药品类品种，其余4个药品类品种由食品药品监管部门监管。

根据新《易制毒化学品管理条例》对非药品类易制毒化学品（以下称易制毒化学品）五个环节的划分，安全监管部门负责易制毒化学品生产、经营环节的管理，公安机关负责易制毒化学品购买、运输管理，商务部门、海关负责易制毒化学品进出口管理。另外，在安全监管部门易制毒化学品生产、经营许可工作中，还涉及工商管理部门对被许可企业经营范围的登记管理。因此，在易制毒化学品管理方面，安全监管部门与这些部门关系较为密切，工作相互配合，通过五个环节的管理，形成了对易制毒化学品生产流通的全过程监管。

易制毒化学品安全监管与危险化学品安全监管有区别，但也有联系。安全监管部门对易制毒化学品监管的目的，是防止非法生产经营非药品类易制毒化学品，从而防止其流入非法渠道用于制造毒品。对危险化学品安全监管的目的，是防止和减少在生产活动中发生人员伤亡和财产损失的危险化学品事故。另外，在现有安全监管部门负责监管的20个非药品类易制毒化学品中，有10个品种同时也是危险化学品。生产经营这10个品种化学品的单位，必须同时符合国家对易制毒化学品管理和危险化学品安全管理的要求。

国家安全监管总局监管三司在解读非药品类易制毒化学品监管重点工作安排中提到，非药品类易制毒化学品监管重点工作总的思路是根据《易制毒化学品管理条例》确定的职责，安全监管部门加强对非药品类易制毒化学品监管工作的组织和领导，加大监督检查工作力度，督促企业落实主体责任，加强基础建设和基层网络应用，深入推进安全监管部门易制毒化学品监管工作。

(一) 督促指导企业提高易制毒化学品管理水平，培育一批示范企业

(1) 要认真贯彻安全监管总局将要印发的关于进一步加强非药品类易制毒化学品生产经营企业监管的指导意见，加强对企业颁证后的监管。各地要选择条件较好的企业作为示范企业培育工作试点，督促指导企业提高易制毒化学品管理水平，带动本地区其他非药品类易制毒化学品企业提升管理能力。

(2) 要指导督促非药品类易制毒化学品企业进一步落实主体责任。企业要建立健全主要负责人、分管负责人、销售负责人分工负责的责任体系。企业要设置有生产、销售等相关内设机构人员参加的非药品类易制毒化学品管理机构，配备专、兼职日常工作管理人员。

(3) 要指导督促企业健全非药品类易制毒化学品管理制度。至少包括：企业负责人管理职责规定，管理人员岗位职责规定；生产、出入库管理、仓储安全管理制度；销售管理制度、购销合同管理制度，销售流向登记、销售记录或台账、购买运输凭证存档制度；统计信息报送制度；从业人员法规制度和管理知识教育培训制度；非法、违法、违规行为举报奖励制度。企业主要负责人和生产、销售负责人以及有关工作人员应熟悉本企业的管理制度。

(二) 开展对非药品类易制毒化学品生产、经营企业的监督检查工作

安全监管部门要制定并实施年度检查计划。要加强日常监管检查和专项督查，对本地区非药品类易制毒化学品企业督查要做到全覆盖。检查内容包括：企业落实相关制度的情况，相关人员熟悉易制毒化学品管理要求的情况；生产、经营企业易制毒化学品产量、销售量、流向等与许可和备案证是否一致、与企业年报是否相符，以及产量、销售量是否平衡，销售台账是否完整等情况。对检查发现的问题，要责令企业限期改正；对非法违法生产经营行为，要坚决予以行政处罚，情节严重的，要移送公安机关处理。

(三) 做好非药品类易制毒化学品管理信息系统应用工作

(1) 要加强对非药品类易制毒化学品管理信息系统中数据的填报和审核工作。要督促企业认真填写相关数据。安全监管部门相关负责人要及时审核信息系统中本级填报数据、本级所辖企业填报数据、下级上报数据的情况，确保数据填报的完整性、准确性。

(2) 各级安监部门要继续完善非药品类易制毒化学品生产、经营许可和备案颁证季报 (以下简称季报) 工作，非药品类易制毒化学品生产经营单位要定期上报生产、经营年报 (以下简称年报)。

安全监管部门要及时汇总辖区内非药品类易制毒化学品生产、经营许可备案工作进展情况，在每季度第 1 个月的 10 号之前在信息系统中填报上季度季报；督促企业完成年报数据的填报；形成书面季报、年报汇总表，经审定盖章后报上级安全监管部门。

非药品类易制毒化学品生产经营企业要在系统中录入本单位每一笔易制毒化学品销售流向信息，包括销售日期，销售品种，所属类别，销售数量，购买单位名称、是否出口、地址 (具体到省、市)、购买备案证明编号 (进行易制毒化学品销售情况下填写)、运输证件编号、联系方式，购买人姓名、身份证号、联系方式，购买用途，销售人等内容。每年的 3 月 31 日前，各企业要在系统中填报本单位上一年度非药品类易制毒化学品销售年报。

(3) 要加大信息系统中季报、年报数据填报的监督力度。企业不按时提供年报的，要依法予以处罚；上级安全监管部门要督促检查季报、年报的及时性和准确性，对于存在严重滞后、数据明显错误或严重缺项的，要予以通报。

(四) 积极做好部门协作配合，完善工作机制

(1) 安全监管部门要与其他部门做好相关协调与配合工作。积极争取同级禁毒委的支持和协助，打击非法违法生产经营非药品类易制毒化学品行为，在换发非药品类易制毒化学品生产、经营许可和备案证等方面，开展同公安、商务和工商等相关部门的合作，相互支持、互通情况、信息共享。

(2) 要加强基础工作、改进工作方法，进一步规范易制毒化学品安全监管工作。要做好相关资料建档工作，执法检查要有记录、有统计，形成专门档案台账；要重视工作总结，按时总结年度非药品类易制毒化学品监管工作，主动向上级安全监管部门报送年度总结和重要活动情况总结。要根据非药品类易制毒化学品监管特点，借鉴安全生产监管工作中约谈制度、检查表制度等经验，主动探索、大胆创新，不断提高非药品类易制毒化学品监管工作水平。

四、非药品类易制毒化学品生产、经营单位管理要求

(一) 企业应建立易制毒化学品管理机构并规定其职责

根据企业实际应设置易制毒化学品管理机构（可以设专门机构、挂靠机构或者非常设机构），由易制毒化学品分管负责人领导，至少配置一名专职或者固定人员负责易制毒化学品管理机构日常工作。

该机构的职责是负责本企业易制毒化学品管理的组织、监督工作，承办所在企业易制毒化学品分管负责人交办的工作，检查易制毒化学品管理制度执行及各类台账记录情况，开展易制毒化学品从业人员的教育培训，编制、报送所在企业易制毒化学品情况报告和信息报表等。

(二) 企业应建立完善责任制体系并在工作中予以落实

企业应当认真履行易制毒化学品管理责任，建立健全主要负责人、分管负责人、销售负责人及其他有关人员的责任体系，明确各级人员职责；员工在5人以内的微型企业至少应当明确主要负责人和销售人员的易制毒化学品管理职责。

企业主要负责人是易制毒化学品管理第一责任人。企业主要负责人的责任包括：了解有关易制毒化学品管理的法律、法规，了解本企业易制毒化学品的基本知识，使企业严格遵守国家易制毒化学品管理各项规定；建立健全易制毒化学品管理责任体系，批准实施企业易制毒化学品管理制度，设置易制毒化学品管理机构，保证易制毒化学品生产、储存等设备设施符合国家规定和要求；保证向有关行政主管部门提交的报告等资料的内容真实；检查各项易制毒化学品管理制度的执行与完善情况；积极推进易制毒化学品管理信息化工作。

企业易制毒化学品分管负责人协助主要负责人分管易制毒化学品管理工作。分管负责人的责任包括：学习并组织本企业贯彻落实易制毒化学品管理的法律、法规和国家有关规定，学习并掌握本企业易制毒化学品基本知识；组织制定和审核易制毒化学品管理分部门规章制度、各岗位责任制度；组织易制毒化学品从业人员的教育培训工作；组织检查易制毒化学品各项管理制度的执行和生产、储存等设备设施的使用情况；组织从生产（或采购）、储存到销售（或自用）的易制毒化学品流向清查工作；组织易制毒化学品管理的持续改进和信息化工作，及时通报、报告易制毒化学品管理情况；组织编制提交有关行政主管部门的定期报告等资料。

销售负责人全面负责易制毒化学品的销售管理工作。销售负责人的责任包括：严格执行易制毒化学品管理的法律、法规和国家有关规定，学习并掌握本企业易制

毒化学品基本知识；组织制定易制毒化学品销售程序及管理制度并监督销售人员严格遵守；组织建立健全销售台账、档案及销售信息系统；检查台账记录和档案整理情况；定期组织易制毒化学品库存销售盘点，及时通报、报告易制毒化学品销售管理情况。销售人员应当了解易制毒化学品管理法律、法规有关规定，掌握本企业易制毒化学品基本知识，严格遵守易制毒化学品销售管理制度和程序，做到按规定留存的买方资料完整有效，销售记录无漏项，台账、档案整齐有序，保证易制毒化学品销售记录清晰、相互衔接可追溯。

储存管理人员负责易制毒化学品的保管工作，其责任包括：熟悉本企业易制毒化学品的物理性质和化学性质；严格执行易制毒化学品存储和出入库制度，做到出入库记录完整、记录台账清晰，做到票据、账面记录与实物相符；要经常检查易制毒化学品的存放和安全设施情况，发现异常要及时报告、采取措施处理。

生产管理人员负责易制毒化学品的产出管理工作，其责任包括：严格执行易制毒化学品产成品登记入账制度，做到准确、及时地记录每班次投料、产成品数量等，做到及时办理产成品入库和签收，做到产成品记录和入库签收凭证账目完整、清晰。

采购人员负责易制毒化学品、易制毒化学品原料的购入管理工作，其责任包括：了解易制毒化学品管理法律、法规有关规定，掌握本企业所购易制毒化学品基本知识，应严格执行易制毒化学品、易制毒化学品原料入库、入账制度，做到货物来源合法、货物与卖方发货凭证相符，做到及时办理货物入库和签收。

非药品类易制毒化学品生产、经营单位原有技术或者销售人员、管理人员变动的，变动人员应当具有相应的安全生产和易制毒化学品知识。

接触易制毒化学品的其他相关人员的责任包括：了解易制毒化学品管理法律、法规的有关规定，掌握本企业易制毒化学品的基本知识；严格遵守企业易制毒化学品管理规章制度，按照本岗位职责做好易制毒化学品管理相关工作。

(三) 企业应建立并落实采购管理制度

企业采购易制毒化学品，应选择有相应易制毒化学品经营许可或备案资质的供货方，依法办理易制毒化学品购买、运输等相关手续。

企业采购易制毒化学品原料，其原料属于危险化学品的，应选择有相应危险化学品经营资质的供货方，按照危险化学品有关安全要求进行运输。

采购的易制毒化学品，其包装必须标明易制毒化学品的规范名称、化学分子式、成分和含量。采购的易制毒化学品、易制毒化学品原料属于危险化学品的，必须附有按照国家标准编制的化学品安全技术说明书和安全标签。

采购的易制毒化学品、易制毒化学品原料须及时入库、入账。入库时应严格核对品种、数量、规格、包装等情况，并做好相应记录。

（四）企业应建立并落实生产和储存管理制度

建立易制毒化学品产成品登记入账管理制度。应记录每班次生产易制毒化学品的投料、产量等数据，办理产成品入库手续，记录资料和入库单及签收凭证应整理为产成品登记台账及档案。

易制毒化学品储存由专人管理，第一类易制毒化学品应实行“双人双锁，双人领取”。企业应根据生产、经营的易制毒化学品品种，编制易制毒化学品储存禁配表，由储存管理人员严格执行。同时属于危险化学品的，要储存在专用仓库、专用场地内，并按照相关技术标准规定的储存方法、储存数量和安全距离，实行隔离、隔开、分离储存。

建立易制毒化学品出入库管理制度。须凭出入库单据办理出入库，查验出入库易制毒化学品品种和数量，履行出入库签收手续。应记录易制毒化学品出入库时间、品种、数量，以及入库时来源和出库时去向等要素。记录资料和出入库单据应整理为出入库台账及档案。

每月至少进行一次库存盘点，认真核对账面数与实物数并记录清查结果。发现易制毒化学品库存量与出入库数量不符时应及时查找原因，发现被盗、丢失应立即向有关行政主管部门报案。

企业应当保证易制毒化学品生产、储存设备设施的完整性。生产、储存设备设施要符合安全生产等有关要求。要定期检查设备设施使用状况，做好日常维护保养，必要时进行更新。

储存设施应符合国家标准要求和有关规定。企业的储存设施（包括租赁的）要保证符合易制毒化学品的安全储存要求。无封闭墙体的简易棚不得用作仓库，仓库应配置防盗报警等监控设施，并由专人值守。

（五）企业应建立并落实销售管理制度

销售管理是企业易制毒化学品管理的重要环节，要严格按照许可或备案范围销售易制毒化学品。当需要销售许可或备案范围外的品种或者销售数量发生较大变化的，要办理许可证或备案证明变更手续；企业不再生产、经营易制毒化学品的，要及时办理证件注销手续。

依法核验购买方资质。销售易制毒化学品时，应按规定查验购买方的购买许可、备案证和购买经办人身份证。对符合条件的购买方，如实记录销售的品种、数量、日期和购买方的详细地址、联系方式等情况，留存上述资质证明和身份证的复印件。

规范销售资料的管理。应根据销售记录、留存的复印件、销售合同、发货单等销售资料，填写、建立销售台账及档案。销售资料存放设施、计算机销售信息系统要安全可靠。

企业销售的易制毒化学品，其包装必须可靠，符合国家有关规定。包装必须标明易制毒化学品的规范名称、化学分子式、成分和含量。属于危险化学品的，必须附有按照国家标准编制的化学品安全技术说明书和安全标签。

(六) 企业应建立并落实培训教育管理制度

企业要建立易制毒化学品管理培训教育制度。依据不同岗位类型，制定培训教育目标和考核要求，制定包括学习内容、时间安排、参加人员范围等事项的年度培训教育计划。要建立从业人员培训教育档案，记录培训情况。企业每年应至少进行一次全员易制毒化学品管理方面的遵纪守法教育活动。

易制毒化学品管理培训教育应以法律、法规和有关行政主管部门规定、企业规章制度、岗位责任制及工作程序为内容，结合新形势要求，注重联系实际。要对培训教育效果进行评价并不断改进。

企业主要负责人、分管负责人要带头参加本企业易制毒化学品管理培训教育活动；生产、储存、销售部门负责人及管理、技术人员，每年至少要参加一次易制毒化学品管理培训教育，经考核合格后方可任职。

第一类易制毒化学品企业主要负责人和分管技术、生产、销售的负责人还应当参加专门的考核，取得安全生产监管部门颁发的易制毒化学品知识考核合格证明后方可任职。

(七) 企业应建立并落实信息填报和违法、违规行为举报管理制度

企业应当在每年3月31日前，以纸质和登录安全监管部门易制毒化学品管理信息系统填报两种方式，提交包括本企业上年度易制毒化学品生产经营品种、数量和主要流向等情况的年报。应当按照有关行政主管部门的要求，上报本企业易制毒化学品管理情况。

企业上报易制毒化学品管理情况和年报要做到及时、准确，上报材料和年报须有企业签章或主要负责人的签名等确认手续。

企业要建立易制毒化学品违法、违规举报奖励制度。举报情况属实的，企业应对举报人进行奖励；属于严重违法的，报有关行政主管部门处理。

五、我国易制毒化学品监管现状

新型毒品在制造过程中所需化工原料、制造设备和一般小型化工厂没有差别，制造周期短，制造工艺也并不复杂，大部分制毒者仅仅是依照配方进行生产，本身并没有过多的专业知识。目前，我国将可以用于制毒的各类化工原料均列为易制毒化学品进行管制，而易制毒化学品实际上也是工业等各领域常用的化学品。例如，制备冰毒所必备的醋酸酐，实际上在各行各业都有广泛的用途。醋酸酐在烟草行业用于制备过滤烟嘴；在电影行业用于制备电影胶片；在医药行业用于制备阿司匹林、磺胺类药物和痢特灵；在染料行业用于生产各种颜料；在洗涤行业用于生产漂白剂等。醋酸酐实际上是工业中用途非常广泛的原料。制造冰毒和K粉过程中所用到的盐酸则是用途更为广泛的化学试剂，这种我们在初中化学实验就遇到的化学试剂在化工及相关各行业均有广泛的用途。而在制造K粉过程中用到的氨水、氢氧化钠、无水乙醇在生产和生活中也非常常见，其中的无水乙醇就是白酒的主要成分。

从2005年开始，我国对易制毒化学品进行分类管理和许可证制度。我国是一个化工大国，每天都有不计其数的各类化学品在各企业、各城市、各省之间相互运输，各地的各类小型化工厂也层出不穷。公安机关警力有限，加上绝大部分公安警力对化工化学知识不了解，对于化学品的监管力不从心。近年来公安部门针对这一情况研发了易制毒化学品的专门管理软件，将我国所有化学品生产企业、使用企业、高校、科研单位都统一纳入其中，通过系统对各类化学品的来源、用途、去向进行跟踪，保证易制毒化学品的合理利用。

通过易制毒管理系统对各类药品进行监督管理，在一定程度上规范了易制毒化学品的管理，但是在实际应用中发现，由于易制毒管理系统在供应各单位时会产生一定费用，各单位对于系统的应用并不积极。在系统实际应用过程中，由于每一笔易制毒化学品的购买都需要进行审批，高校和科研院所这类化学品需求品种多、需求量较小的单位在购买过程中常常存在一定的局限。高校和科研院所所需要的药品都是进行小量的科研试验，需求品种繁杂、需求量较小，而且科研过程中常常是缺少药品就立刻购买、立刻使用，否则耽误科研任务进程。易制毒管理系统对于易制毒药品的审批需要一定时间，不利于这一类小剂量购买的单位开展工作。而在市场上仍旧存在不经审批而生产易制毒化学品的现象，这类易制毒化学品通过不法商人转卖给制毒者，也有部分制毒者通过建立空壳公司的办法来获得购买许可。实际上，一部分制毒者已经绕开易制毒管理系统而获得各种化工原料，而此系统却限制了正规企业的经营活动。

从我国目前对易制毒化学品的防控工作来看，我国对于易制毒化学品基本上停留在群防群治的阶段，对于易制毒化学品进行广泛的、撒网式的监控，这样的防控手段动员力量多、消耗大，在防控易制毒化学品流失的同时还对工农业生产造成了一定的阻碍，与此同时对于易制毒的防控却达不到预想的效果。我国易制毒化学品防控工作还缺乏相应的联动机制，防控工作缺乏整体的协调性。

六、我国易制毒化学品防控体系构建

易制毒化学品的防控工作是一项系统的工程，对于易制毒化学品的防控不能搞“一刀切”，对于毒品制造过程中所涉及的所有化学品都进行严格的审查会阻碍国家经济建设和社会发展。对于易制毒化学品的防控工作应抓住重点，对于重点地区、重点行业、重点试剂进行严格防控，对于一般化学试剂和化工原料则不应投入大量人力、物力进行防控。

首先，在易制毒化学品防控上应进行细化，对重点化学试剂加强监控，优化易制毒化学品名单。自我国对易制毒化学品进行防控以来，我国境内的易制毒化学品在生产、销售、使用上都逐步规范，不法分子从正规渠道获得易制毒化学品的难度越来越大，管理获得了一些成效。但是我国对毒品制造全过程所涉及的各类化学品都进行了严格的监控，使得人民群众在进行正常生活和生产活动中购买所需化学品也受到了一定的制约。我国应对现有易制毒化学品进行科学的分类管理，对于第一类易制毒化学品进行严格管制，对于日常生活常用的第三类易制毒化学品进行人性化管理，不能因为对于易制毒化学品的防控而制约地方经济的发展和影响人们正常的生产生活。

其次，应加强对易制毒化学品的情报搜集及处理能力。在互联网极其发达的今天，对于易制毒化学品进行生产、流通、使用的全程跟踪已经不是遥不可及的事情。通过对易制毒化学品在外包装上进行相应的标记，结合相应的物流监测系统，公安机关和相关单位可以对所有易制毒化学品的流向和使用进行全方位、全过程的监控，这样既不会对各单位的生产造成影响，也使得对于易制毒化学品的监控更加到位。

最后，由于目前的新型毒品种类繁多，并且各种新研制的毒品层出不穷，依照已有条例对毒品进行管制已经显得滞后，应探索设立临时列管制度。对于毒品和精神类药物的临时列管制度源于欧美发达国家，其目的是对于疑似的精神类药物进行一定时间临时管制，保证管理的时效性。

第五节　易制爆危险化学品安全监管

一、易制爆危险化学品的概念

在国民经济发展过程中，危险化学品已经成为不可或缺的基础资源，也逐渐被社会公众所熟知。其包含的种类众多，应用范围广，具有易燃、易爆、有害、有腐蚀等特性，一旦失控漏管或操作使用不当，极易对人身财产、社会治安及自然环境造成伤害。易制爆危险化学品作为危险化学品的一个高危品类，一旦被违法犯罪分子特别是暴恐分子利用制作成为爆炸物实施爆炸等犯罪活动，后果将不堪设想，更是需要进行全流程的监管。因此，全面认识易制爆危险化学品，厘清其概念十分有必要。

易制爆危险化学品第一次被专门列管是在2008年北京奥运会前夕，北京市政府对121种常用制毒制爆危险化学品采取特殊管控措施。而易制爆危险化学品作为一个独立概念提出应当追溯到2011年。2011年2月16日，中华人民共和国国务院第144次常务会议审议通过了修订后的《危险化学品安全管理条例》，并于同年3月2日由591号国务院令颁布，同年12月1日起开始施行。修订后的《危险化学品安全管理条例》第二十三条中载明了“生产、储存剧毒化学品或者国务院公安部门规定的可用于制造爆炸物品的危险化学品（以下简称易制爆危险化学品）的单位”，这是首次引入“易制爆危险化学品”这个名词。基于修订后的《危险化学品安全管理条例》，国内学者对“易制爆危险化学品”的概念虽表述不同，但核心观点趋于一致，即易制爆危险化学品是指可以作为原料或辅料而制成爆炸物品的化学品。

易制爆危险化学品是指列入公安部《易制爆危险化学品名录》，有的本身属于爆炸物，有的本身虽不属于爆炸物但作为原料或辅料可以制作成爆炸物，对公共安全和自然环境具有重大危害的化学品。

二、易制爆危险化学品区别于其他危险化学品的特殊性

易制爆危险化学品属于危险化学品的一个品类，其除具有易燃、易爆、有毒、腐蚀等危险化学品共有的属性外，还存在易被利用制成爆炸物、分布行业众多、深入普通民众生活等特性。

（一）易被利用制成爆炸物

易制爆危险化学品有的可以作为原料或辅料制作成爆炸物，有的本身就属于爆炸物。这一特殊属性决定了如果不加以严格管控，易制爆危险化学品将极易被暴恐

分子和别有用心的违法犯罪人员利用，一旦制作成爆炸物，将会对社会公共安全和人民群众生命财产安全造成严重危害。正是因为这个特殊属性，易制爆危险化学品更需要从一般危险化学品中单列出来由应急管理、公安、交通等多部门进行专项监管，防止因漏管失控而对社会公共安全造成威胁。

(二) 分布的行业众多

日常生活中，易制爆危险化学品可以说无处不在。它广泛存在于高校、科研实验单位、化工企业、医疗制药、机械制造等领域，对医疗科研和国民经济发展的作用不容小觑。其存在的广泛性决定了其监管的负责和困难，正因如此，易制爆危险化学品的危险属性才被间接放大了，如不加以严格监管，极易流入非正常渠道，被违法犯罪分子利用，为社会安定埋下隐患。

(三) 深入普通民众生活

因易制爆危险化学品中的许多品类，如高锰酸钾溶液、医用消毒药水中的过氧化氢等都具有消毒杀菌的作用，普通民众在医院、药店就可以买到。烟花爆竹中存在的铝镁粉等成分也属于易制爆危险化学品的品类。有的网店甚至销售一些易制爆危险化学品给个人。可以说，易制爆危险化学品已深入普通民众的生活。这些生活中可以购买到的某些易制爆危险化学品一旦达到一定浓度和剂量，经过一些还原和反应，极易被制作成爆炸物品，后果不堪设想，给公安机关等部门的监管带来较大难度。

三、易制爆危险化学品安全监管要求

(一) 经营申请证明资料

从事易制爆危险化学品经营的企业，应当向所在地设区的市级人民政府安全生产监督管理部门提出申请。申请人应当提交其符合以下条件的证明材料。

(1) 有符合国家标准、行业标准的经营场所，储存危险化学品的，还应当有符合国家标准、行业标准的储存设施；

(2) 从业人员经过专业技术培训并经考核合格；

(3) 有健全的安全管理规章制度；

(4) 有专职安全管理人员；

(5) 有符合国家规定的危险化学品事故应急预案和必要的应急救援器材、设备；

(6) 法律、法规规定的其他条件。

(二) 依法审查与通报

市安全监管部门或者区县安全监管部门应当依法进行审查，并对申请人的经营场所、储存设施等进行现场核查。

(1) 生产、储存易制爆危险化学品的单位应当采取必要的安全防范措施，防止易制爆危化品丢失或者被盗；

(2) 生产、储存易制爆危险化学品的单位，应当设置治安保卫机构，配备专职治安保卫人员；

(3) 储存易制爆危险化学品的专用仓库，应当按照国家有关规定设置相应的技术防范设施。

自收到证明材料之日起30日内作出批准或者不予批准的决定。予以批准的，颁发危险化学品经营许可证；不予批准的，书面通知申请人并说明理由。

市和区县安全监管部门应当将其颁发危险化学品经营许可证的情况及时向同级环境保护主管部门和公安机关通报。

(三) 信息登记与备案

(1) 生产、储存、使用易制爆危险化学品的单位如实记录生产、储存、使用的剧毒化学品、易制爆危险化学品的数量、流向。

(2) 易制爆危险化学品生产企业、经营企业如实记录易制爆危险化学品购买单位的名称、地址、经办人的姓名、身份证号码，以及所购买的易制爆危险化学品的品种、数量、用途，或者保存销售记录和相关材料的时间不少于1年。

(3) 易制爆危险化学品的销售企业、购买单位应当在销售、购买后5日内，将所销售、购买的易制爆危险化学品的品种、数量以及流向信息报所在地县级人民政府公安机关备案，并输入计算机系统。

(4) 使用易制爆危险化学品的单位不得出借、转让其购买的易制爆危化品；因转产、停产、搬迁、关闭等确需转让的，应当向具有相关许可证件或者证明文件的单位转让，并在转让后将有关情况及时向所在地县级人民政府公安机关报告。

第八章　危险化学品安全生产监督检查

第一节　规范监督检查的必要性

为了进一步加强危险化学品安全生产监督检查，提高安全监督管理效能。依据我国现行有效的法律、法规，针对本地区危化品安全监督管理现状，认真总结并吸取他人经验做法，结合本职能部门的安全监督管理模式，不断强调了统一规范督查必要性，从“人、机、料、法、测、环”因素上，全面整合危化品安全生产督查内容，并从现场督查程序和方式上进行统一格式化规范，重新明确督查原则和注意事项。

近年来，我国对危险化学品安全监督管理工作极为重视，先后出台了一系列法律、法规文件，其中对安全监督管理都有明确的规定要求，但更需格式化才能方便操作。

在多次督查实践中体会到：目前组织实施危化品安全监督检查活动内容、程序、方式没有达到统一规范，更没有达到闭环管理的要求。因此，按照本部门职能要求，应始终围绕危化品安全监督管理这条主线，全面开展“许可备案受理、监督验证调控、应急举报处置、安全审查认定、安全信息管理”五个系统工作，努力实现六项受理（生产许可、经营许可、易制毒品备案、剧毒化学品备案、应急预案备案、重大危险源备案）；三项处置（事故、举报、违规）；一项验证（安全监督检查验证）；一项调控（针对本地区危化安全生产问题和特点，适时提出安全生产调控政策与措施）；三项认定（建设项目“二审一验”）；五大职能（受理服务、监督服务、处置服务、指导服务、调控服务）的危化品安全监督管理模式，才能真正达到安全监督管理的闭环性，同时能有效地提高安全监督管理效能。其目的更能有效地促进危化品企业对安全管理得到持续改进、完善与提高。

第二节　统一监督检查的操作性

在组织实施危险化学品安全监督检查时，按照相关法律、法规和标准要求，应从“1 规范 3 统一”上实现安全督查程序和方式的统一规范，有利于安全督查工作正规、有序操作，同时提高工作效率。

一、规范督查程序

在督查时主要按照以下九项操作程序实施，以达到统一规范要求。

(1) 介绍双方人员；

(2) 宣布本次安全督查时间、内容范围、目的形式和要求；

(3) 被查单位简要介绍产品种类特性和安全生产情况；

(4) 现场察看、审阅台账及安全管理制度等方面资料；

(5) 质疑答辩；

(6) 专家发表点评意见（专家现场督查意见表）；

(7) 由组织者综合安全督查结论意见与建议《危化品安全生产监督检查意见表》，一同告知《安全问题整改通知单》并签名（一式三份）；

(8) 被查单位负责人表态讲话（相关领导讲话）；

(9) 宣布安全生产监督检查结束。

二、统一督查形式

通常情况下主要实施定期督查和日常督查两种形式，具体有一般督查、专门督查和事故督查三种。

(1) 一般督查：主要实施不定期地组织监督执法、安全考核评定、举报核查等活动的督查工作。

(2) 专门督查：主要对建设项目“三同时”或“二审一验”、重大节假日前、专项整治、重大危险源每年1次或一般危险源每两年1次安全评价、严重有害作业场所的特殊要求等督查活动。

(3) 事故督查：主要对伤亡事故和危害严重的报告、登记、统计、调查和处理的督查活动。

三、统一督查方式

一般分为行为督查和技术督查两种。

第一种行为督查，主要对组织管理、规章制度建设、职工教育培训、安全责任制落实等行为管理进行督查，目的是提高安全意识，降低伤亡事故。

第二种技术督查，主要对建设项目“三同时”或“二审一验”、防护措施与设施完好率、防护用品质量配备使用等技术进行督查，目的是从“本质安全”上提高安全。

四、统一操作格式

危险化学品安全生产现场监督检查报告包括安全基础管理检查表、现场安全管理检查表、高危工艺自动化控制改造检查表、重大危险源监控管理检查表、剧毒品管理检查表、易制品管理检查表、重大事故隐患整改检查表、行政执法核查检查表。

第三节　实施监督检查的有效性

实施督查有效性必须坚持六项原则。

一、坚持“有法必依、执法必严、违法必究”原则

有法必依，应表现为督查机构和人员在工作中是否严格遵守法律、法规，依法办事；执法必严，必须尊重客观事实，只有在弄清事实的基础上才能严格依照法律规定进行正确处理；违法必究，必须对一切违法行为认真纠查惩处，才能有效地保证社会主义法制的统一性和严肃性。

二、坚持“以事实为依据，以法律为准绳”原则

违法事实是进行处理或处罚的客观基础或依据，否则监督机构进行的处罚就失去了赖以存在的客观基础。这就必须深入调查、收集证据、查清事实，使认定违法事实有充分的证据，并经得起历史检验。

三、坚持“安全第一，预防为主”原则

这一原则是我国一贯的安全生产方针，从安全生产企业到安全职能机构是否把安全生产监督始终贯彻预防为主的方针，是否把各项安全措施做在安全工作事前，真正防患于未然。

四、坚持“技术督查和管理督查相结合”原则

实施安全生产督查方式主要包括两个方面：一是技术督查，主要查生产工艺技术措施控制情况，看设备装置、原材料等方面是否能够满足安全生产条件。二是管理督查，主要查阅各种安全管理规章制度和管理活动是否落实到位，其安全管理行为是否规范执行；在技术与管理相结合基础上，全面提升督查能力。

五、坚持“督查与服务相结合”原则

督查机构既要严肃认真地进行监督检查，及时提出强化预防措施要求，正确纠正安全生产缺陷和偏差，又要满腔热情地帮助企业进行有关安全生产技术与管理方面的质询，提供必要的技术与管理信息支持，更好地帮助指导企业做好安全生产管理工作。

六、坚持“教育与惩罚相结合”原则

处罚不仅是惩治违法的武器，同时也起着教育作用，通过教育不断加强法律、法规学习、理解和掌握，还要通过对违法责任的处罚来达到教育的目的，从而预防违法行为的发生。

第四节　监督检查工作要求

一、监督检查工作规范

(一) 监督检查的计划组织

(1) 各级安全生产监督管理部门应合理编制本单位年度、季度和月度日常监督检查工作计划，编制工作计划应按照国家法律、法规的要求和上级安全生产监督管理部门的重点工作部署，结合本地区、本行业安全生产特点和实际，综合考虑安全监管职责、检查人员数量、负责监管的生产经营单位数量、分布、规模并参照《广东省生产经营单位安全生产分类分级管理办法》和《广东省生产经营单位安全生产分类分级规范》对生产经营单位进行分类分级，明确本部门检查工作日、内容及检查生产经营单位的名称、数量和频次。

(2) 各级安全生产监督管理部门应将年度日常监督检查计划以正式文件形式报送本级政府批准，并报上一级安全生产监督管理部门备案，避免在日常监督检查对象、内容和时间上的重复或脱节。对生产经营单位的日常监督检查应联合职业卫生、执法监察科（处股）室人员共同参与，进一步增强督查检查合力，提高督查检查效率。在专业技术性强，工艺、设备、设施复杂的领域、部位和场所，可聘请专家或专业技术服务机构参与安全督查检查。

(二) 监督检查的前期准备

(1) 对具体受检单位开展监督检查前应制定工作方案，工作方案应明确检查的

对象和范围、工作目标、工作步骤、时间安排、工作要求等内容。

(2) 聘请专家应综合考虑监督检查工作目标、受检单位特点以及专家年龄、专业特长、工作经历等方面因素，专家组成员搭配尽量做到专业覆盖面齐全、年龄结构老中青结合、在职和退休人员比例合理，专家超过3人的应确定专家组组长。

(3) 在监督检查正式开展前，安全生产监督管理部门应组织参与监督检查的人员和专家召开预备工作会议，学习监督检查工作要求，宣布专家组组长人选，安排监督检查人员分工。

(三) 监督检查的正式实施

1. 告知

日常安全监督检查人员抵达受检单位后，应出示行政执法证照，当面向受检主要负责人或分管安全生产负责人告知企业配合监督检查的权利和义务，说明监督检查的目的和内容，应要求受检单位将检查陪同任务分解落实到车间、班组，以方便监督检查人员和专家随时询问问题、了解情况并当场沟通反馈。

2. 查阅资料

日常安全监督检查重点检查受检单位贯彻执行国家有关安全生产法律、法规和标准规定的情况，查阅受检单位安全生产规章制度、操作规程、隐患排查治理台账、安全宣传教育培训、劳动防护用品发放记录、应急预案及演练等文件资料，注重检查受检单位主要负责人、分管安全生产工作负责人、安全生产管理机构履行安全生产职责情况。

3. 现场核查

监督检查人员应组织对受检单位的重点场所、设施进行抽查，抽查内容应包括受检单位现场布局、重大危险源监控、工作场所职业危害防控、应急救援装备情况以及通风、防火、防爆、防毒、防静电、隔离操作等安全设施情况，可采用对受检单位基层员工问卷调查、询问约谈、实操演练等多种方式了解安全生产落实情况。

(四) 监督检查的台账记录

(1) 在监督检查过程中，参与监督检查的专家按照隐患问题描述、具体部位、所属部门、理由依据、建议措施“五要素”填写检查记录并及时报送专家组组长进行汇总，确保监督检查中发现的隐患问题描述准确清晰、有理有据，能够经得起专业推敲。

(2) 安全监管人员在检查过程中，应逐一核实专家发现的隐患问题，并留存必要的影像记录。

(五) 监督检查的意见反馈

(1) 查阅资料和现场核查结束后，监督检查人员应根据专家组归纳汇总的意见如实填写监督检查记录，记录应包括受检单位名称、监督检查时间、监督检查内容、监督检查发现问题、监督检查人员和专家签名、受检单位主要负责人签名等内容。

(2) 监督检查情况应当面向受检单位主要负责人或分管安全生产负责人反馈，宜结合现场影像记录制作 PPT，尽量避免枯燥沉闷的说教式反馈。

(3) 在时间和条件允许的情况下，监督检查人员和专家应组织对事故隐患风险等级进行评估，确定一般事故隐患和重大事故隐患，给予受检单位下一步工作必要的建议和参考。

(六) 监督检查结果处理 (执法、处罚)

1. 责令整改

对于日常监督检查中发现的安全生产非法违法行为和事故隐患，原则上由组织监督检查单位办理书面移交手续后，交由属地具备行政执法职权的安全生产监督管理部门依法实施行政处罚或责令整改，组织监督检查的单位应对有关信息登记、建档。

2. 受检单位制订整改计划

受检单位应按照安全生产监督管理部门下达的执法文书，按照“五定”(定整改方案、定资金来源、定项目负责人、定整改期限、定控制措施) 的原则，制订详细的整改计划，落实各项整改措施，并及时上报属地安全生产监督管理部门，保证隐患问题整改按期完成。

3. 整改复查

组织监督检查的安全生产监督管理部门应指定专人跟踪落实受检单位隐患问题整改工作，结合受检单位上报的整改计划，适时会同属地安全生产监督管理部门、受检单位开展有针对性的复查工作。

4. 行政处罚

(1) 对监督检查中发现的存在隐患问题，应当责令予以立即纠正或者要求限期整改；对依法应当给予行政处罚的行为，应依照安全生产法律、法规的规定给予处罚。

(2) 重大事故隐患排除前或者排除过程中无法保证安全的，应当责令受检单位从危险区域内撤出作业人员，责令暂时停产停业或者停止使用；重大事故隐患排除后，经审查同意，方可恢复生产经营和使用。

(3) 对拒不整改事故隐患、安全生产违法行为屡教不改的单位应依法责令停产停业，经整顿仍不具备安全生产条件的，应依法予以关闭。

5. 情况通报

(1) 各级安全生产监督管理部门每月应对外公开经查确实存在重大事故隐患和严重违法行为的生产经营单位的事故隐患、违法行为、现场处置措施情况和行政处罚情况。

(2) 对存在重大事故隐患的生产经营单位，安全生产监督管理部门应挂牌督办、公告、公示，并及时做好隐患整改后的摘牌销号，发现的重大事故隐患应定期向生产经营单位的上级主管部门通报。

(3) 信息管理。各级安全生产监督管理部门应使用“隐患排查治理信息系统”对隐患排查、监督检查、行政处罚、复查验收、上报情况实行建档登记。档案应包括现场检查记录、相关执法文书和受检单位整改计划等。

二、工作要求

开展安全生产监督检查工作的具体要求有七个方面。

(一) 计划安排实施

安全职能部门每年应依据有关要求，针对本地区危化品安全监督管理形势，根据本地区不同安全工作环节的特征，有重点地全面策划督查计划并组织实施。促进企业保证安全管理体系的持续有效运行。

(二) 督查具体到位

在现场督查时主要由专家来发现确认具体存在的安全隐患问题，并按“严重、一般”两类来认定安全隐患的严重程度。针对安全隐患危险程度及时提出对策建议意见，为被督查方提供有效的整改措施，有利于企业安全生产的持续改进与提高，这样才能使督查工作更加具体到位。

(三) 隐患级别认定

在实施督查过程中，要从发现整个安全隐患里面，按照有关法律、法规和标准要求，分别认定出“严重和一般”安全隐患两个级别。如被督查方被认定严重安全隐患 3 个以上 (含 3 个)，应按程序告知停产整改，待验证合格后方可复产。

(四) 闭环方式督查

各安全监督管理部门应严格按照每年或特殊要求拟定督查计划，并认真组织实施危险化学品安全生产监督检查。其组织实施要求是闭环的，可按《危险化学品安全生产现场监督检查报告》的七个层次实现督查闭环要求。如本次督查基本情况，专家出具现场督查意见，综述督查情况和存在问题类别，讨论认定本次督查结论意见，给被督查方出具安全问题整改通知单，并要求落实整改，最后由职能部门提出当前本地区危险化学品安全生产需调控的决策意见（如有必要的话，以书面形式告知本地区各辖市区安监局贯彻实施）。

（五）体现服务职能

作为本地区最高危化监督管理职能部门，应当充分体现“受理服务、监督服务、处置服务、指导服务、调控服务”五大职能作用。在通过督查活动后，更全面深入地了解企业的危化安全现状，同时为企业的危化安全提供一线服务，并有机会学习企业现代危化安全管理的新经验做法，不断完善、提高危化安全的监督管理水平。

（六）灵活督查形式

从目前来看，安全监督检查方式有很多，就如何选用，应针对本地区危险化学品安全现状，并结合当前安全监督管理的活动性质确定督查形式，如剧毒危化品每年 1 次和一般危化品每两年 1 次安全评价、重大节假日安全督查、专项安全整治、事故举报核查等不同安全工作性质，灵活采用独立或联合方式进行，这样能极大地提高督查频率和效果。

（七）跟踪验证效果

在当日实施督查中所发现严重或一般安全问题时，应以《危化品安全督查报告（安全问题通知单）》的形式一同告知被督查方。被督查方应按照《存在安全问题整改表》的内容要求，在规定时限内完成整改措施，并将整改表一式三份分别报送到辖市区安监局危化科和市安监局危化处。随后再委托各辖市区安监局危化科对被督查方的安全问题整改情况进行现场跟踪验证确认，对严重安全问题整改一般由市安监局直接跟踪验证确认，使安全问题得到真正整改。同时，能有效地促进企业安全管理保持持续改进完善与提高。

三、信息管理要求

（一）安全信息管理目的与作用

有效规范危化生产企业安全信息管理，有利于促使企业按照相应的规范标准进行自我约束；有利于监管部门根据有效的企业基础信息明确监管重点；有利于提高安监部门科学决策和管理水平；有利于推进政府部门的信息化建设步伐，确保安全生产工作的持续改进和提高。

（二）安全信息管理形式与内容

1. 信息管理形式

危化品生产企业安全生产信息管理，一般分为两种形式：一是历年安全监管资料归档（已分类整理成册的所有安全信息资料）；二是当年安全监管资料归档（未分类整理成册的当年安全信息资料）。

2. 信息管理内容

(1) 企业安全信息管理概况。

① 企业基本情况简介：安全管理机构设置情况；安全生产责任制及管理网络情况；工商营业执照复印件。

② 企业安全生产监管布置图和明细表：主要产品的生产工艺流程、主要设备的相关情况；安全生产规章制度、操作规程清单；应急预案制定、备案及演练情况；安全费用提取情况。

③ 安全培训情况：主要负责人、分管安全负责人、安全管理人员、特种操作人员持证上岗情况；其他从业人员接受安全培训的记录。

(2) 项目许可监管情况：安全条件论证；安全预评价报告及评审、备案意见；安全验收评价报告及评审、备案意见；安全现状评价报告及备案意见；设立安全审查意见；设立安全审批意见；安全设施设计专篇及审查意见；装置试生产备案意见；安全设施竣工验收意见；安全生产许可证正副本复印件；危险化学品注册登记；重大危险源的备案意见；易制毒化学品备案证明。

(3) 安全生产监管情况：日常安全生产监督检查记录册（检查记录、复查记录以及有关行政文书）等；应急处置和事故报告情况。

(4) 其他：特种设备定期检验及建档情况；劳动防护用品购置、发放、报废情况；安全生产投入情况。

（三）安全信息管理职责与范围

危险化学品生产企业必须按照“一企一档”的要求，建立本单位的安全基础档案。各级安监部门、乡镇（街道）承担安全生产监管职责的机构或部门结合本部门、本地区或单位的实际情况，建立所管辖的危险化学品生产企业的安全基础档案。

1. 危化企业安全生产科

(1) 负责本单位涉及安全生产的资料收集归档工作。

(2) 相关台账：安全管理人员工作日记、安全工作收文（通知）主要资料目录登记；安全检查、活动记录；特种作业人员登记、从业人员安全知识、技能教育培训记录；消防器材、特种设备及附件，重要和危险部位、职业卫生措施；劳动保护用品发放、安全资料、女工保护、安全奖惩、事故情况；事故隐患整改通知书；动火作业证；危险作业审批表；易制毒化学品使用登记；消防器材情况检查记录；员工安全生产、培训教育、事故处理情况表；车间（班组）安全管理记录；员工月度违纪登记汇总表；值班记录表；夏季安全生产值日记录表；厂区环境与安全检查记录。

2. 乡镇（街道）安监站

(1) 负责本区域内的所有危险化学品生产企业的资料搜集归档工作。

(2) 建立本区域内危险化学品生产企业的总体分布、分类统计和相关台账记录档案。

(3) 相关台账：安全生产会议记录；安全监督管理日志；宣传教育、培训记录；安全检查、事故记录；安全隐患整改通知书；安全生产工作基本资料（领导机构、行业分类、特种设备、特种作业、重大危险源、安全隐患、“三同时”、安全生产收发文等）。

3. 县级安监局

(1) 负责本地区直接检查的危险化学品生产企业的资料收集归档工作。

(2) 列入本级督查的危险化学品生产企业的资料收集归档工作。

(3) 建立本地区危险化学品生产企业的总体分布、分类统计和相关台账记录档案。

4. 市级安监局

(1) 负责中央、部、省、市属危险化学品生产企业的资料收集归档工作。

(2) 列入本级督查的各辖市、区红色危险化学品生产企业的资料搜集归档工作。

(3) 建立全市危险化学品生产企业的总体分布、分类统计和相关台账记录档案。

(四) 信息管理工作要求

1. 充分认识基础档案的重要性

基础档案是各级监管部门对企业实施检查指导的基本依据，也是实施责任追究和行政执法的必查资料。各生产经营单位和各级监管部门要高度重视并认真抓好此项工作。各级安监部门应当充分认识建立危险化学品生产企业安全基础档案的重要性、必要性和紧迫性。遵循务实管用、易于操作和便于检查的原则，明确专门人员负责，建立相应的工作考核制度。有条件的部门可以配套使用电子信息管理系统予以建立“一企一档”。

2. 明确企业安全基础档案建立时限

县级安监局和乡镇（街道）安监站应于2007年底前建立起所对应的危险化学品生产企业安全基础档案。危险化学品生产企业应于2007年10月底前建立起相关的安全基础档案。

3. 企业当年和历年资料要分类归档

要求当年企业安全基础管理资料要分类入盒归档，历年资料要分类成册入柜，企业管理制度、操作规程、管理手册等文本要正规编制发布，做到齐全、完整、有效。

4. 统一规范各类检查登记台账

各级安监部门、乡镇（街道）承担安全生产工作职责的机构和危化生产企业都应建立本部门或单位安全监督检查工作台账，如被检查单位、人员、日期和结果，复查日期和结果。

危险化学品生产企业要统一规范“一企一档”的建立。

第九章　电池电芯

第一节　电芯构造

单体电池，又称为“电芯”，是电池系统的最小单元，主要由正极（Cathode Electrode）、负极（Anode Electrode）、电解液（Electrolyte）、隔膜（Separator）、外壳（Case）组成。

可以将锂离子电池极片看成一种复合材料，主要由四部分组成。

（1）活性物质颗粒，嵌入或脱出锂离子，正极颗粒提供锂源，负极颗粒接受锂离子。

（2）导电剂和粘结剂相互混合的组成相（碳胶相），黏结剂连结活物质粒、涂层与集流体，导电剂导通电子。

（3）填满电解液的孔隙，这是极片中锂离子传输的通道。

（4）集流体。

在电化学过程，极片涂层主要包括以下四个过程。

（1）电子传输。

（2）离子传输。

（3）在电解液 / 电极颗粒界面发生电荷交换，即电化学反应。

（4）固相内锂离子的扩散。

在极片微观结构中，颗粒粒径大小和分布会影响锂离子扩散路径和电化学反应比表面大小、孔径大小和分布会影响电解液的传输过程，孔隙迂曲度决定锂离子传输距离等，这些微结构特征最终都会影响电池的性能。

电芯的工作原理是基于电化学反应，即通过化学反应来储存和释放电能。在充电时，电池内部发生一系列化学反应，正极中的锂钴氧化物（$LiCoO_2$）会失去锂离子（Li^+），而负极中的石墨则会吸收这些锂离子，负极变为富含锂离子。放电时，电池内部的化学反应就反过来了，负极逐渐失去锂离子，而正极则吸收这些锂离子，同时释放出电荷。这时电子就可以从负极的石墨到达正极的锂钴氧化物，从而驱动电子设备工作。

一、正极构造

电芯正极主要由 $LiCoO_2$ 等正极材料、导电剂、黏结剂（PVDF）和集流体（铝箔）组成。

对锂离子电池来说，通常使用的正极集流体是铝箔，负极集流体是铜箔，为了保证集流体在电池内部的稳定性，二者的纯度都要求在98%以上。锂离子电池正极用铝箔，负极用铜箔的原因有以下三点。

（1）铜铝箔导电性好、质地软、价格便宜。锂离子电池工作原理是将化学能转化为电能的一种电化学装置，在这个过程中，需要一种介质把化学能转化的电能传递出来，这就需要导电的材料。在普通材料中，金属材料是导电性最好的材料，而在金属材料里价格便宜导电性又好的就是铜箔和铝箔。在锂离子电池中，主要有卷绕和叠片两种加工方式。相对于卷绕来说，需要用于制备电池的极片具有一定的柔软性，才能保证极片在卷绕时不发生脆断等问题，而在金属材料中，铜铝箔也是质地较软的金属。考虑电池制备成本，相对来说，铜铝箔价格相对便宜，地球上铜和铝元素资源丰富。

（2）铜铝箔在空气中也相对比较稳定。铝很容易跟空气中的氧气发生化学反应，在铝表面生成一层致密的氧化膜，阻止铝的进一步反应，这层很薄的氧化膜在电解液中对铝也有一定的保护作用。铜在空气中本身比较稳定，在干燥的空气中基本不发生化学反应。

（3）锂离子电池正负极电位决定正极用铝箔，负极用铜箔，且不能反过来。正极电位高，铜箔在高电位下很容易被氧化，而铝的氧化电位高，且铝箔表层有致密的氧化膜，对内部的铝也有较好的保护作用。

金属铝的晶格八面体空隙大小与 Li 大小相近，极易与 Li 形成金属间隙化合物。Li 和 Al 不仅会生成化学式为 LiAl 的合金，还有可能生成 Li_3Al_2 或 Li_4Al_2，由于金属 Al 与 Li 反应的高活泼性，使金属 Al 消耗了大量的 Li，本身的结构和形态也遭到破坏，故不能作为锂离子电池负极的集流体；而 Cu 在电池充放电过程中，只有很少的嵌锂容量，并且保持了结构和电化学性能的稳定，可作为锂离子电池负极的集流体；铜箔在3.75V时，极化电流开始显著增大，并且呈直线上升，氧化加剧，表明 Cu 在此电位下开始不稳定；而铝箔在整个极化电位区间，极化电流较小，并且恒定，没有观察到明显腐蚀现象的发生，保持了电化学性能的稳定。由于在锂离子电池正极电位区间，Al 的嵌锂容量较小，并且能够保持电化学稳定，适合作为锂离子电池的正极集流体。

铜/镍表面氧化层属于半导体，电子导通，氧化层太厚，阻抗较大；而铝表面氧化层氧化铝属于绝缘体，不能导电，但由于其很薄，通过隧道效应实现电子电导；若氧化层较厚，则铝箔导电性极差，甚至绝缘。一般集流体在使用前最好要经过表面清洗，既可以洗去油污，同时可除去厚氧化层。

正极电位高，铝箔氧化层非常致密，可防止集流体氧化。而铜 / 镍箔氧化层较疏松些，为防止其氧化，设置为低电位较好，同时锂难与铜 / 镍在低电位下形成嵌锂合金，但是若铜 / 镍表面大量氧化，在稍高电位下锂会与氧化铜 / 镍发生嵌锂反应。而铝箔不能用作负极，低电位下会发生 LiAl 合金化。

集流体要求成分纯，Al 的成分不纯会导致表面膜不致密而发生点腐蚀，更甚由于表面膜的破坏导致生成 LiAl 合金。

对锂离子电池来说，正极铝箔由 16μm 降低到 14μm，再到 12μm，现在已经量产使用 10μm 的铝箔，甚至用到 8μm；负极用铜箔，由于本身铜箔柔韧性较好，其厚度由之前的 12μm 降低到 10μm，再到 8μm，目前有很大部分电池量产用 6μm，以及部分厂家正在开发的 5μm/4μm 都是有可能使用的。由于锂离子电池对于使用的铜铝箔纯度要求高，材料的密度基本在同一水平。随着开发厚度的降低，其面密度也相应降低，电池的重量自然也是越来越轻，符合对锂离子电池的需求。

对于集流体，除其厚度和重量对锂离子电池有影响外，集流体表面性能对电池的生产及性能也有较大的影响。尤其是负极集流体，由于制备技术的缺陷，市场上的铜箔以单面毛、双面毛、双面粗化品种为主。这种两面结构不对称会导致负极两面涂层接触电阻不对称，进而使两面负极容量不能均匀释放；同时，两面不对称也会引发负极涂层黏接强度不一致，使得两面负极涂层充放电循环寿命严重失衡，进而加快电池容量的衰减。

单体电池正极配比是电芯的关键核心技术，下面给出一个案例。

(1) $LiCoO_2$ (10μm)：96.0%。

(2) 导电剂 (CarbonECP)：2.0%。

(3) 黏结剂 (PVDF761)：2.0%。

(4) 黏接增进剂 (NMP)：固体物质的重量比约为 810：1496。

正极配比注意事项：

(1) 正极黏度控制 6000CPS (1cP=1mPa·s)(温度 25℃)。

(2) NMP 的重量须适当调节，以达到黏度要求为宜。

(3) 特别注意温度、湿度对黏度的影响。

正极材料钴酸锂：正极活性物质，锂离子源，为电池提供锂源。非极性物质，不规则形状，粒径 D50 一般为 6～8μm，含水量≤0.2%，通常为碱性，pH 为 10～11。

正极材料锰酸锂：非极性物质，不规则形状，粒径 D50 一般为 5 ~ 7μm，含水量≤ 0.2%，通常为弱碱性，pH 为 8 左右。

导电剂：链状物，含水量 <1%，粒径一般为 1 ~ 5μm。通常使用导电性优异的超导炭黑，如科琴炭黑 CarbonECP 和 ECP600JD，其作用是提高正极材料的导电性，补偿正极活性物质的电子导电性；提高正极片的电解液的吸液量，增加反应界面，减少极化。

黏结剂（PVDF）：非极性物质，链状物，分子量从 300000 到 3000000 不等；吸水后分子量下降，黏性变差，用于将钴酸锂、导电剂和铝箔或铝网黏接在一起。

黏接增进剂（NMP）：弱极性液体，用来溶解 / 溶胀 PVDF，同时用来稀释浆料。集流体（正极引线）由铝箔或铝带制成。

二、负极构造

电芯负极构造由石墨材料、导电剂、增稠剂（CMC）、黏结剂（SBR）和集流体（铜箔）组成。

单体电池负极配方也是电芯关键核心技术之一，通常为：

(1) 负极材料（石墨）：94.5%。

(2) 导电剂（Carbon ECP）：1.0%（科琴超导炭黑）。

(3) 黏结剂（丁苯橡胶胶乳，SBR）：2.25%。

(4) 增稠剂（羧甲基纤维素钠，CMC）：2.25%。

(5) 水：固体物质的重量比为 1600 ∶ 1417.5。

负极配比注意事项：

(1) 负极黏度控制 5000 ~ 6000CPS（温度 25℃）。

(2) 水重量需要适当调节，以达到黏度要求为宜。

(3) 特别注意温度、湿度对黏度的影响。

石墨：负极活性物质，构成负极反应的主要物质；主要分为天然石墨和人造石墨两大类。非极性物质，易被非极性物质污染，易在非极性物质中分散；不易吸水，也不易在水中分散。被污染的石墨，在水中分散后，容易重新团聚。一般粒径 D50 为 20μm 左右。颗粒形状多样且多不规则，主要有球形、片状、纤维状等。

导电剂的作用为：

(1) 提高负极片的导电性，补偿负极活性物质的电子导电性。

(2) 提高反应深度及利用率。

(3) 防止枝晶的产生。

(4) 利用导电材料的吸液能力，提高反应界面，减少极化（可根据石墨粒度分布选择加或不加）。

添加剂：降低不可逆反应，提高黏附力和浆料黏度，防止浆料沉淀。增稠剂/防沉淀剂（CMC）：高分子化合物，易溶于水和极性溶剂。

异丙醇：弱极性物质，加入后可减小黏接剂溶液的极性，提高石墨和黏接剂溶液的相容性；具有强烈的消泡作用；易催化黏接剂网状交链，提高黏接强度。

乙醇：弱极性物质，加入后可减小黏接剂溶液的极性，提高石墨和黏接剂溶液的相容性；具有强烈的消泡作用；易催化黏接剂线性交链，提高黏接强度（异丙醇和乙醇的作用从本质上讲是一样的，大批量生产时可考虑成本因素然后选择添加哪种）。

水性黏接剂（SBR）：将石墨、导电剂、添加剂和铜箔或铜网黏接在一起，小分子线性链状乳液，极易溶于水和极性溶剂。

去离子水（或蒸馏水）：稀释剂，酌量添加，可改变浆料的流动性。负极引线由铜箔或镍带制成。

三、电解液

锂离子电池电解液是电池中离子传输的载体，一般由锂盐、有机溶剂和添加剂组成。电解液在锂离子电池正、负极之间起到传导离子的作用，是锂离子电池获得高电压、高比能等优点的保证。电解液一般由高纯度的有机溶剂、电解质锂盐、必要的添加剂等原料，在一定条件下，按一定比例配制而成。电极材料决定了电池的能量密度，而电解液基本决定了电池的循环、高低温和安全性能。电解液基本构成变化不大，创新主要体现在对新型锂盐和新型添加剂的开发，以及锂离子电池中涉及的界面化学过程及机理深入理解等方面。

锂盐的种类众多，但商业化锂离子电池的锂盐很少。理想的锂盐需要具有如下性质。

（1）有较小的缔合度，易溶解于有机溶剂，保证电解液高离子电导率。

（2）阴离子有抗氧化性及抗还原性，还原产物利于形成稳定低阻抗 SEI 膜。

（3）化学稳定性好，不与电极材料、电解液、隔膜等发生有害副反应。

（4）制备工艺简单，成本低，无毒无污染。

$LiPF_6$ 是应用最广泛的锂盐。$LiPF_6$ 的单一性质并不是最突出，但在碳酸酯混合溶剂电解液中具有相对最优的综合性能。$LiPF_6$ 有以下突出优点。

（1）在非水溶剂中具有合适的溶解度和较高的离子电导率。

（2）能在铝箔集流体表面形成一层稳定的钝化膜。

（3）协同碳酸酯溶剂在石墨电极表面生成一层稳定的 SEI 膜。

但是，$LiPF_6$热稳定性较差，易发生分解反应，副反应产物会破坏电极表面SEI膜，溶解正极活性组分，导致循环容量衰减。

$LiBF_6$也是常用锂盐添加剂，与$LiPF_6$相比，$LiBF_4$的工作温度区间更宽，高温下稳定性更好且低温性能也较优。LiBOB具有较高的电导率、较宽的电化学窗口和良好的热稳定性，其最大优点在于成膜性能，可直接参与SEI膜的形成。

从结构来看，LiDFOB是由LiBOB和$LiBF_4$各自半分子构成，综合了LiBOB成膜性好和$LiBF_4$低温性能好的优点。与LiBOB相比，LiDFOB在线性碳酸酯溶剂中具有更高的溶解度，且电解液电导率也更高。其高温和低温性能都好于$LiPF_6$且与电池正极有很好的相容性，能在铝箔表面形成一层钝化膜并抑制电解液氧化。

LTFSI结构中的CF_3SO_2基团具有强吸电子作用，加剧了负电荷的离域，降低了离子缔合配对，使该盐具有较高的溶解度。此外，LiTFSI有较高的电导率，热分解温度高不易水解，但电压高于3.7V时会严重腐蚀铝箔集流体。

LiFSI分子中的氟原子具有强吸电子性，能使N上的负电荷离域，离子缔合配对作用较弱，Li^+容易解离，因而电导率较高。

$LiPO_2F_2$具有较好的低温性能，同时也能改善电解液的高温性能。其作为添加剂能在负极表面形成富含$Li_xPO_yF_z$和LiF成分的SEI膜，有利于降低电池界面阻抗，提升电池的循环性能，但是$LiPO_2F_2$也存在溶解度较低的缺点。

液态电解质的主要成分是有机溶剂，其作用是溶解锂盐并为锂离子提供载体。理想的锂离子电池电解液的有机溶剂需要满足如下条件。

(1) 介电常数高，对锂盐的溶解能力强。

(2) 熔点低，沸点高，在较宽的温度范围内保持液态。

(3) 黏度小，便于锂离子的传输。

(4) 化学稳定性好，不破坏正负电极结构或溶解正负电极材料。

(5) 闪点高，安全性好，成本低，无毒无污染。

常见的可用于锂离子电池电解液的有机溶剂主要分为碳酸酯类溶剂和有机醚类溶剂。为了获得性能较好的锂离子电池电解液，通常使用含有两种或两种以上有机溶剂的混合溶剂，使其能够取长补短，得到较好的综合性能。

有机醚类溶剂主要包括：1，2-二甲氧基丙烷（DMP）、二甲氧基甲烷（DMM）、乙二醇二甲醚（DME）等链状醚和四氢呋喃（THF）、2-甲基四氢呋喃（2-Me-THF）等环状醚。链状醚类溶剂碳链越长，化学稳定性越好，但是黏度也越高，锂离子迁移速率也会越低。乙二醇二甲醚由于能与六氟磷酸锂生成较稳定的$LiPF_6$-DME整合物，对锂盐的溶解能力强，使电解液具有较高的电导率，但是DME化学稳定性较差，无法在负极材料表面形成稳定的钝化膜。

碳酸酯类溶剂包括：碳酸丙烯酯（PC）、碳酸乙烯酯（EC）等环状碳酸酯和碳酸二甲酯（DMC）、碳酸二乙酯（DEC）、碳酸甲乙酯（EMC）等链状碳酸酯。环状碳酸酯具有很高的介电常数，使锂盐更易溶解，但同时黏度也很大，使锂离子迁移速率较低。链状碳酸酯的介电常数小，溶解锂盐能力弱，但黏度低，具有很好的流动性，便于锂离子迁移。

添加剂用量少，效果显著，是一种经济实用的改善锂离子电池相关性能的方法。通过在锂离子电池的电解液中添加较少剂量的添加剂，就能够有针对性地提高电池的某些性能，例如，可逆容量、电极 / 电解液相容性、循环性能、倍率性能和安全性能等，在锂离子电池中起着非常关键的作用。理想的锂离子电池电解液添加剂应该具备以下四个特点。

(1) 在有机溶剂中溶解度较高。

(2) 少量添加就能使一种或几种性能得到较大改善。

(3) 不与电池其他组成成分发生有害副反应，影响电池性能。

(4) 成本低廉，无毒或低毒性。

根据添加剂的不同功能，可分为导电添加剂、过充电保护添加剂、阻燃添加剂、SEI 成膜添加剂、正极材料保护剂、稳定剂及其他功能添加剂。

导电添加剂通过与电解质离子进行配位反应，促进锂盐溶解，提高电解液电导率，从而改善锂离子电池倍率性能。由于导电添加剂是通过配位反应作用，又叫作配体添加剂，根据作用离子不同分为阴离子配体、阳离子配体及中性配体。

过充电保护添加剂是提供过充电保护或增强过充电忍耐力的添加剂。过充电保护添加剂按照功能分为氧化还原添加剂和聚合单体添加剂两种。目前氧化还原的添加剂主要是苯甲醚系列，其氧化还原电位较高，且溶解度很好。聚合单体添加剂在高电压下会发生聚合反应，释放气体，同时聚合物会覆盖于正极材料表面中断充电。聚合单体添加剂主要包括二甲苯、苯基环己烷等芳香族化合物。

阻燃添加剂的作用是提高电解液的着火点或终止燃烧的自由基链式反应阻止燃烧。添加阻燃剂是降低电解液易燃性，拓宽锂离子电池使用温度范围，提高其性能的重要途径之一。阻燃添加剂的作用机理主要有两种。

(1) 通过在气相和凝聚相之间产生隔绝层，阻止凝聚相和气相的燃烧。

(2) 捕捉燃烧反应过程中的自由基终止燃烧的自由基链式反应，阻止气相间的燃烧反应。

四、隔膜

隔膜是锂离子电池的重要组成部分，是用于隔开正负极极片的微孔膜，是具有纳米级微孔结构的高分子功能材料。隔膜的性能决定了电池的界面结构、内阻等，直接影响电池的容量、循环以及安全性能等特性，性能优异的隔膜对提高电池的综合性能具有重要的作用。其主要功能是防止两极接触而发生短路同时使电解质离子通过。其性能决定着电池的界面结构、内阻等，直接影响着电池的容量、循环以及电池的安全性能。对于锂离子电池系列，由于电解液为有机溶剂体系，因而需要有耐有机溶剂的隔膜材料，一般采用高强度薄膜化的聚烯烃多孔膜。

锂离子电池隔膜的性能决定着电池的界面结构、内阻等，直接影响着电池的容量、循环以及电池的安全性能，锂离子电池隔膜的技术要求为：

(1) 绝缘性能，隔膜是电子导电的绝缘体，保证正负极的机械隔离。

(2) 离子电导率高，即对电介质离子运动的阻力要小，有一定的孔径和孔隙率，保证低的电阻和高的离子电导率，对锂离子有很好的透过性。

(3) 化学稳定性及电化学惰性，对于电解液、可能存在的杂质、电极反应物及电极反应的产物要足够稳定，不会溶解或降解，由于电解质的溶剂为强极性的有机化合物，隔膜必须耐电解液腐蚀，有足够的化学和电化学稳定性。

(4) 对电解液的排斥最小，对电解液的浸润性好并具有足够的吸液保湿能力。

(5) 机械强度要高，保证在加工过程中不会撕裂、变形，具有足够的力学性能，包括穿刺强度、拉伸强度等，但厚度要尽可能小。

(6) 尺寸稳定性，在低于熔点温度下尺寸变化小，不会导致正负极短路，空间稳定性和平整性好，厚度及孔径的均匀性要高。

(7) 热稳定性和自动关断保护性能好，动力电池对隔膜的要求更高，通常采用复合膜。

(8) 受热收缩要小，能够有效地阻止颗粒、胶体或其他可溶物在正负电极之间的迁移，否则会引起短路，进而引发电池热失控。

不同的锂离子电池体系及应用领域对隔膜的要求有不同的侧重。

第二节　电芯构型

电芯通常有三种形状：圆柱、方形和软包。三种形态电池中软包质量最轻、能量密度最高。软包动力电池是典型的“三明治”层状堆垒结构，区别于方形硬壳和圆柱电池形态。软包内部结构由正极片、隔膜、负极片依次层叠起来，外部用铝塑膜包装；圆柱电池则以正极、隔膜、负极的一端为轴心进行卷绕，封装在圆柱金属外壳之中；方形硬壳电池通常有两个轴心，正极、隔膜、负极叠层围绕着两个轴心进行卷绕，然后以间隙直入方式装入方形铝壳之中。以上三种电池形态在容量相同的条件下，软包电池采用轻量化材料，如铝塑膜，整体质量比其他两种形态的电池更轻，因此能量密度更高。

在目前的新能源车市场中，圆柱、方形、软包三种电池均有车型搭载，并没有绝对的好坏之分，只能说各有优势。在电芯能量密度方面，理论上是软包电池最高，方形电池次之，圆柱电池最小。

一、方形电芯

一个典型的方形锂离子电池，主要组成部件包括正极、负极、正极外壳、绝缘层、密封盖、上盖、泄压阀、过充电安全装置等。方形电芯通常有两个安全结构：针刺安全装置（Nail Safety Device，NSD）和过充电保护装置（Overcharge Safety Device，OSD）。NSD是在卷芯的最外面加上了金属层，如铜薄片。当针刺发生时，在针刺位置产生的局部大电流通过大面积的铜薄片迅速把单位面积的电流降低，这样可以防止针刺位置局部过热，缓减电池热失控发生。目前，OSD这个安全设计在很多电池上都能看到。一般是一个金属薄片，配合熔丝使用，熔丝可以设计到正极集流体上，过充电时电池内部产生的压力使得OSD触发内部短路，产生瞬间大电流，从而使熔丝熔断，切断电池内部电流回路。壳体一般为钢壳或铝壳，随着市场对能量密度追求的驱动以及生产工艺的进步，铝壳逐渐成为主流。

方形电池在国内的普及率很高，因为结构较为简单，生产工艺不复杂，而且因为不像圆柱电池那样采用强度较高的不锈钢作为壳体，所以能量密度理论上比圆柱电池的能量密度要更高。但由于方形电池一般都是进行定制化的设计，导致方形电池的生产工艺很难统一，标准化程度较低。方形电池具有以下优缺点。

（1）优点：方形电池封装可靠度高；系统能量效率高；相对重量轻，能量密度较高；结构较为简单，扩容相对方便，是当前通过提高单体容量来提高能量密度的重要选项；单体容量大，则系统构成相对简单，使得对单体的逐一监控成为可能；系统简单带来的另外一个好处就是稳定性相对较好。

（2）缺点：由于方形锂电池可以根据产品的尺寸进行定制化生产，所以市场上有成千上万种型号，而正因为型号太多，工艺很难统一；生产自动化水平不高，单体差异性较大，在大规模应用中，存在系统寿命远低于单体寿命的问题。

2017年7月颁布的《电动汽车用动力蓄电池产品规格尺寸》GB/T34013—2017，针对方形电池给出了8个系列的尺寸。方形电池存在两个典型问题。

（1）侧面鼓胀问题：锂离子电池在充放电过程中，电池内部存在一定的压力，实际测得0.3～0.6MPa。在相同的压力下，受力面积越大，电池壳壁的变形越严重。

引起电池膨胀的重要原因：化成时形成 SEI 膜的过程中产生气体，电池内气压升高，由于方形电池平面结构耐压能力差，因此造成壳体变形；充电时电极材料晶格参数发生变化，造成电极膨胀，电极膨胀力作用于壳体，造成电池壳体变形；高温储存时，少量电解液分解及由于温度效应气体压力增大，造成电池壳体变形。在以上三个原因中，由电极膨胀而引起的壳体膨胀是最主要的原因。

方形电池的鼓胀问题是一个通病，特别是大容量方形锂离子电池更为严重。电池鼓胀会造成电池的内阻增加、局部的电液枯竭甚至壳体破裂，严重地影响了电池的安全性及循环寿命。实际应用中，为了解决方形电池鼓胀问题，通常的办法有：利用小结构形式，加强壳体强度；优化模组中电芯的排列方式。

加强壳体强度的测试。把原来的平面壳体设计成加强结构，并以向壳体内部打压的方式，测试壳体加强结构设计的效果，按照固定方式的不同（固定长度方向和固定宽度方向）分别测试。明显观察到加强结构的作用，以宽度固定情形为例，在 0.3MPa 压力下，没有加强结构的壳体变形量达到 4.1mm，而有加强结构的变形量为 3.2mm，变形量降低了 20% 以上。

（2）大型方形电池散热性能变差：随着单体体积的增大，电池内部发热部分距离壳体的距离越来越长，传导的介质、界面越来越多，使得散热变得困难，并且在单体上热量分布不均的问题越来越明显。

二、软包电芯

以软包锂电池为例，其是在液态锂离子电池外面套上一层聚合物外壳。在结构上采用铝塑膜包装，在发生安全隐患的情况下，软包电池最多只会鼓气裂开。

所谓软包电芯，是相对于圆柱和方形这两种硬壳电池的一种叫法，其内部组成（正极、负极、隔膜、电解液）与方形、圆柱锂电池的区别不大，最大的不同之处在于软包电芯采用铝塑复合膜作为外壳，方形和圆柱电池则采用金属材料作为外壳。软包电芯采用热封装的原因是其使用了铝塑包装膜材料，通常分为三层，即外阻层（一般为尼龙 BOPA 或 PET 构成的外层保护层）、阻透层（中间层铝箔）和内层（多功能高阻隔层）。

软包电芯主要具备以下几个优势。

（1）安全性好：软包电池在结构上采用铝塑膜包装。在发生安全隐患的情况下，软包电池一般先鼓气，或者从封口处裂开以释放能量，最多会着火或冒烟，但不会发生爆炸；而金属壳电芯则较容易产生较大的内压而发生爆炸。

（2）比能量高：软包电池采用了叠加的制造方式，在体积上相比于其他两类电池更加纤薄，在理论上能量密度是三种电池中最高的。软包电池重量较同等容量的钢壳电池轻40%，较铝壳电池轻20%，具有较高的质量比能量；软包电池较同等规格尺寸的钢壳电池容量高10%～15%，较铝壳电池高5%～10%，体积比能量也比较高。

（3）循环性能好：软包电池的循环寿命更长，100次循环衰减比铝壳少4%～7%。

（4）内阻小：软包电池的内阻较锂电池小，国内最小可做到35mΩ以下，极大地降低了电池的自耗电。

（5）设计灵活：可根据客户需求定制外形，普通铝壳只能做到4mm，软包可以做到0.5mm。从外观的形状来说，可任意改变形状。对于车辆而言，安装软包电池可以增大车辆的空间，并且软包电池的安装位置不受车辆结构的影响；对软包电池来说，可以把电池做得更薄，软包电池的整体灵活性和匹配性比较高；对车企来说，在设计等方面有着很大的吸引力。

任何事物都具有两面性，软包电池并非完美无缺，其在生产和使用过程中也面临着诸多问题，甚至制约着软包电池的市场化大规模应用。软包电池的缺点主要有以下三点。

（1）标准化和成本的问题。由于软包电池具有非常多的型号，在中后段的自动化程度不如圆柱电池生产线上的自动化，这使得软包电池无法实现大规模生产，导致生产效率低下、成本高。

（2）容易发生漏液和胀气。结构本身不够强导致在成组过程中需要额外的壳体，成本较高。

（3）一致性的难题。软包电池的安全性相对硬壳和圆柱形电池而言更加稳定，但是一致性问题仍然突出，这是由于软包电池在生产过程中自动化的程度比较低，造成电池的一致性较差，在充放电过程中安全性降低。

三、圆柱电芯

与软包和方形锂离子电池相比，圆柱形锂离子电池是商业化最早、生产自动化程度最高、当前成本最低的一种动力电池，基本保持着与软包和方形电池三分天下的局面。市面上常用的圆柱电芯为18650和21700两种。其中，“18”代表电芯圆柱直径为18mm，“65”代表电芯圆柱高度为65mm，最后的“0”代表电芯为圆柱形。圆柱电芯的发展时间是最长的，技术也最为成熟，标准化程度高。

圆柱电芯主要由正极、负极、隔膜、集电极、安全阀、过电流保护装置、绝缘件和壳体共同组成。早期的壳体以钢壳居多，当前以铝壳为主。电芯过电流保护装置，每个厂家的设计并不相同，根据对安全性要求和价格要求不同，可以进行定制。一般的安全装置主要有正温度系数（PTC）电阻和熔断装置两大类。PTC电阻安全装置的原理为，当出现过大电流，电阻发热，温度积累更促进PTC阻值的上升；当温度超过一个阈值以后，阻值陡然增大，相当于把故障电芯从总体回路中隔离开来，避免进一步热失控的发生。熔断装置原理上就是一个熔丝，遇到过大电流，熔丝熔断，回路被断开。两种保护装置的区别在于前者可恢复，而后者的保护是一次性的，一旦故障发生，系统必须人为更换问题电芯才能正常工作。

但电池数量过多是一个比较棘手的问题，即便使用了高能量密度电池的车型，也需要将几千节圆柱电芯放在一起，这对车辆的电池管理系统也提出了更高的要求。除此之外，由于圆柱电芯在组合成电池组时需采用钢壳，其重量相对较高，理论上圆柱电芯的能量密度要比其他两种电池更低。

圆柱电芯，尤其是18650，由于其自身结构特点和型号的标准化，圆柱电芯生产的自动化水平在三种主要电芯形式中为最高。这就使得高度一致性成为可能，成品率相应得到提高。有数据显示，国内外主要厂家良品率均超过90%。

圆柱电芯的优点：

(1) 如前面所述，单体一致性较好。

(2) 单体自身力学性能好，与方形和软包电池相比，封闭的圆柱体在近似尺寸下，可以获得最高的弯曲强度。

(3) 技术成熟，成本低，目前成本优化的空间也已经消耗得差不多了。

(4) 单体能量小，发生事故时，形势易于控制。

圆柱电芯的缺点：

(1) 在电动汽车上的应用中，电池系统的圆柱单体数量都很大，这就使得电池系统复杂度大增，无论机构还是管理系统，相对于其他两类电池，圆柱电池系统级别的成本偏高。

(2) 在温度环境不均匀的条件下，大量电芯特性异化的概率上升。

(3) 能量密度的上升空间已经很小。

面对当前人们不断提高比能量的现状，如果维持外形尺寸不变，又要提高能量密度，圆柱电芯18650面临诸多挑战：

(1) NCA、硅碳等新材料供应链尚不成熟，成本高，供应难以稳定。如更高能量密度的材料811，本身稳定性和制程控制距离量产有一定差距，结果就是短期内811的18650贵很多，性能却差不少。

(2) 新材料制程对环境要求高，固定资产投资高，能耗巨大。

(3) 电芯容量低，电池成组技术要求和成本偏高。

(4) 电芯最多适应正单、负双极耳结构，而且对能量密度影响较为显著。

(5) 同时要求高能量密度与高倍率充电时，设计空间很小。18650用523+石墨体系，按新国标，1C做到2.4A·h已到了设计的极限。

更大直径圆柱锂离子电池将成为必然趋势，更大尺寸电芯与18650在极耳设计和卷绕曲率两个角度进行对比，大尺寸电芯显示出明显优势。全面启用21700三元锂电池，开启了一个圆柱电池提升容量的新阶段。21700电池能量密度在300W·h/kg左右，比18650电池能量密度提升20%以上，单体容量提升35%，系统成本降低9%左右。将尺寸从18650提高到21700，获得的好处如下。

（1）在适当提高能量密度的情况下，可以选择常规材料，性能稳定、性价比高。

（2）可以适当进行多极耳机构设计，降低内阻。

（3）在同样的能量密度下，可以选择快充特性石墨，改善快充性能。

（4）适当增加直径和高度，可以获得更多的有效体积。

（5）电芯容量增大，辅助构件比例降低，降低电池成组成本。

工信部颁布的《电动汽车用动力蓄电池产品规格尺寸》GB/T34013—2017中，把原来征求意见稿中只有18650和32650修改成了囊括21700在内的4个规格。

关于电芯容量大小的问题，提升容量的路径与小电芯等价于安全性高的早期观点有所冲突。小型锂离子电池（<3A·h）及电池模组（<150A·h）的热安全性已经有很多较为成熟的方法进行防控，例如，加入PTC电阻、引入电流中断机制或压力传感器等。大型锂离子单体电池（>6A·h）或模组（>200A·h）的安全性控制问题仍然存在挑战。大型锂离子电池相比于小型电池，由于其本身所含能量较高，当出现热安全性问题时，后果会更为严重；由于电池体积的增大，造成电池比表面积的减小进而使得电池单位体积散热面积降低。电池内部温度的不一致性也会随着锂离子电池的大型化和成组化而出现，这种单体电池之间的温度差异会使得电池热失控风险增加，进而导致电池出现一系列问题。

第三节 电芯制造

电芯是一个电池系统中最小的单元。多个电芯组成一个模组，多个模组再组成一个电池包，这就是车用动力电池的基本结构。电池就像一个储存电能的容器，能储存多大容量，是靠正极片和负极片所覆载活性物质的多少来决定的。正负电极极片的设计需要根据不同车型来量身定做。正负极材料克容量、活性材料的配比、极片厚度、压实密度等对容量等的影响也至关重要。

一、工艺流程

电芯制作工艺流程。

(1) 正、负极材料各自干混→湿混→滚涂膏体在导电基体上→烘焙干燥→卷绕→切边(切成一定宽度)→辐压一卷绕(备下一步使用)。

(2) 圆柱电芯的装配工艺流程：绝缘底圈入筒→卷绕电芯入筒→插入芯轴→焊负极集流片于钢筒→插入绝缘圈→钢筒滚线→真空干燥→注液→组合帽(PTC 元件等)焊到正极引极上→封口→X 射线检查→编号→化成→循环→陈化。

(3) 方形电芯装配工艺流程：绝缘底入钢盒→片状组合电芯入筒→负极集流片焊于钢盒→上密封垫圈→正极集流片焊于杆引极→组合盖(PTC 元件等)焊到旋引极上→组合盖定位→激光焊接→真空干燥→注液→密封→X 射线检查→编号→化成→循环→陈化。

装配工艺说明：干混采用球磨，磨球是玻璃球或氧化锆陶瓷球。湿混采用行星式拌粉机，其叶片分别装在 2 ~ 3 根轴上，混合效果更好。湿混中溶剂数量要恰当，形成合适的流变态，以获得平滑的涂层。滚涂电极膏体要保证一定的黏度，膏体涂于铝箔或铜箔的两面，而涂层的厚度取决于电池的型号。然后相继通过 3 个加热区进行干燥，N- 甲基吡咯烷酮(NMP)或水从涂层中随热空气或干燥氮气流动而挥发，溶剂可以回收再利用。辊压是为了提高涂层的密度，并使电极厚度能符合电池装配的尺寸，辊压阶段的压力要适中，以免卷绕时粉料散落。

以圆柱电芯为例(方形电芯基本过程相同)。卷绕芯入筒之前，将铝条(厚 0.08 ~ 0.15mm，宽 3mm)和镍条(厚 0.04 ~ 0.10mm，宽 3mm)分别用超声波焊接在正、负极导电基体的指定处作为集流引极。

电池隔膜一般采用 2 层(PE/PP)或 3 层(PP/PE/PP)设计，并且都是经过 120℃热处理过的，以增加其阻止性和提高其安全性。

正极、隔膜、负极三者叠合后卷绕入筒，由于采用涂膏电极，故必须让膏体材料与基体结合得好，以形成高密度电极。特别要防止掉粉，以免其穿透隔膜而引起电池内部短路。

在卷绕电芯插入钢筒之前，放一个绝缘底在钢筒底部是为了防止电池内部短路，这对于一般电池都是相同的。

电解质一般采用 $LiPF_6$ 和非水有机溶剂，在真空注液以前，电池要真空干燥 24h，以除去电池组分中的水分和潮气，以免 $LiPF_6$ 与水反应形成 HF 而缩短寿命。

电池密封采用涂密封胶、插入垫圈、卷边加断面收缩过程，基本原理与碱性可充电电池相同。封口以后，电池要用异丙醇和水的混合液除去油污物和溅出的电解液，然后干燥。使用一种气味传感器或“嗅探器”元件检查电池漏液情况。

整个电池装配完成以后，电池要用 X 射线鉴定电池内部结构是否正常，对电芯不正、钢壳裂缝、焊点情况、有无短路等进行检查，排除有上述缺陷的电池，确保电池质量。

最后一道工序是化成，电池第一次充电，会在阳极上形成保护膜，称为固体电解质界面膜（SEI膜），它能防止阳极与电解质反应，是电池安全操作、高容量、长寿命的关键要素。电池经过几次充放电循环以后陈化2～3周，剔去微短路电池，再进行容量分选包装后即成为产品。

二、搅拌制浆

搅拌制浆就是将活性材料通过真空搅拌机搅拌成浆状。这是生产电池的第一道工序，该工序质量的好坏，将直接影响电池的质量和成品合格率，而且该工序工艺流程复杂，对原料配比、混料步骤、搅拌时间等都有较高的要求。

搅拌车间对粉尘严格管控水平相当于医药级别。在搅拌的过程中需要严格控制粉尘，以防止粉尘对电池一致性产生影响。

正极混料流程如下：

（1）原料的预处理：

1）钴酸锂脱水：一般用120℃常压烘烤2h左右。

2）导电剂脱水：一般用200℃常压烘烤2h左右。

3）黏接剂脱水：一般用120～140℃常压烘烤2h左右，烘烤温度视分子量的大小决定。

4）NMP脱水：使用干燥分子筛脱水或采用特殊取料设施，直接使用。

（2）物料球磨4h结束，过筛分离出球磨；将$LiCoO_2$和Carbon ECP倒入料桶，同时加入磨球（干料：磨球=1：1），在滚瓶上进行球磨，转速控制在60r/min以上。

（3）原料的掺和。使粉料初步混合，钴酸锂和导电剂黏接在一起，以提高团聚作用和导电性。配成浆料后不会单独分布于黏接剂中，球磨时间一般为2h左右；为避免混入杂质，通常使用玛瑙球作为球磨介子。

（4）干粉的分散、浸湿。固体粉末放置在空气中，随着时间的推移，将会吸附部分空气在固体的表面，液体黏接剂加入后，液体与气体开始争夺固体表面；如果固体与气体吸附力比固体与液体的吸附力强，则液体不能浸湿固体；如果固体与液体的吸附力比固体与气体的吸附力强，则液体可以浸湿固体，将气体挤出。当润湿角≤90°，固体浸湿；当润湿角>90°，固体不浸湿。

正极材料中的所有组分都能被黏接剂溶液浸湿，因此正极粉料分散相对容易。分散方法对分散的影响：

1）静置法：时间长，效果差，但不损伤材料的原有结构。

2）搅拌法：自转或自转加公转，时间短，效果佳，但有可能损伤个别材料的自身结构。

搅拌桨对分散速度的影响。搅拌桨大致包括蛇形、蝶形、球形、桨形、齿轮形等。一般蛇形、蝶形、桨形搅拌桨用于分散难度大的材料或配料的初始阶段；球形、齿轮形用于分散难度较低的状态，效果佳。

搅拌速度对分散速度的影响。一般来说，搅拌速度越高，分散速度越快，但对材料自身结构和设备的损伤就越大。

浓度对分散速度的影响。通常情况下，浆料浓度越小，分散速度越快，但浓度太稀将导致材料的浪费和浆料沉淀的加重。

浓度对黏接强度的影响。浓度越大，柔制强度越大，黏接强度越大；浓度越低，黏接强度越小。

真空度对分散速度的影响。高真空度有利于材料缝隙和表面的气体排出，降低液体吸附难度；材料在完全失重或重力减小的情况下，分散均匀的难度将大大降低。

温度对分散速度的影响。在适宜的温度下，浆料流动性好、易分散；温度太热，浆料容易结皮；温度太冷，浆料的流动性将大打折扣。

(5) 稀释将浆料调整为合适的浓度，便于涂布。

(6) 具体操作步骤：

1）将 NMP 倒入动力混合机（100L）至 80℃，称取 PVDF 加入其中，开机；参数设置：转速 25r/min ± 2r/min，搅拌 115 ~ 125min。

2）接通冷却系统，将已经磨好的正极干料平均分 4 次加入，每次间隔 28 ~ 32min，第三次加料时视材料需要添加 NMP，第四次加料后加入 NMP；动力混合机参数设置：转速为 20r/min ± 2r/min。

3）第四次加料 30min ± 2min 后进行高速搅拌，时间为 480min ± 10min；动力混合机参数设置：公转为 30r/min ± 2r/min，自转为 25r/min ± 2r/min。

4）真空混合：将动力混合机接上真空，保持真空度为 -0.09MPa，搅拌 30min ± 2min；动力混合机参数设置：公转为 10r/min ± 2r/min，自转为 8r/min ± 2r/min。

5）取 250 ~ 300ml 浆料，使用黏度计测量黏度；测试条件：转子号 5，转速为 12r/min 或 30r/min，温度为 25℃。

6）将正极料从动力混合机中取出进行胶体磨、过筛，同时在不锈钢盆上贴上标识，与拉浆设备操作员交接后可流入拉浆作业工序。

(7) 注意事项：完成后需清理机器设备及工作环境；操作机器时，需注意安全，避免砸伤头部。

负极混料流程如下。

(1) 原料的预处理。

1) 石墨：混合，使原料均匀化，提高一致性。300 ~ 400℃常压烘烤，除去表面油性物质，提高与水性黏接剂的相容能力，修圆石墨表面棱角 (有些材料为保持表面特性，不允许烘烤，否则效能降低)。

2) 水性黏接剂：适当稀释，提高分散能力。

(2) 掺和、浸湿和分散：石墨与黏接剂溶液极性不同，不易分散。可先用醇水溶液将石墨初步润湿，再与黏接剂溶液混合。应适当降低搅拌浓度，提高分散性。

分散过程为减少极性物与非极性物距离，提高势能或表面能，因此为吸热反应，搅拌时总体温度有所下降。如果条件允许，则应该适当升高搅拌温度，使吸热变得容易，同时提高流动性，降低分散难度。搅拌过程如加入真空脱气过程，排除气体，促进固 - 液吸附，则效果更佳。分散原理、分散方法同正极配料中的相关内容。

(3) 稀释：将浆料调整为合适的浓度，便于涂布。

(4) 物料球磨：将负极和 Ketjen black ECP 倒入料桶内的同时加入球磨 (干料：磨球 =1：1.2) 在滚瓶上进行球磨，转速控制在 60r/min 以上；4h 结束，过筛分离出球磨。

(5) 具体操作步骤：

1) 纯净水加热至 80℃倒入动力混合机 (2L)。

2) 加 CMC，搅拌 60min ± 2min；动力混合机参数设置：公转为 25r/min ± 2r/min，自转为 15r/min ± 2r/min。

3) 加入 SBR 和去离子水，搅拌 60min ± 2min；动力混合机参数设置：公转为 30r/min ± 2r/min，自转为 20r/min ± 2r/min。

4) 负极干料分 4 次平均顺序加入，加料的同时加入纯净水，每次间隔 28 ~ 32min；动力混合机参数设置：公转为 20r/min ± 2r/min，自转为 15r/min ± 2r/min。

5) 第四次加料 30min ± 2min 后进行高速搅拌，时间为 480min ± 10min；动力混合机参数设置：公转为 30r/min ± 2r/min，自转为 25r/min ± 2r/min。

6) 真空混合：将动力混合机接上真空，保持真空度为 −0.09 ~ 0.10MPa，搅拌 30min ± 2min；动力混合机参数设置：公转为 10min ± 2min，自转为 8r/min ± 2r/min。

7) 取 500mL 浆料，使用黏度计测量黏度；测试条件：转子号 5，转速为 30r/min，温度为 25℃。

8) 将负极料从动力混合机中取出进行磨料、过筛，同时在不锈钢盆上贴上标识，与拉浆设备操作员交接后可流入拉浆作业工序。

(6) 注意事项：完成后需清理机器设备及工作环境；操作机器时，需注意安全，避免砸伤头部。

1）防止混入其他杂质。

2）防止浆料飞溅。

3）浆料的浓度（固含量）应从高往低逐渐调整，以免增加麻烦。

4）在搅拌的间歇过程中要注意刮边和刮底，确保分散均匀。

5）浆料不宜长时间搁置，以免沉淀或均匀性降低。

6）需烘烤的物料必须密封冷却之后方可以加入，以免组分材料性质变化。

7）搅拌时间的长短以设备性能、材料加入量为主要判定依据。

8）搅拌桨的使用以浆料分散难度进行更换，无法更换的可将转速由慢到快进行调整，以免损伤设备。

9）出料前对浆料进行过筛，除去大颗粒以防涂布时造成断带。

10）对配料人员要加强培训，确保其掌握专业知识。

11）配料的关键在于分散均匀，掌握该核心，其他方式可自行调整。

三、浆料涂布

浆料涂布是将搅拌好的浆料涂在铜箔上——涂布工序。这道工序就是将上一道工序后已经搅拌好的浆料以 80m/min 的速度均匀涂抹到 4000m 长的铜箔上下面。涂布前的铜箔只有 6mm 厚，可以用“薄如蝉翼”来形容。

涂布至关重要，需要保证极片厚度和重量一致，否则会影响电池的一致性。涂布还必须确保没有颗粒、杂物、粉尘等混入极片，否则会导致电池放电过快，甚至会出现安全隐患。

四、冷压分切

冷压分切是将铜箔上负极材料压紧再切分，冷压分切对提升能量密度很重要。在碾压车间里，通过辊将附着有正负极材料的极片进行碾压，一方面让涂覆的材料更紧密，提升能量密度，保证厚度的一致性，另一方面也会进一步管控粉尘和湿度。

将冷压后的极片根据需要生产电池的尺寸进行分切，并充分管控毛刺（这里的毛刺只能在显微镜下看清楚）的产生，这样做的目的是避免毛刺扎穿隔膜而产生严重的安全隐患。

五、模切分条

切出电池上正负极的小耳朵——极耳模切与分条。极耳模切工序就是用模切机形成电芯用的导电极耳。电池是分正负极的，极耳就是从电芯中将正负极引出来的金属导电体，通俗来讲，电池正负两极的耳朵是在进行充放电时的接触点。分条工序就是通过切刀对电池极片进行分切。

六、卷绕堆叠

卷绕工序将完成电芯的堆叠。电池的正极片、负极片、隔离膜以卷绕的方式组合成裸电芯。目前，生产线采用视觉检测设备实现自动检测及自动纠偏，从而确保电芯极片不错位。

七、烘焙注液

烘焙与注液是去除水分和注入电解液。水分是电池系统的大敌，电池烘烤工序就是为了使电池内部水分达标，确保电池在整个寿命周期内具有良好的性能。

注液就是往电芯内注入电解液。电解液就像电芯身体里流动的血液，能量的交换就是带电离子的交换。这些带电离子从电解液中运输过去，到达另一电极，完成充放电过程。电解液的注入量是关键中的关键，如果电解液注入量过大，则会导致电池发热甚至直接失效；如果注入量过小，则又会影响电池的循环性。

八、化成老化

化成是电芯激活的过程。化成是对注液后的电芯进行激活的过程，通过充放电使电芯内部发生化学反应形成 SEI 膜（SEI 膜是锂电池首次循环时由于电解液和负极材料在固液相间层面上发生反应时形成的一层钝化膜，就像给电芯镀了一层面膜），保证后续电芯在充放电循环过程中的安全、可靠和长循环寿命。将电芯的性能激活，还要经过 X 光监测、绝缘监测、焊接监测、容量测试等一系列“体检过程”。

化成工序当中还包括对电芯“激活”后第二次灌注电解液、称重、注液口焊接、气密性检测；自放电测试高温老化及静置保证了产品性能。

所有制造完成后的每一个电芯都具有一个单独的二维码，记录着各自的出产日期、制造环境、性能参数等。强大的追溯系统可以将任何信息记录在案。如果出现异常，则可以随时调取生产信息；同时，这些大数据可以有针对性地对后续改良设计进行数据支持。

在锂离子电池装配完成后，就进入了最后一道生产工序——化成与老化。刚刚装配好的锂离子电池是没有电的，需要对电池进行小电流的充放电。电池的首次充电激活过程就叫作“化成”。

锂离子电池的化成主要有两个方面的作用：一是使电池中的活性物质借助第一次充电转化成具有正常电化学作用的物质；二是使电极主要是负极形成有效的钝化膜或 SEI 膜。为了使负极碳材料表面形成均匀的 SEI 膜，通常采用阶梯式充放电的方法，即在不同的阶段，充放电电流不同，搁置的时间也不同，应根据所用的材料和工艺路线具体掌握。通常，化成时间控制在24h左右。

在锂离子电池的电化学反应中，负极表面的钝化膜对电池的稳定性有着重要的作用。因此电池制造商除将材料及制造过程列为机密外，化成条件也被列为各公司制造电池的重要机密。电池化成期间，最初的几次充放电会因为电池的不可逆反应使得电池的放电容量在初期会有减少。待电池电化学状态稳定后，电池容量即趋稳定。因此，有些化成程序包含多次充放电循环以达到稳定电池的目的。在化成过程中会产生部分气体同时伴随少量电解液的消耗，有些电池厂家会在此过程后进行电池排气和补液的操作。

老化一般就是指电池装配注液完成后第一次充电化成后的放置，有常温老化也有高温老化，两者作用都是使初次充电化成后形成的SEI膜性质和组成更加稳定，保证电池电化学性能的稳定性。老化的目的主要有三个。

（1）电池经过预化成工序后，电池内部石墨负极会形成一定量的SEI膜，但是这个膜结构紧密且孔隙小；而将电池在高温下进行老化，将有助于SEI结构重组，形成宽松多孔的膜。

（2）化成后电池的电压处于不稳定阶段，其电压略高于真实电压，老化的目的就是让其电压更准确稳定。

（3）将电池置于高温或常温下一段时间，可以保证电解液能够对极片进行充分的浸润，有利于电池性能的稳定。

电池的化成与老化工艺是必不可少的。在实际生产中，可以根据电池的材料体系和结构体系选择电池充放电工艺，但是电池的化成必须在小电流的条件下充放电。制造商不同，具体的化成及老化的工艺也不相同。另外，经过这两步关键工艺后，再对稳定下来的电池进行分容，选择容量相近的电芯进行配组，最终组装成电池组。

第四节　电芯性能

电芯的性能主要分为电气性能、安全性能、力学性能和环境性能四个方面。

一、电气性能

（1）额定容量：0.5C放电，单体电池放电时间不低于120min，电池组放电时间不低于114min（95%）。

（2）1C放电容量：1C放电，单体电池放电时间不低于57min（95%），电池组放电时间不低于54min（90%）。

（3）低温放电容量：-20℃下0.5C放电，单体电池或电池组放电时间均不低于72min（60%）。

（4）高温放电容量：55℃下0.5C放电，单体电池放电时间不低于114min（95%），电池组放电时间不低于108min（90%）。

（5）荷电保持及恢复能力：满电常温下搁置28天，荷电保持放电时间不低96min（80%），荷电恢复放电时间不低于108min（90%）。

（6）储存性能：进行储存实验的单体电池或电池组应选自生产日期不足3个月的，储存前充50%～60%的容量，在温度为40±5℃、相对湿度为45%～75%的环境储存90天。储存期满后取出电池组，用0.2C充满电搁置60min后，以0.5C恒流放电至终止电压，上述实验可重复测实3次，放电时间不低于72min（60%）。

（7）循环寿命：单体电池或电池组采用0.2C充电，0.5C放电做循环，当连续两次放电容量低于72min（60%）时停止测试，单体电池循环寿命不低于600次，电池组循环寿命不低于500次。

（8）高温搁置寿命：应选自生产日期不足3个月的单体电池进行高温搁置寿命试验，进行搁置前应充入50%±5%的容量，然后在环境温度为55℃ ±2℃的条件下搁置7天。7天后将电池取出，在环境温度为20℃ ±5℃下搁置120～300min。先以0.5C将电池放电至终止电压，30min后按0.2C进行充电，静置30min后，再以0.5C恒流放电至终止电压，以此容量作为恢复容量。以上步骤为1周循环，直至某周放电时间低于72min（60%），试验结束。搁置寿命不低于56天（8周循环）。

二、安全性能

（1）持续充电：将单体电池以0.2C恒流充电，当单体电池端电压达到充电限制电压时，改为恒压充电并保持28天，试验结束后，应不泄漏、不泄气、不破裂、不起火、不爆炸（相当于满电浮充）。

（2）过充电：将单体电池用恒流稳压源以3C恒流充电，电压达到10V后转为恒压充电，直到电池爆炸、起火、充电时间为90min或电池表面温度稳定（45min内温差≤2℃）时停止充电，电池应不起火、不爆炸；将电池组用稳压源以0.5C恒流充电，电压达到5nV（n为串联单体电池数）后转为恒压充电，直到电池组爆炸、起火、充电时间为90min或电池组表面温度稳定（45min内温差≤2℃）时停止充电，电池应不起火、不爆炸。

（3）强制放电（反向充电）：将单体电池先以0.2C恒流放电至终止电压，然后以1C电流对电池进行反向充电，要求充电时间不低于90min，电池应不起火、不爆炸；

将电池组其中一只单体电池放电至终止电压，其余均为充满电态的电池，再以 1C 恒流放电至电池组的电压为 0V 时停止放电，电池应不起火、不爆炸。

（4）短路测试：将单体电池经外部短路 90min，或电池表面温度稳定（45min 内温差≤2℃）时停止短路，外部线路电阻应小于 50mΩ，电池应不起火、不爆炸；将电池组的正负极用电阻小于 0.1Ω 的铜导线连接，直至电池组电压小于 0.2V 或电池组表面温度稳定（45min 内温差≤2℃），电池应不起火、不爆炸。

三、力学性能

（1）挤压：将单体电池放置在两个挤压平面中间，逐渐增加压力至 13kN，圆柱形电池挤压方向垂直于圆柱轴的纵轴，方形电池挤压电池的宽面和窄面。每只电池只能接受一次挤压，试验结果应符合相关标准的规定。在电池组上放一直径为 15cm 的钢棒对电池组的宽面和窄面挤压电池组，挤压至电池组原尺寸的 85%，保持 5min，每个电池组只接受一次挤压。

（2）针刺：将单体电池放在一钢制的夹具中，用 ϕ3～ϕ8mm 的钢钉从垂直于电池极板的方向贯穿（钢针停留在电池中），持续 90min，或电池表面温度稳定（45min 内温差≤2℃）时停止试验。

（3）重物冲击：将单体电池放置于一刚性平面上，用直径 15.8mm 的钢棒平放在电池中心，钢棒的纵轴平行于平面，让重量 9.1kg 的重物从 610mm 高度自由落到电池中心的钢棒上；单体电池是圆柱形时，撞击方向垂直于圆柱面的纵轴；单体电池是方形时，要撞击电池的宽面和窄面，每只电池只能接受一次撞击。

（4）机械冲击：将电池或电池组采用刚性固定的方法（该方法能支撑电池或电池组的所有固定表面）将电池或电池组固定在试验设备上。在三个互相垂直的方向上各承受一次等值的冲击。至少要保证一个方向与电池或电池组的宽面垂直，每次冲击按下述方法进行：在最初的 3ms 内，最小平均加速度为 $735m/s^2$，峰值加速度应该在 $1225～1715m/s^2$。

（5）振动：将电池或电池组直接安装或通过夹具安装在振动台面上进行振动试验。试验条件为频率 10～55Hz，加速度 $29.4m/s^2$，X、Y、Z 三个方向，每个方向扫频循环次数为 10 次，扫频速率为 1oct/min。

（6）自由跌落：将单体电池从电池组由高度（最低点高度）为 600mm 的位置自由跌落到水泥地面上的 20mm 厚的硬木板上，从 X、Y、Z 三个方向各一次。

四、环境性能

（1）高温烘烤：将单体电池放入高温防爆箱中，以 52℃ /min 的升温速率升温至

130℃，在该温度下保温 10min。

（2）高温储存：将单体电池或电池组放置在（75 ± 2℃）的烘箱中搁置 48h，电池应不泄漏、不泄气、不破裂、不起火、不爆炸。

（3）低气压：满足 UL1642（美国保险商试验室，Underwriters Laboratories Inc）标准，电池在绝对压力为 11.6kPa、温度为 20℃ ± 3℃的条件下储存 6h，电池不应爆炸或起火，不能有穿孔或泄漏。

第十章 电池模组与电池包结构

第一节 电池模组构型

一、成组数量

电池模组开发前要优先确定模组中的电芯数量，通常会根据整车给予电池系统的空间来综合考虑，然后根据单个模组的重量来进行限制。

二、成组方式

电池系统电芯集成采用94A・h电芯2P160S，电池模组开发前需要确定模组中电芯串并联形式。串并联方案分为两种：第一种方案，电池模组中10支电芯采用2并5串的组合方式，系统中32个电池模组采用串联方式；第二种方案，电池模组中10支电芯采用1并10串的组合方式，系统中16个模组先进行串联，然后2个16串模组进行并联。

截至目前，世界上大多数动力电池系统基本上是采用先并后串的方式，若是采用先串后并的方式，则有以下缺点：若是一个电芯损坏，则整个回路所有的电芯都将失去作用；若是两个串联回路电压不一致，则将出现相互充放电情况。而先并后串的优点是：即使一个电芯损坏，与其并联的其他电芯可以继续通流工作，对采用18650型的小电芯来说，该种方式优点更大。

关于电芯大小以及并联数量的问题，通常来说，电芯大则并联数量少，优点是结构简单、成组方便，缺点是电芯成品的差异将导致成组后各电池单体差异较大。类似于18650，电芯小则并联数量多，缺点是结构复杂、成组难度大，优点是成组后电池单体内的电芯数量众多，即使电芯存在一定差异。类似于某电动汽车企业电池系统采用7104节电池，但是串联在一起的电池只有96节，不管并联多少节电池，并联在一起的众多电池只能算作一节电池，因为电池组只计算串联的个数而不是并联的个数，所以可以计算得到采用74个电芯并联，大的基数将克服单个电芯差异问题，从而使电池组中各电池单体产生一致性较高的结果。电池组中每一个电池单体都由几十个电芯组成，虽然单个电芯存在差异，但是所有电池单元都存在较好和较差电芯（电池单体）的概率可能就会一致，这个一致就带来电池组中各电池单体的一致。此外，该电动汽车企业近期将电芯型号从18650换成21700，可能就是考虑到电芯生产的一致性、电芯组合成电池单体的一致性以及电芯成组的结构复杂性等方面，经过通盘优化后的方案。

三、成组方式

模组的成组结构由成组数量和方式决定，2PSS模组中若干个电芯排列组合，电芯与电芯/端板之间布置一片硅胶垫；电芯底部布置一片环氧树脂板；侧板与电芯之间布置一片绝缘片；电芯上部放置一个绝缘板；电芯之间的串并联采用连接片，连接片与电芯极柱之间采用激光焊接方式；模组上方安装一个模组防护罩；模组正/负极处安装防护盖。

简单阐述一下电芯、单体电池、电池单元的定义区别。通常把生产制造出来的电池最小个体称为电芯或单体电池。电池系统通常不会由一个电芯构成，而是由多个电芯先并联再串联而成。在电池系统中，数个电芯（或单体电池）并联而成的最小组合通常称为电池单元。除上面所述，电池模组中还包含温度采集线束（含温度传感器）和电压采集线束，采集线束最终集成在一个插件上。

第二节　电池模组连接

常见的模组类型，根据电芯与导电母排的连接方式可以分成焊接、螺接和机械压接三种形式。有研究表明，电芯与模组母排之间的连接方式，不仅会影响制造效率，其是否可以实现自动化也对电池装车以后的性能表现有不容忽视的影响。

一、激光焊接

激光焊接的原理是利用激光束优异的方向性和高功率密度等特性进行工作，通过光学系统将激光束聚焦在很小的区域内，在极短的时间内使被焊处形成一个能量高度集中的热源区，从而使被焊物熔化并形成牢固的焊点和焊缝。

激光焊接通常可以分为热传导焊接和深熔焊，二者的主要区别在于单位时间内施加在金属表面的功率密度，不同金属下临界值不同。

（1）热传导焊接又称为缝焊，激光光束沿接缝将合作在工件的外表熔化，熔融物汇流到一起并固化，构成焊缝。该方法主要用于相对较薄的材料，材料的最大焊接深度受其导热系数的约束，且焊缝宽度总是大于焊接深度。热传导焊接应用到模组焊接通常又称为缝焊，缝焊相比穿透焊，只需较小功率的激光焊机。缝焊的熔深比穿透焊的熔深要高，可靠性相对较好，但连接片需冲孔，加工相对困难。

(2) 深熔焊又称为穿透焊，当高功率激光聚集到金属外表时，热量来不及散失，焊接深度会急剧加深，此焊接技术即深熔焊。因为深熔焊技术加工速度极快，热影响区域很小，而且使畸变降至最低，因而此技术可用于需求深度焊接或几层材料一起焊接。深熔焊应用到模组焊接通常又称为穿透焊，连接片无须冲孔，加工相对简单。穿透焊需要功率较大的激光焊机。穿透焊的熔深比缝焊的熔深要低，可靠性相对较差。

动力电池制造过程焊接方法与工艺的合理选用，将直接影响电池的成本、质量、安全以及电池的一致性。目前，电池模组激光焊接使用的主要材料为铝片、铜片和镍片。对铝片来说，采用激光可焊接 2mm 厚的材料，且焊接效果良好；对铜片来说，可以焊接 1mm 左右的厚度；对镍片来说，激光焊通常只能焊接厚度≤ 2mm 的镍片材料，2mm 以上的焊接可靠性太差。对于不同材料之间的混合焊接，激光焊无法焊接，只能采用转接片的方式焊接，但其工艺复杂且成本高；对于同种材料的组合焊接，激光焊接效果良好，可靠性、拉力、熔深均能达到工艺要求。

穿透焊是激光能量穿透上层连接与下层极柱使两个工作的材料熔合在一起的焊接方式；缝焊是激光能量通过连接片与电芯极柱之间的缝隙将两件材料熔化后连接两个工件的焊接方式。

相比铜片，同截面积的铝片过电流能力低，但可以通过增加铝片厚度到 2mm，其过电流能力将超过采用穿透焊铜片的过电流能力，采用铜片的优势将不存在。通过对上述方案的比较及分析，可以初步得出：采用铝片与缝焊的方式，无论是成本、效率还是焊接的可靠性都较优。

缝焊的焊接功率需求为 1kW，远小于穿透焊的 4kW，整个焊接装配过程简单，时间短，但是对电芯有一定的影响。

二、螺栓连接

螺栓连接，简称螺接，是用防松螺钉固定电芯与母排之间的连接。这种形式在工艺上比较简单，但主要应用于单体容量比较大的电池系统，尤其在方形电池组中。

三、机械压接

软包电芯机械压接方案是依靠狭缝式的弹性导电结构，把软包电池极耳直接夹持在模组导电件上，以获得稳定的电气连接。该方式省去了焊接过程，同时拆卸方便。

圆柱电池也可以采用机械压接方案，由于依靠导电件的弹性变形保持电池与回路间的电连接，占用空间略大，导致能量密度受到影响，但好处在于电池在梯次利用中拆解方便并且获得完整电芯的可能性高。

四、连接比较

焊接的内阻小于螺接，连接电阻小，储存在电池里的电能能够以更高的效率支持汽车行驶更远的距离，这是焊接明确的优点；焊接的生产效率提升空间大，总体上，焊接优于螺接。螺接一般应用在大型电池上，其更强的导电能力得以凸显，而效率低的劣势被削弱。机械压接的好处在于拆装灵活，后期维护以及二次回收利用成功率高；缺点是组装效率很难大幅提升，若机械连接结构设计不够合理，在长期的道路车辆运行环境下，接触电阻发生变化的可能性高。

焊接螺接对比试验。选取某厂家软包装钛酸锂电池进行成组，锂电池模块由钛酸锂电池、模块安装板、绝缘隔离块、罩壳、长连接排、短连接排和极柱组成。每两个模块安装板中间放置一个电池，形成5P3S结构，串并联连接使用长连接排和短连接排将电池连接在一起，电池与长/短连接排之间以螺钉连接方式紧固。极柱作为锂电池模块对外输出的接口，与短连接排相连，连接方式也为螺钉螺母连接。长连接排与短连接排之间以绝缘隔离块进行电气隔离。

（1）连接方式一：全螺钉连接的锂电池模块，即锂电池与长/短连接排、短连接排与极柱之间的连接全部采用螺钉连接的方式。

（2）连接方式二：半激光焊接半螺钉连接的锂电池模块，即锂电池与长/短连接排之间的连接采用激光焊接方式，而短连接排与极柱之间的连接采用螺钉连接方式。

（3）连接方式三：激光焊接与一体式极柱的锂电池模块，即锂电池与长/短连接排之间的连接采用激光焊接方式，而短连接排与极柱做成一个整体的零件。

测试方法，单独测试螺钉连接和激光焊接的连接阻抗，各取一块短连接排与一节锂电池分别做螺钉连接和激光焊接试验，记录下各自的连接阻抗。同时通过测量锂电池模块正负极两端来得到整个模块的内阻值，从而比较不同连接方式下锂电池模块的内阻差异。

在锂电池模块内布置若干热电阻或热电偶作为温度测量点，通过充放电实验测试锂电池模块不同温度点的温度情况。锂电池模块额定电流为100A，考虑到超负荷运行情况下的极限电流大约为120A，故在试验测试中以120A的极限情况进行充放电。记录充放电过程中各温度测量点的最高温度、温升和温差。连接方式一的锂电池模块温度测量点为4个（受当时条件限制，只测了4个关键点），采用的是热电阻测温。连接方式二和三的锂电池模块温度测量点为12个，采用的是热电偶测温。

螺丝拧紧力不够，每个螺丝的拧紧力矩不一致；外界因素干扰引起螺丝松动，包括在运输、搬运过程中振动引起的螺丝松动。由于激光焊接是将光能转化为热能，使材料熔化，从而达到焊接的目的，相当于将两者熔为一体，因此这种连接方式的阻抗必定会比较小。从锂电池模块内阻上看，连接方式三的锂电池模块内阻优于连接方式一和连接方式二。

第三节　电池模组生产

单个电芯是不能使用的，只有将众多个电芯组合在一起，再加上保护电路和保护壳才能直接使用，这就是所谓的电池模组（Module）。通过严格筛选，将一致性好的电芯按照精密设计组装成模块化的电池模组，并加装单体电池监控与管理装置。模组全自动化生产线，全程由十几个精密机械手协作完成。另外，每一个模组都有自己固定的识别码，出现问题可以实现全过程的追溯。从简单的一个电芯到电池包的生产过程需要多道工序，也相当复杂。

一、电芯上料

装配模组工艺流程的第一步是上料，将电芯传送到指定位置，用机械手自动抓取送入模组装配线。

二、电芯清洗

由于电芯表面可能存在污垢，需要对每个电芯表面进行清洗，通常采用等离子处理技术，保证在清洗过程中的污染物不附着在电芯底部。等离子清洗技术是清洗方法中最为彻底的剥离式清洗方式，其最大优势在于清洗后无废液，对金属、半导体、氧化物和大多数高分子材料等都能很好地处理，可实现局部和整体以及复杂结构的清洗。

三、框架焊装

不论是软包电芯模组，还是方形电芯模组，都需要做一个框架结构，将电芯固定在这个框架结构内部。电池模组多采用铝制端板和侧板焊接而成，待设备在线监测到组件装配参数（如长度 / 压力等）确认后，启动焊接机器人，对端 / 侧板完成焊接，及焊接质量 100% 在线检测以确保质量。

四、盖板装配

模组四周框架结构形成后，接着是装配模组盖板。盖板上面通常会固定模组的低压线束，因此，也称为线束隔离板。焊接监测系统准确定位焊接位置后，绑定线束隔离板物料条码至生产调度管理系统，生成单独的编码以便追溯。打码后通过机械手将线束隔离板自动装入模组。

五、电极焊接

模组电芯之间的电极需要根据设计进行串并联，模组电芯电极之间的串并联通常采用激光焊接，通过自动激光焊接来完成极柱与连接片的连接，从而实现电池串并联。

六、下线测试

模组生产出来后，下线前需要对模组全性能进行检查，包括模组电压／电阻、单体电池电压、耐压测试和绝缘电阻测试。标准化的模组设计原理可以定制化匹配不同车型，每个模块还能够安装在车内最佳适合空间和预定位置。

第四节　电池包结构设计

发展新能源汽车是有效缓解能源和环境压力，推动汽车产业可持续发展的重要途径。动力电池作为新能源汽车能量供给的核心零部件，其性能直接影响了新能源汽车的性能表现。其中，动力电池箱体作为动力电池的载体，在动力电池安全工作和防护方面起着关键作用。传统电动汽车动力电池箱体大多采用金属材料制造，随着制造材料的发展，为了提高新能源汽车经济性，实现动力电池轻量化，复合材料被逐渐应用到动力箱体设计中。

电池包结构设计需满足《电动汽车安全要求第1部分：车载可充电储能系统（REESS）》GB18384—2020。

电池包高压回路采用两路电流采集，一路是在正极回路上采用霍尔式传感器采集，另一路是在负极回路上采用分流器采集。通过两路采集电流，可以有效避免电流传感器损害带给电池系统失效的可能性，提高电流采集的准确性。

动力电池箱体对材料的要求有高强度、轻量化以及优良的耐蚀性，碳纤维在这三个方面具有极大的优势。首先，碳纤维复合材料具有较高的比强度（材料的拉伸强度和密度之比）和比模量（材料的弹性模量与密度之比），其比强度是钢材的5倍，碳纤维和环氧树脂复合后的密度为1.4kg/m³；其次，该材料还具有优良的耐蚀性和阻燃性。因此，结合碳纤维复合材料设计的特点，研究碳纤维动力电池箱体设计方法，以满足动力电池轻量化的需求。

一、功能需求

电池箱体作为电动汽车用动力电池的防护零件，对结构设计、重量等方面的要求都很高。在电池模块的重量和尺寸确定之后，设计电池箱体时考虑的因素比较多：

(1) 电池箱体是电池模块的承载件，电池模块需要通过它连接到车身上。

(2) 动力电池一般安装在车体下部，考虑到电池模块的工作环境，电池箱体需要具有对模块的防护功能，需要考虑模块的防水防尘以及道路环境对电池箱体的腐蚀；电池箱体还需要考虑承受车辆运行过程中的振动和冲击等。

二、方案设计

根据电池模块的形状和布置方式，结合动力电池在车身上的位置，本着尽量利用空间的原则，将电池箱体的外包络设计为接近方形的箱体结构。其主体结构层由碳纤维布铺附而成，并且辅以树脂，在连接处使用了金属接头，金属接头和主体结构层之间用结构胶连接。

电池模块组和箱体之间采用金属紧固件进行连接。为了增加零件的强度和模态，在一些大面积的结构面上，加强筋是提高结构稳定性的典型形式，而帽形筋条相对来说承载效率高、重量低。鉴于连续纤维复合材料的特性，在碳纤维加强结构凸筋和凹筋处做等厚设计。

三、工艺设计

碳纤维复合材料产品的成型方式有很多种，其中适用于碳纤维电池箱体的加工工艺有模压成型、真空辅助成型、树脂传递模塑等。

(1) 模压成型：模压成型工艺是将一定量的预浸料放入到金属模具的对模模腔中，利用带热源的压机产生一定的温度和压力，合模后在一定的温度和压力作用下使预浸料在模腔内受热软化、受压流动、充满模腔成型和固化，从而获得复合材料制品的一种工艺方法。

模压成型和RTM工艺适用于零件批量大的情况；VARI工艺所需模具成本较低，成型产品的纤维含量较高，但整个成型过程耗时长，适用于批量要求小、成本低的零件生产。模压成型工艺的特点是在成型过程中需要加热，使预浸料中的树脂软化流动，充满模腔并加速树脂基体材料的固化反应。在预浸料充满模腔的过程中，不仅树脂基体流动，增强材料也随之流动，树脂基体和增强纤维同时填满模腔的各个部位。

只有树脂基体黏度较大、黏结力较强，才能与增强纤维一起流动，因此模压工艺所需的成型压力较大，这就要求金属模具具有高强度、高精度和耐蚀性，并要求用专用的热压机来控制固化成型的温度、压力、保温时间等工艺参数。

模压成型方法生产效率较高，制品尺寸准确，表面光洁，尤其对结构复杂的复合材料制品一般可一次成型，不会损坏复合材料制品性能。其主要不足是模具设计与制造较为复杂，初次投入较大。尽管模压成型工艺有上述不足，但其目前在复合材料成型工艺中仍占有重要的地位。

碳纤维模压成型的工艺流程如下。

1）准备工作。做好预浸料、成型工装模具、随炉试件的配套工作，并清理模具中上一次使用残留的树脂、杂物，保持模具的干净和光滑。

2）预浸料裁剪与铺层。将即将做成产品的碳纤维的原料准备好，预浸料复验合格后，计算好原料的用料面积、用料张数，把原料一层层叠加起来，同时对叠加的材料进行预压，压成形状规整、质量一定的密实体。

3）装模固化。把叠好的原料放置到模具中，同时在内部放入塑料气囊，合模；将整体放入合模机中，对内部塑料气囊加恒定的压力和温度，设置恒定的时间，使其固化。

4）冷却脱模。对经过热压处理一段时间的模具先冷却一段时间，然后揭开模具，进行脱模处理并清理好工装模具。

5）加工成型。脱模后的产品需要对其进行清理，用钢刷或铜刷刮去残留的塑料，并用压缩空气吹净，对成型的产品进行打磨，使表面光滑整洁。

6）无损检测及最终检验。按设计文件要求对制品进行无损检测和最终检验。

（2）真空辅助成型（Vacuum Assisted Resin Infusion，VARI）：VARI 是一种新型的低成本的复合材料大型制件的成型技术，是在真空状态下排除纤维增强体中的气体，利用树脂的流动、渗透，实现对纤维及其织物浸渍，并在一定温度下进行固化，形成一定树脂 / 纤维比例的工艺方法。

VARI 作为一种先进的液体模塑成型工艺，具有的主要优点是成本低，特别适合大尺寸、大厚度结构件的制作，还可以在结构件内表面嵌入加强筋、内插件和连接件等；工艺稳定性好；制品纤维体积含量高（最高可达 70% ~ 85%）、孔隙率低，性能与热压罐工艺接近；闭模成型，比较环保。由于工艺的特殊性，VARI 对树脂体系、封装系统、控制系统有着特定的要求：

1）需要黏度低并能在常温下固化的树脂基体，最佳黏度范围为 100 ~ 300mPa · s。

2）树脂凝胶前的低黏度平台时间要足够长，以保证充分的操作时间。

3）对于高温环境下使用的树脂，应具有较高的玻璃化转变温度。

4）树脂应具有良好的力学性能和阻燃性能。

5）真空负压最佳值≤ 0.095MPa，以保证纤维铺层压实致密。

6）良好的密封有利于提高真空度和排出气泡，减少制品孔隙率。

7）恰当地选择制品成型厚度。

8）合理的树脂流道和真空通道设计，保证排出气体和树脂能均匀地浸渍增强材料，避免产生缺陷。

（3）树脂传递模塑（Resign Transfer Molding，RTM）：RTM 是将树脂注入闭合模具中浸润增强材料并固化的工艺方法，也是碳纤维操控台常用的成型工艺之一。树脂传递模塑的主要工艺流程如下。

1）铺层。由熟悉碳纤维铺层工艺的工艺人员制定工艺生产图纸，确定每一层碳纤维所用的碳纤维布层的形状和铺设要求，按照规定的数量和表面处理方法由铺层工人根据铺层工艺卡片将碳纤维布层一层一层地铺设到模具中。

2）压紧。将碳纤维布层铺设到模具中后，进行合模。通过定位装置，将模具的凸凹模合在一起，并通过螺栓压紧。

3）注塑固化。模具压紧后，通过模具注塑口向模具中注入一定温度的环氧树脂。在注入过程中，在模具内部通入循环热油，使模具的温度始终保持在一定的温度范围内。注塑完成后，保温一定时间进行脱模。注塑过程中，如果生产工艺控制不好，会导致在碳纤维复合材料内部产生气泡，从而影响碳纤维复合材料的性能。为了能够有效地消除气泡，采用以下方法：使模具内部真空度保持为 10Pa，树脂穿透空隙，从而大幅降低空隙率，纤维被完全浸润。在进行注塑的过程中，使模具整体处于振动状态，振动会产生高的剪切速度，使树脂黏度下降，从而改变树脂的流动，充分浸渍预成型体，提高树脂的固化交联度，降低气泡含量。

4）脱模。将压紧模具的螺钉松开，凸模和凹模脱离。此时，碳纤维毛坯件位于凹模中，使用特制起模工具进行起模，形成碳纤维毛坯件。

5）后处理。脱模完成后，碳纤维毛坯件表面较为粗糙，边缘飞边较多。为了便于拼接，需对拼接面进行表面处理和去飞边。表面处理和去除飞边后，对分型毛坯件进行机加工，机加工拼接孔。

在拼接工装的辅助作用下，将分型件按照图纸要求在拼接面处涂黏接剂，并采取一定措施进行紧固。在工装的固定下，保持一定时间待黏接剂完全凝固，从而形成整型毛坯件。

在经过成型之后，则还需对特殊的装配表面和安装孔及安装面进行机加工，从而形成喷漆前的机加工件。机加工件再进行表面喷涂，若是零部件需要具备电磁屏蔽效果，则还需在内表面涂导电漆，经过多道工序后才能制造出一个完整的碳纤维产品。

四、铺层设计

VARI 是一种将干织物通过真空辅助导入成型的工艺方式，其工艺原理是在单面刚性模具上以柔性真空袋膜包覆，密封纤维增强材料，利用真空负压排除模腔中的气体，并通过真空负压驱动树脂流动而实现树脂对纤维及其织物的浸渍。电池箱体的工艺方案为：凹模成型模具，表面进行高光或者亚光处理，在模具上铺设一定层数的碳纤维布料后，通过导流网、导流管、密封条的辅助，由真空泵将混合好的树脂材料抽吸到纤维布中，最后进行固化。固化成型后脱模，并对边界及需要开孔的部位进行切割加工。

电池箱体的碳纤维编织布可以采用 T300-3K 和 T300-12K 两种织布混合的方式，共 10 层碳纤维平纹织布加树脂的设计。铺层时主要考虑了以下注意事项：铺层角的均衡性、同一铺层方向的数量要求、铺层的对称性、铺层层间角度的偏差、限制最大连续铺层数。电池箱体零件采用了 10 层平纹织布交叉平铺的方式，铺层方式为 0/45/0/45/0/0/45/0/45/0。

五、连接设计

电池模块需要通过电池箱体连接在车体上，电池箱体在连接处采用了金属紧固件进行连接，这些紧固件部分采用埋入方式，通过控制埋入的深度使连接处能够承受较高的拉伸强度；部分紧固件和碳纤维本体之间采用结构胶黏结在一起。

第五节　电池包结构分析

碳纤维动力电池箱体需要从强度、模态、疲劳及振动四个方面对动力电池箱体结构进行仿真分析，为动力电池系统的耐久性研究和结构优化提供参考。

一、强度分析

4 个工况对动力电池进行加载，主要是考察电池系统在车辆正常行驶过程中，由于制动、转向、跳跃等因素，电池系统承受来自不同方向载荷下的结构强度。

二、模态分析

模态是机械结构的固有振动特性，模态分析用于确定设计结构或机器部件的振动特性，即结构的固有频率和振型。对动力电池箱体来说，模态分析主要是考察蓄电池系统结构的前六阶固有频率及振型。由于随机振动标准 SAEJ2380 在 Z 向振动要求中，35 ~ 40Hz 及以下频率段属于高振动能量区，故要求电池包向低阶模态应尽可能高于 35 ~ 40Hz。对模型进行模态分析后，结果显示电池壳体结构的一阶模态为 61Hz，符合对低阶模态的要求。

三、疲劳分析

采用 ISO16750 中规定的方法对动力电池箱结构的抗机械冲击能力进行疲劳分析。冲击脉冲采用半正弦形脉冲波形，峰值加速度为 $500m/s^2$，持续时间为 6ms。冲击的加速度在所用 6 个方向上进行。分析结果显示，电池托盘和壳体的最大应力为 76.5MPa，远小于材料的许用应力。

四、振动分析

动力电池箱体的振动分析选用 SAEJ2380 中的标准。按 SAEJ2380 中规定的方法对动力电池箱结构的抗机械振动能力进行分析。分析结果显示，电池托盘和壳体的最大应力远小于材料的许用应力，碳纤维电池壳体满足设计要求。

第十一章　锂离子电池安全性的设计方法

第一节　概述

一、概述

与金属锂二次电池相比，锂离子电池的安全性有了很大的提高，但仍然存在许多隐患。扩大锂离子电池的商品化程度，电池的安全性能不容忽视。对锂离子电池的安全保护通常是采用专门的充电电路来控制电池的充放电过程，防止电池过充放；也有在电池上设置安全阀和热敏电阻。这些方法主要通过外部的手段来达到电池的安全保护，然而要从根本上解决锂离子电池的安全性能，必须优化电池所用材料的性能，选择合适的充放电制度。

我国已经成为锂离子电池的生产大国。众所周知，锂离子电池的安全性能虽然有了很大的提高，但仍是不容忽视的。一般在电池本身的铝壳（正极罐）上有安全阀（开裂阀），还采用专门的保护回路和热敏电阻来提高锂离子电池的安全性能。

锂离子电池以其高比能量、高电压、无记忆效应、环保以及寿命长等优点，已广泛用作便携式电子产品，如移动电话、笔记本电脑等的电源。在便携式小容量锂离子电池成功应用十多年后，大容量动力型锂离子电池也正在逐步开发应用并有望用于电动车（EV）、混合电动车（HEV）及大中型通信装置。虽然锂离子电池相对金属锂一次电池的安全性有了较大的改善，但随着大容量锂离子电池的深入研究和应用，其过充、短路等滥用时的安全性问题逐渐突出，已成为动力型锂离子电池大规模应用时必须攻克的技术难题。影响锂离子电池安全性的主要因素有电池的电极材料、电解液以及制造工艺和使用条件等。滥用时，电池内部发生的不可控化学反应与放出的热量直接相关，而最关键的影响因素是电极材料自身的稳定性及其与电解液的反应。当电池中热量的产生速度大于散热速度时，就会出现电池的冒烟、着火甚至爆炸，因此，目前对锂离子电池安全性方面的研究主要集中在研究电极材料与电解液的反应及其热效应方面，这些研究加深了人们对锂离子电池内部所发生的一系列放热反应的认识，并提出采用保护电路、开发新的功能电解液等措施有效地提高了电池的安全性。

锂离子蓄电池是继铅酸、镍镉、镍金属氢化物蓄电池之后的新一代高能“绿色”

能源，被广泛用作现代移动通信设备和笔记本电脑及摄录像一体机等信息产品的电源。随着锂离子电池商业化的发展，锂离子电池的循环性能及安全性能的提高日益受到人们的重视。如果锂离子电池的安全性能彻底解决，加之其比能量高、清洁无污染等优点，其发展前途将不可限量，所以电池安全性能的研究非常重要。

电池的安全性能与温度密切相关，当电池温度升高时，电池内部将发生一系列放热反应。可能的放热反应有：

(1) 负极与电解质的反应；

(2) 电解液的热分解；

(3) 电解液在正极的氧化反应；

(4) 正极的热分解；

(5) 负极的热分解。

而锂离子电池的安全性关键在于电池的电解液使用了易燃的有机碳酸酯，因此，寻找阻燃或不燃的替代溶剂体系是一种自然的选择。另外，作为汽车能源要求大的充放电电流、高的功率，锂离子电池充放电过程中会在局部产生上百度的高温，这对有机电解液是非常苛刻的条件。我们希望在电池发热产生高温条件下电解液必须保持稳定，整个电池不会发生热失控现象，因此找到具有更好热稳定性和电化学性能的电解液体系非常必要。

对电解液热稳定性的研究主要是以通过差示量热分析（DSC）和加速量热计（ARC）方法进行测定。在电解液研究领域中，除使用新的有机溶剂和锂盐外，用于改善电解液性能的各类添加剂也得到了广泛的研究。现在主要研究的添加剂有 SEI 成膜添加剂、电导率改善添加剂和电池安全保护添加剂。

锂离子电池的安全设计应该包括多重安全机制的应用：

(1) 在满足电性能指标要求和安全性两个方面做到合理匹配，让电池本身足够安全，并能通过所有规定的滥用试验规范要求。

对于锂离子动力电池，通常应该把选择安全性高的材料放在首要位置（包括正负极材料、电解质材料、厚度适当且具有关闭功能的隔膜以及提高安全性的添加剂等），其次要适当设计单体电池的容量，另外在电池内采取必要的防止滥用的措施（如 PTC）。

(2) 采取适当的可自动恢复或设定的保护或限制滥用的措施，避免滥用发生（如限制充电、防止过流、限制过放电的电路等）。

(3) 采取可更换或可修复的保护或限制滥用的措施，避免滥用发生（包括限制电流的机械电流断路器和热熔断保险丝等）。

(4) 采取使电池完全失效，但确保安全的最后措施（如隔膜关闭功能、电池盖拉断机构及其他泄放机构等）。

二、固态锂离子电池安全性

(一) 锂电池发展趋势

随着电动汽车、储能电站等领域的不断发展和普及，人们对化学储能技术提出了更高的要求，就目前而言，高能量密度是储能技术发展的关键，尤其是电动汽车领域。然而，高能量密度意味着锂离子电池不仅须匹配更高电压的正极、高容量的负极和耐高压电解液，同时必须确保电池的安全性，而有机电解液自身的易燃、易爆、电化学窗口窄等短板极大限制了锂电池向高能量密度的发展。因此，为了从根本上解决锂电池的安全性问题，提高其能量密度，将可燃易爆的有机电解液全部替换为本身不燃烧、热稳定性好的固体电解质是非常有效的解决方案，由此构建的固态锂电池不仅可以实现高的能量密度，而且将极大提高电池安全性。

(二) 固态锂电池的分类及结构优势

固态锂电池根据电解质不同可以分为混合固液电解质锂电池和全固态锂电池。混合固液电解质锂电池是指电芯中同时存在固体电解质和液体电解质的一类锂电池。全固态锂电池则指其电芯由固态电极和固态电解质材料构成，电芯在工作温度范围内，不含有任何质量及体积分数的液体电解质，也可称为“全固态电解质锂电池”。

固态锂电池具有许多优点。首先，因为固态锂电池中没有或有少量液态电解质，电池模组的组装就更加便捷，电池包的总质量将大大降低，尤其是固体电解质具有较高的杨氏模量，有望能够抑制锂枝晶的产生，使得高容量的锂金属作为负极成为可能，十分有利于实现固态锂电池的高能量密度。其次，固体电解质具有更好的电化学稳定性和不可燃性，能够更加适应于高电压、高容量的三元正极材料，有利于增加电芯的能量密度，提高电芯安全性。最后，固态锂电池由于其固体电解质材料的非流动性，可以轻松实现电池单体的内串、内并等结构，大大简化了电池系统的设计。因此，固态锂电池技术被认为是可以从本质上解决锂离子电池安全问题，同时大大提高其能量密度的最具潜力的技术。

分析比较传统液态锂电池与固态锂电池结构上的不同，最主要的不同就是固态锂电池中的固体电解质替代了传统液态锂电池的有机电解液和隔膜，而工作原理上这两类电池是一致的。即在充电过程中，电池内部加在电池两极的电势迫使正极化合物释放出锂离子，锂离子通过电解质和电解质 - 电极界面嵌入负极中，此时，正极处于贫锂态，负极处于富锂态；电池外部，电子由外电路迁移到负极。在放电过程中，锂离子和电子的运动正好与充电时相反。在正常充放电情况下，不断的充、放电过程，就是锂离子在正、负极间嵌入和脱出的过程，只是引起晶格间距变化，不会破坏晶体结构。固体电解质的主要功能与液态电解质和隔膜相似，都是允许锂离子在正、负极间通过，阻止电子通过和防止短路。因此，固体电解质应具备一些基本要求，如高的室温离子电导率、电子电导绝缘性、高的离子迁移数和宽的电化学稳定窗口等。经过多年的发展，固态锂电池的研究取得了长足的进步，然而目前固态锂电池仍存在一些问题，如固体电解质离子电导率仍有提升空间、电极与电解质界面性能差、成本高、对环境敏感、低温性能差等。

(三) 液态锂离子电池安全问题原因剖析

锂离子电池多次发生燃烧安全事故，从外部原因分析，过充、过放、电池短路、热冲击、针刺等会导致锂离子电池安全问题；从内部原因分析，造成液态锂离子电池安全问题主要有如下几点。

(1) 负极析锂。由于嵌入负极材料内部动力学较慢的原因，在低温过充或大电流充电情况下，金属锂会直接析出在负极表面，可能导致锂枝晶，造成微短路，高活性的金属锂与液体电解质直接发生还原反应，损失活性锂，增加内阻，影响电池性能。

随着循环不断进行，锂枝晶会进一步地增加，进而刺破隔膜，导致电池短路、漏液甚至发生爆炸。而固体电解质具有极高的杨氏模量，能够抑制锂枝晶的生长，从而保证安全性。

(2) 正极材料释氧及结构破坏。当正极充电至较高电压时，其处于高氧化态，晶格中的氧容易失去电子以游离氧的形式析出，游离氧会与电解液发生氧化反应，放出大量的热，而且低着火点的有机电解液在氧的存在和温度升高的情况下极不安全，从而电池极易发生燃烧、爆炸。而固态锂电池中固体电解质不仅具有宽的电化学稳定窗口，同时不易燃、易爆，跟游离氧发生反应的程度大大降低，因此可以显著提高电池安全性。

(3) 电解液分解和反应。液态锂离子电池的电解液为锂盐与有机溶剂的混合溶液，其中商用的锂盐为六氟磷酸锂，该材料在高温下易发生热分解，并会与微量的水以及有机溶剂之间进行热化学反应。电解液有机溶剂为碳酸酯类，这类溶剂沸点、闪点较低，在高温下容易与锂盐释放的 PF_5 反应，易被氧化。当有锂、氧存在时，会发生一系列放热副反应，直接影响电池性能，甚至导致电池起火、爆炸。而固体电解质本身热稳定性极好，且高温离子传导更快，使得固态锂电池更安全，同时将表现出更好的高温电池性能。

(4) 隔膜均匀性差及收缩破裂。当锂枝晶刺穿隔膜或温度较高时隔膜发生收缩破裂，就会使电池正负极发生短路，情况严重时会造成安全事故。而对于固态锂电池而言，其本身不包含隔膜，可以大大降低安全风险。

(5)高温失效。高温可以来自外部原因，也可以来自内部的短路、电化学与化学放热反应、大电流焦耳热。在高温下，会导致电池内部出现一系列不良反应，如SEI膜分解、高活性的正负极材料与电解液发生反应、锂盐自分解、正极释氧、电解液反应等，这些反应有可能导致热失控。固体电解质因自身特点，其在高温状态下离子电导更好，且热稳定性非常好，使得固态锂电池在高温状态下也具备高安全性。

因此，无论是工业界还是学术界针对传统液态锂电池技术安全问题从材料、电极、电芯、模组、电源管理、热管理、系统设计等各个层面采取了多种改进措施，虽取得一定效果，但对于能量密度要求越来越高的锂离子电池储能技术而言，其安全性问题依然十分突出，热失控难以彻底避免。因此，如何突破这一技术瓶颈，满足高能量密度、高安全性储能电池技术的需要，开发理论上不易燃烧的固体电解质，进而发展出替代传统易燃、易爆的有机电解液的固态锂电池，十分必要和迫切。

(四)固态锂电池关键材料

1. 固体电解质

固态锂电池最关键的材料就是固体电解质材料。目前研究比较多的主要有聚合物固体电解质和无机固体电解质，其中无机固体电解质又分为氧化物固体电解质和硫化物固体电解质。

聚合物固体电解质通常由聚合物基体和锂盐构成，常见的聚合物基体有PEO、PAN、PVDF、PMMA等，因为PEO能更好地解离锂盐且对锂稳定，所以PEO及其衍生物成为目前主流的聚合物固体电解质。但是，聚合物固体电解质的室温锂离子电导率较低，严重影响电池大倍率充放电能力及能量密度。

氧化物固体电解质分为钙钛矿型、NASION型、LISICON型、石榴石型等晶态氧化物固体电解质和LiPON等玻璃态氧化物固体电解质。晶态氧化物固体电解质化学稳定性高，能稳定存在于大气环境中，非常有利于规模化制备，但改善其室温离子电导率及界面相容性仍需要重点研究。玻璃态的LiPON是目前唯一商业化应用的电解质材料，其电化学窗口达到5.5V，热稳定性好且与电极材料的相容性好，但目前室温电导率较低，且电池容量难以做大。无机固体氧化物电解质与液体电解质相比具有十分优异的安全性，其在火烧、水洗及外力挤压条件下均能保持良好的稳定性和强度，不起火、不燃烧。

硫化物固体电解质是目前具有较高室温电导率的一类固体电解质材料，具有非常好的应用前景。Kamaya等报道的硫化物电解质材料$Li_{10}GeP_2$-S_{12}（LGPS），室温离子电导率高达1.2×10^{-2}S/cm，甚至好于液态电解液，且其电化学窗口宽，与材料的相容性较好，虽然目前电池循环性能有待改善，但通过改性后非常有希望应用于固态锂电池中。玻璃陶瓷类的硫化物固体电解质普遍具有良好的热稳定性和宽的电化学窗口，它们室温离子电导率可达 $10^{-4} \sim 10^{-2}$S/cm，也是一类极具应用潜力的固体电解质。Tatsumisago 等对 Li_2S-P_2S_5 体系的硫化物电解质做了系统研究，通过改性，使得其室温离子电导率有了大幅提升。值得一提的是，硫化物固体电解质虽然具有较高的室温离子电导率，但其空气中的稳定性较差，尤其是潮湿环境中容易与水发生反应的问题，释放出有毒有害气体。令人欣慰的是，通过对硫化物电解质材料的结构改性和修饰，可以显著提高其在空气中的稳定性，可以预期一旦空气中化学稳定性问题得到解决，硫化物固体电解质将具有非常广阔的应用前景。中国科学院宁波材料技术与工程研究所前期对硫化物电解质进行了系列改性，通过 Zn、O 双掺杂的工艺手段，可以显著提供其空气中稳定性。同样，硫化物电解质也具有极高的安全性，电解质 LGPS 材料经过 600℃高温，仍具备电解质原来的晶体结构。

随着固体电解质不断发展，基于固体电解质的固态锂电池在近几年也取得了非常大的进步，无论是电解质与电极材料界面问题，还是固态锂电池的能量密度和功率密度均得到了较大的改善和提升。近些年来涌现出了大量关于固体电解质制备、界面修饰、电芯制造等方面的专利与论文。

2. 固态锂电池安全性

从安全性测试方面来看，固态锂电池展现出十分优异的安全性和可靠性，中国科学院宁波材料技术与工程研究所试制了氧化物固体电解质膜的全固态锂电池，该电池在弯折、剪切，甚至火烧情况下均能正常工作，展现出十分优异的安全性。另外，通过无机电解质层与有机电解质层的复合，能十分有效地改善电解质 / 电极界面兼容性，构建的全固态锂电池展现出极其优异的循环性能，所制备的全固态锂电池在 60℃工作温度下循环 1000 周后仍具有 90% 以上的容量保持率。

中国科学院青岛能源研究所制备的基于聚合物基固体电解质的全固态锂电池，该电池在针刺试验中仍不起火、不爆炸，展现出极好的安全性。此外，北京科技大学研究团队通过“polymer-in-ceramic”的思路制备了有机 / 无机复合固体电解质薄膜，表现出良好的阻燃性，组装的全固态锂电池在各种工况下具备极好的安全性。

三、锂离子电池安全性能测试

例如，在 60Ah 三元材料电池模块短路试验过程中，满电态模块电池电压是 20.4V，短路器电阻是 3mΩ，在实际测试时短路过程中的瞬时最低电流是 3293A，电池持续放电电流是 3000A，这时锂离子电池内部会产生大量的热能，电池温度不断升高，在高温作用下，电池内部会出现正负极材料、电解液。

(一) 短路试验

例如，在60Ah三元材料电池模块短路试验过程中，满电态模块电池电压是20.4V，短路器电阻是3mΩ，在实际测试时短路过程中的瞬时最低电流是3293A，电池持续放电电流是3000A，这时锂离子电池内部会产生大量的热能，电池温度不断升高，在高温作用下，电池内部会出现正负极材料、电解液的放热反应和产气反应。气化后电解液会与可燃气体一起撑破电池外壳扩散到空气中，高温会点燃闪点低的线型碳酸酯，引发电池起火问题，还会因短路出现电池外部起火现象。

(二) 过充电试验

在过充电试验过程中，碳负极表面会形成固态电解质界面膜，亚稳定层会出现放热分解反应，随后继续充电，电池电压会越来越大，电池温度也会升高，电池内部会发生正负极和电解液之间的反应，且高电压会分解电解液。因此，电池内部会出现气体而出现鼓胀现象。并且，在高温高压作用下，电池内部会喷射出大量气体，形成浓厚的烟雾，在短时间内电解液中的线型碳酸酯被高温点燃，发生起火和爆炸现象，而在多只电池先并联再串联的模块短路试验过程中，还会出现另外一种电池起火现象。在电池产气鼓胀出现电池变形的情况下，电池外部的正负极极耳会在连接片作用下产生接触，出现短路起火现象。

(三) 挤压试验

挤压试验会导致电池出现热失控现象，挤压压力使得电池出现变形，内部隔膜破裂，电池正负极极片接触，使得电池内部出现与针刺试验相似的反应，进而引发电池起火、爆炸现象。在电池发生变形问题时，正负极极耳接触会形成外部短路现象，最终导致起火、爆炸问题。

第二节　锂离子电池材料方面的措施

一、电池材料的选择

对锂离子电池的ARC测试结果表明随着开路电压升高电池起始放热反应温度下降并且电池的自加热速率增大，因而电池安全性下降；循环次数以及容量对电池的起始放热反应温度影响不大，但随着循环次数以及容量的增加，电池的自加热速率增加，因而电池热安全性总体来说也在下降。正负极材料热分析表明，负极在60℃左右开始放热，而正极在110℃左右开始放热，但正极放热反应比负极剧烈，是导致电池爆炸失控的主要原因。

从过充机理来看，电池过充安全性与正极材料有密切关系，不同正极材料在过充过程中的结构稳定性不同。当电池温度迅速上升时，不同正极材料的电池安全性各不相同。其中以磷酸铁锂为正极材料的电池安全性能较好，而镍钴锰酸锂电池又好于钴酸锂电池。由于电池的其他部分基本相同，因此正极材料的安全性就决定了电池的安全性差异。

现在，主流锂离子充电电池的正极通常采用$LiCoO_2$，负极采用石墨，当温度达到150℃左右时，正极材料会产生氧气，并和电解液发生反应，出现异常发热的现象。因此，很多汽车采用很难产生氧气的$LiMn_2O_4$作为正极材料。另外，$LiMn_2O_4$因为锰的溶出而会导致寿命不稳定，同时，其能量密度与现在的锂离子充电电池相比有所降低。因此，正考虑采用镍类正极材料，并正在推进相关的研发工作。镍类正极材料可分为两种，它们产生的热量和耐热温度也不一样。为了提高电池的安全性，汽车制造商及电池生产商在研究正极材料特性的同时，也在使用不同的负极材料、电解液及隔膜反复进行试验，以找到最合适的组合。

许多公司都选择了采用$LiFePO_4$作为锂离子充电电池的正极材料，虽然其平均电压很低，只有3.5V，能量密度也很低，但在高温下的安全性却非常高，并且价格稳定。因此，厂商对$LiFePO_4$寄予厚望。

在实际应用方面，美国公司针对正极材料利用了在粒径很小的磷酸铁中适量添加碳素的方法，从而提高了电池的充放电周期寿命特性。该公司的试验结果表明，其面向插入式混合动力车所开发的电池单元在放电深度（DOD）100%的条件下经过3000个充放电周期后，仍然能维持90%的容量。

美国EnerDel公司展示的混合动力车锂离子充电电池引起了人们的注意。这款电池的正极采用了业内公认安全性较好的$LiMn_2O_4$，负极则采用了安全性更高的$Li_4Ti_5O_{12}$。$Li_4Ti_5O_{12}$不仅能够提高安全性，还可以提高电池单元在低温下的放电特性和在整个温度区间内的充放电周期寿命特性。和通常的石墨不同，$Li_4Ti_5O_{12}$与电解液之间的界面上不会形成SEI薄膜，因此，内阻不会增加。而且，由于不会产生树枝状晶体，电池单元也能够避免热失控现象。在放电特性方面，该电池单元的放电率可以达到50C。而且，由于内阻较低，并可以利用与石墨作负极材料时不同的电解液，因此在低温下的放电特性也很优异。在放电率为11C时的试验结果表明，-30℃的条件下可以确保90%以上的放电容量。在进行充放电的过程中，$Li_4Ti_5O_{12}$的体积膨胀率很小，不到0.2%，即使反复进行充放电，晶体结构也不会崩溃。相比之下，石墨的体积膨胀率通常为9%左右，限制了其充放电周期寿命特性的提高。

不过，因为新开发的电池单元的平均电压很低，仅为2.5V，同负极采用石墨的锂离子充电电池相比，其缺点是能量密度较低。所以，EnerDel公司认为，此次开发的电池单元不适合用于电动汽车，而最适合于需要高输出功率的混合动力车。

微量杂质的存在对电池性能的影响非常大，提高电解液的纯度可以保证电解液中有机溶剂较高的氧化电位，降低$LiPF_6$的分解，减缓SEI膜的溶解，防止气胀。溶剂的纯度直接影响到其氧化电位，从而进一步影响电解液的稳定性。水、乙醇等质子性化合物，在电池的首次充放电过程中，与$LiPF_6$发生反应，造成HF含量的增加；而水和HF又会和SEI膜的主要成分$RoCO_2Li$和Li_2CO_3发生反应，从而破坏SEI膜的稳定性，致使电池性能恶化，影响电池的安全性能。金属杂质离子具有比锂离子更低的还原电位，在充电过程中，它们首先嵌入碳负极中，减少锂离子嵌入的位置，从而减少了锂离子电池的可逆容量。金属杂质离子含量高时，不仅会导致锂离子电池可逆容量的下降，而且还可能因为它们的析出导致石墨电极表面无法形成有效的SEI膜，使整个电池的性能遭到破坏，因此必须将杂质控制在一定范围内。

应用功能性电解液作为防止热失控现象的手段，防止电池发生过度充电的实例。具体来说，在电解液中添加质量2%的CHB（环已基苯）可以防止电压上升，从而避免热失控现象的发生。由于CHB发生分解时的电压低于电解液的主要成分EC的分解电压，因此，电池单元的温度能够控制在100℃以下。而且，与不添加CHB时相比，添加CHB之后不仅放电容量不会下降，而且还可能提高100个充放电周期之后的容量保持率。在耐热性隔膜方面，目前的隔膜在150℃左右将会溶解，即发生熔化现象。东燃化学公司研发出了在190℃时不会溶化的隔膜。锂离子充电电池是否会发生热失控现象，基本取决于190℃以下的温度区间，所以该公司认为，使用此次开发的隔膜可以提高电池的安全性。至于电池中微多孔膜的孔洞会由于发热而发生堵塞，并停止锂离子交换的切断功能，仍然和以前一样，会在大约130℃时发挥作用。

（一）选择负极材料的要求

自锂离子电池诞生和投入实际应用以来，其负极材料常选择以下几种：石墨化碳基材料、无定形碳材料、硅基和锡基负极材料、新型合金和纳米氧化物等其他负极材料。负极材料的选择要遵循以下原则。

（1）锂离子电池负极材料在充放电过程中，锂离子的插入和氧化还原电位要尽可能低，一定要接近于锂金属材料的常规电位值，这样才能保证电池两极的输出电位高；

（2）锂离子电池的可逆容量决定了电池单次使用时间的长短，在选择负极材料时，要使锂离子尽可能多地插入和快速脱插，以得到高容量密度；

(3) 为了保证锂离子电池的使用寿命即循环充放电次数，在锂离子整个插入和脱插过程中，锂的插入和脱插应该可逆，并且在此过程中，负极材料的主体结构不能有大的体积变化；

(4) 插入化合物要有良好的化学稳定性、良好的表面结构，较大的扩散系数、良好的电子电导率和离子电导率，这样的材料制成的电池电压才不会发生明显变化，从而可减少电极极化，保证大电流的充放电；

(5) 最重要的是材料应具有环境友好、无污染的优点，且价格便宜。

(二) 碳基负极材料

锂离子电池负极材料的首选是碳基材料，其次是合金材料。碳原子是化学元素周期表中第 12 号元素，由它组成的材料丰富多彩，有许多以 sp^2 和 sp^3 杂化轨道构成的同素异形体，如零维材料富勒烯 (足球烯)、一维材料碳纳米管、二维材料石墨烯和三维材料石墨。碳碳键在碳材料中有单键和双键，单键的晶格常数一般为 0.154nm，双键长一般为 0.142nm；碳材料也可以分为难以石墨化的硬碳和容易石墨化的软碳。在锂离子电池中，碳基材料直接与电池的电解液接触，所以材料表面结构对电解液的分解和界面的稳定性具有重要意义。影响表面结构的因素包括端面与平面的分布、表面的粗糙因子、表面材料的物理吸附杂质和化学吸附。

富勒烯中每个碳原子参与形成两个六边形环和一个五边形环，六边形环以 sp^2 杂化轨道成键，键角为 120°，五边形环以 sp^3 杂化轨道成键，键角为 108°。富勒烯因其特殊结构而具有超导性、非线性光学性和磁性，分子结构稳定且硬度很高，可用于超级润滑剂固体燃料、计算机芯片和晶体管。但其可逆储锂容量低、价格高，不适合作为锂离子电池负极材料。碳纳米管自 1991 年被发现以来，其特有的纳米性能得到了诸多研究领域科学家的关注，它是一种由碳碳共价键结合而成的六边形的单层或多层纳米级别的管状结构材料，单层碳纳米管曲卷后可得到富勒烯。锂离子插入多层碳纳米管中后由于较强的电荷静电引力很难脱插，且纳米管内部有许多缠绕结和钝态碳层，使得其作为负极材料有较高的不可逆容量。对于单层碳纳米管，因其较大的比表面积，作为负极材料时第一次可逆容量很高，但循环次数少，这是因为锂的插入会导致纳米管的晶格被破坏。

(三) 非碳基负极材料

锂离子电池的非碳基负极材料大致有以下几种：硅基材料、纳米氧化物、钛基材料、氮化物、锡基材料、新型合金和其他负极材料。

硅有晶体和无定形两种形式，锂插入硅是一个无序化的过程，可以形成 $Li_{22}Si_4$

的化合物，可逆容量高达800mAh/g以上，但因容量衰减速度快导致其循环次数少。将硅和石墨的沥青进行高温裂解处理可以制备得到Si/C复合物，该材料的可逆容量高，如果在前驱体过程中加入少量$CaCO_3$，可以达到提高电池充放电速度的目的，抑制电池的可逆容量损失。锡基材料起源于日本的电子工业，如松下和富士公司，主要包括锡的氧化物、复合氧化物和锡盐。锡的氧化物有三种：氧化亚锡、氧化锡和两种混合物，SnO_2的容量较石墨材料要高，但是循环次数少。SnO_2可以分为单晶和多晶，其首次不可逆容量大，但循环性能不理想。复合氧化物有两种，分别为合金型和离子型。合金型负极材料的可逆容量随着循环次数的增加急剧下降，而离子型材料的可逆容量减少较慢。锡盐如$SnSO_4$和$SnPO_4Cl$均可充当锂电池的负极材料，主要以合金型机理进行锂的插入和脱插，具有较高的可逆容量，稳定性能也好，循环100次后的容量为570mAh/g。

合金因其具有加工性能及导电性能良好、对环境敏感性弱和充放电速度快等特点，成为一种比较理想的负极材料，主要有锡基合金、硅基合金、锑基合金和镁基合金。对于金属锡，可以与聚氧化乙烯和无机粒子聚合物进行复合，减少了界面电荷的传递阻抗，提高了低温下的电化学性能。通过机械化学方法，硅和金属镁也可以形成合金。由于锑的化学性能与硅、锡比较相近，锂离子插入后可以和锑形成Li、Sb，可作为有应用前景的负极材料。其他合金包括锗基合金、铝基合金和铅基合金，都可以作为锂电池的负极材料。

其他非碳基负极材料，如铁的氧化物、铬的氧化物、钼的氧化物和磷化物等也是较理想的负极材料。铁资源丰富，价格便宜，没有毒性，但目前对其机理的研究比较少。磷化物包括Cu_3P、CoP_3、MnP_4等，其在空气中非常稳定。锂离子电池储锂容量衰减的一个重要原因就是过充电。各种类型的锂离子电池都有较大的容量衰减，这些副反应会导致活性物质和电解液的消耗，从而使电池容量下降。

二、加入过充保护剂

电池过充电不仅会在电池的正负极和电解质中引发一系列副反应，导致材料的活性降低和电解质的消耗，造成电池容量的损失，同时还会放出热量引发电池温度和内压迅速升高，加剧副反应。当温度和内压增加到一定程度时，电池就会有爆炸的危险。目前应对电池过充的电解质添加剂主要有氧化还原对、电聚合保护和热聚合保护三种。过充电保护剂必须满足两个基本要求：

(1) 它们的氧化电位应该在阴极充电截止电势和电解液氧化分解电势之间；

(2) 过充保护添加剂不能对电池的循环效率造成负面影响。

过充保护是通过在电解液中添加某种物质，利用其氧化还原电位或电聚合电位来控制电池的过充电。过充保护添加剂一般具有良好的溶解性、较大的扩散速率、良好的稳定性以及合适的氧化电位等特点。

(一) 氧化还原保护添加剂

氧化还原对添加剂实现过充保护的原理是：在电解液中添加合适的添加剂，形成氧化还原对，当电池正常充电时，该氧化还原对不参加任何化学或电化学反应；当充电电压超过电池的正常充电截止电压时，添加剂开始在正极发生氧化反应。氧化产物扩散到负极被还原，发生还原反应，还原产物再扩散到正极被氧化，整个过程循环进行，直到电池的过充电结束。

因此，在电池充电满后，氧化还原对就在正极和负极之间穿梭，吸收多余的电荷，形成内部防过充电机制，显著改善电池的安全性能和循环性能。由于氧化还原对发挥作用时必须经历氧化—扩散—还原三个过程，因此对氧化还原对添加剂的要求也十分苛刻，主要包括：① 氧化还原对添加剂的化学状态必须非常稳定，不能与电池其他部分发生反应。② 添加剂氧化起始电位必须略高于电池最大正常工作电位。如果电位过低，则电池在储存时会发生自放电，造成容量的减少；如果电位过高，则不能有效防止电池过充。③ 氧化还原对添加剂必须有足够的浓度和扩散系数以承载足够大的氧化还原电流；氧化还原电流至少要和充电速率相适应。此外，理想的添加剂还必须可逆循环性好、电化学当量少、不易挥发、低毒、低成本等。

二茂铁及其衍生物在大部分锂离子电池所使用的有机溶剂中的溶解性和热稳定性较好，制备容易，价格便宜，可用作过充保护添加剂，但它们的氧化电势大部分在 3.0 ~ 3.5V，会导致电池充电尚未完成，而终止充电；Fe、Ru、Ir 和 Ce 等的邻菲啰啉和联吡啶络合物及其衍生物，在 4V 左右有很好的氧化还原特性，20mg/mL 的联吡啶高氯酸铁络合物 [Fe（bpy）$_3$-ClO$_4$]$_2$ 溶液对以 $Li_xMn_2O_4$ 为正极的电池有很好的过充保护作用，但这类化合物在有机电解液中的溶解度小，限制了广泛使用；噻蒽和 2，7- 二乙酰基噻蒽具有比金属茂添加剂高的氧化还原电势，分别为 4.06 ~ 4.12V 和 4.19 ~ 4.30V，适合用在 $Li_xMn_2O_4$ 作正极的电池中；茴香醚和联（二）茴香醚在电池中的还原氧化过程为二电子反应，增加了添加剂传输电荷的能力，它们的氧化还原电势范围都在 4V 以上，另一类可能用在锂离子电池中的过充电保护添加剂。

引入卤素元素可以提高有机物分子的氧化还原电位。Taggougui 等在 2，5- 二特丁基 -1，4- 二甲氧基苯（DDB）中引入了 F 元素，得到了 2，5- 二氟 -1，4- 二甲氧基苯（F_2DMB）。F_2DMB 的氧化还原电位达到了 4.5V，在无定形碳电极上表现出很好的循环性能。但是，F_2DMB 在阴极材料表面上的电化学性能不佳。在 $LiPLi_4Ti_5O_{12}$ 体系中，F2DMB 或其氧化物会与电解液或电极材料反应生成一层致密

膜覆盖在 Li_4TiSO_2 表面而影响锂离子的嵌入，显著减小材料的容量，尤其是在电池高倍率循环时。但是，他们没有进一步探讨这层膜的性质。类似地，Moshurchak 等在三苯胺分子中引入电负性较高的溴原子，将氧化电位从三苯胺的 3.76V 分别提高到三（4- 溴苯）胺的 3.90V 和三（2，4- 二溴苯）胺的 4.30V，最高氧化还原电流则进一步降低。加入溴原子还抑制了三苯胺的聚合作用，减少了二聚物、四苯基联苯胺等物质的产生。但是，引入溴原子对三苯胺的溶解度有一定影响。

目前，氧化还原添加剂使用中存在的主要问题是：第一，氧化还原剂发生作用时在电池内部反应会产生大量的热，对电池安全构成威胁；第二，添加剂分解会产生气体，造成电池内部胀气；第三，目前正在研究中的大部分氧化还原剂存在溶解度低、扩散速度慢的缺点，不能适应大电流充放电的要求。因此，单独使用此法并不能完全确保电池的安全或满足电池的实际需求，需与其他方法配合使用才行。

（二）电聚合过充保护添加剂

过充电的一个显著特征就是电池电压失控。因此，在电解液中加入少量的可聚合单体，利用电聚合原理，当电池电压超过一定值时，使单体发生聚合。生成的聚合物附着在电极表面，或者穿透隔膜形成高导电性的通道将本该通过电极、电解质传导的离子替代为电子，将充电电流在电池的正负极之间发生旁路，使电池无法继续充电；或者生成高阻抗的膜，增大电池内阻，将充电过程强制结束。

对于电聚合添加剂而言，除了满足锂离子电池溶剂的特性之外，还要具备以下特点。

（1）适合的聚合电位：聚合电位要高于电池正极充放电的电位，同时还要低于正极材料与电解液发生剧烈放热反应的电位。

（2）较高的电聚合氧化电流：保证大电流过充下的安全性。以下对典型的几类电聚合添加剂进行综述和分析。

联苯、3- 氯噻吩、呋喃、环己苯及其衍生物等芳香族化合物，在一定的电势下发生电聚合反应，生成的导电聚合物膜造成电池内部微短路，使电池自放电至安全状态。电聚合产物使电池的内阻升高、内压增大，增强了与其联用的保护装置的灵敏度，若将此种方法与安全装置（内压开关，PTC）联用，可将锂离子电池中的安全隐患降低。电聚合添加剂的聚合反应电势应该介于溶剂的分解电压与电池的充电终止电压之间，要根据溶剂的分解电压与添加剂的聚合电压，选择合适的添加剂。添加剂的用量通常不超过电解液总量的 10%。

联苯可以作为锂离子电池的过充保护添加剂。当电池过充到 4.7V 时，联苯发生电聚合反应，增大电池内阻。同时，反应生成的氢气激活防爆阀，使电池开路。用

SEM 观察联苯聚合体在电极表面的形貌发现，如果过充时间很长，聚合单体在正极形成的聚合膜会变厚，穿透隔膜到达负极，在两电极间形成短路，消耗多余电流，防止电池电压继续升高。研究还表明，加入 10%WT 的联苯后，电池的放电容量仅降低 2.2%；电池在充放电 100 个循环后，电量损失仅 10%。如果提高联苯的浓度，发现电解液聚合反应速度加快，电池的最高温度降低，但电池的循环性能降低，胀气程度增大。为改善电池的循环性能，他们在加入联苯的同时，又加入了叔戊基苯，电池循环性能略有提高，300 次循环后电池容量仍能保持在 82% 以上。联苯与叔戊基苯的共同使用对锰酸锂、镍酸锂、钴酸锂为正极材料的 18650 电池都有明显的过充保护作用。为了抑制电池胀气，Roh 等在电解液中加入 6%WT 联苯的同时，又加入了 2%WT 的含氮化合物和少量的萘 21，82 磺酸内酯，抑制了电池的体积膨胀，电池通过了 1CP12V 和 2CP12V 的过充试验。

杂环有机化合物是另一类重要的电聚合过充保护添加剂。Watanabe 等研究了芳基金刚烷：芳烃和烷基类化合物取代位置对氧化电位与充放电循环效率的影响。他们发现，芳基金刚烷如 1-（对 - 甲基苯）金刚烷、1-（间 - 甲基苯）金刚烷、1-（邻 - 甲基苯）金刚烷和 1-（4- 乙基苯）金刚烷在氧化电位（4.63 ~ 4.88V）和电池循环效率（大于 90%）方面都优于联苯。随后，他们又考察了含有杂原子（N、O、F、Si、P 或 S）的有机物作为电聚合保护添加剂的可行性。发现在含有芳基硅烷的电解质中，过充保护添加剂三甲基 -3，5- 二甲苯基硅烷具有合适的氧化电位（4.75V）和与甲苯基金刚烷一样高的充放电循环效率（90%）。从室温变化到 60℃时，三甲基 −3，5- 二甲苯基硅烷的氧化电位只降低了 0.07V，适于作为过充电保护添加剂。他们认为，其他有带 3，5- 二甲苯基基团的有机硅化物，如 3，5- 二甲苯基三经基硅烷和二（3，5- 甲苯基）二经基硅烷，也可能具有与三甲基 -3，5- 二甲苯基硅烷相似的氧化电位与充放电循环效率。

以上都是电聚合产物作为电子导体的过充保护添加剂。另一类过充保护添加剂的电聚合产物则是高阻抗物质。它们附着在电极片或隔膜上，增大电池的内阻，使充电过程结束。通过研究一系列甲基苯的衍生物甲苯、二甲苯和 1，2，4- 三甲苯作为电池 $CP1molPLLiPF_6+EC+DECPLiCoO_2$ 体系的电聚合添加剂的电化学行为，发现二甲苯的添加量为 5% 时聚合效果最好。当发生过充（超过 4.5V）时，添加剂就会在正极表面聚合生成一层致密的电绝缘物质，阻止电活性材料和电解质的进一步氧化，改善锂离子电池对过充电的承受能力。低含量的添加剂能起到过充保护作用的原因是，当充电电压达到二甲苯的氧化电位时，二甲苯就开始在正极表面发生聚合反应，每个二甲苯分子释放出 2 个质子。质子扩散到负极处并在那里还原为氢分子。这些氢分子又在正极处氧化为质子。这一质子 – 氢气循环实际成为往返于正负电极之间的氧化还原梭。使用含5%添加剂的电解液的600mA·h锂离子电池可耐3C、10V过充，添加剂对处于正常充放电状态电池的电化学性能影响很小。

电聚合过充保护添加剂的共同缺点是这种过充保护是一次性的。电聚合添加剂发挥作用的同时，电池寿命也告终结。

三、加入阻燃添加剂

造成锂离子电池燃烧爆炸的直接原因是内外短路或充放电电流过大引起的电池温度迅速升高，以及由于电池过充过放引起的电解质分解产生的大量气体与热量引起电池温度升高与内部压力过大。同时，过高的内部温度也是造成电解质分解和电极材料的化学反应活性过高的重要诱因。电池安全性添加剂的基本作用就是阻止电池温度过度升高和将电池电压限定在可控范围内。因此，添加剂的设计也是从温度和充电电位诱发添加剂发挥作用的角度进行考虑的。

由于目前的锂离子电池多使用极易燃烧的碳酸酯类有机电解液，电池过充、过放和过热都有可能引起电池燃烧甚至爆炸。因此，在电池的主体材料（包括电极材料、电解质材料和隔膜材料）在短时间内不可能发生根本改变的情况下，改善电解液的稳定性是提高锂离子电池安全性的一条重要途径。功能添加剂具有针对性强、用量少的特点，在不增加或基本不增加电池成本、不改变生产工艺的情况下，显著改善电池的某些宏观性能。因此，功能添加剂成为当今锂离子电池有机液体电解质的一个研究热点。

为了抑制电解液的燃烧，可以采用在电解液中添加阻燃剂的方法，当阻燃剂达到一定浓度后可以完全抑制电解液的燃烧，或者采用本身具有不燃性质的氟代酯类作电解液的溶剂。但是目前报道的阻燃剂往往在较高浓度时与电池的碳负极相容性较差，因此限制了其广泛的应用。除以上已经广泛采用的机械方法和正在研究的化学方法外，还有很多正在研究的安全措施，如在 $LiCoO_2$ 表面包覆 $AIPO_4$ 提高其安全性，采用离子液体作为电解液或者在电解液中添加热失控抑制剂等。

（一）阻燃机理

锂离子电池电解液阻燃添加剂最早源于高分子聚合物阻燃剂的研究。由于被阻燃物质的存在状态不同，其阻燃机制与高分子材料的阻燃机制也有所不同。目前为人们普遍接受的锂离子电池电解液阻燃添加剂的作用机制是自由基捕获机制。如三甲基磷酸酯（TMP），在受热时气化分解，释放出具有捕获电解液体系中氢自由基（H#）的阻燃自由基（如P#自由基），阻止碳氢化合物燃烧或爆炸的链式反应发生。显然，阻燃剂的蒸气压和阻燃自由基的含量是决定阻燃剂阻燃性能的重要指标。就电解液体系而言，溶剂的闪点和含氢量在很大程度上决定其易燃程度。溶剂的沸点越低，含氢量越高，在受热条件下就越容易发生燃烧或爆炸，在对这样的溶剂进行阻燃时所需阻燃剂的用量也就越大。目前，用于锂离子电池电解液阻燃添加剂的化合物主要是有机磷化物、有机卤化物和磷2卤、磷2氮复合有机化合物。

在电解液中添加高沸点、高闪点的阻燃剂，可改善锂离子电池的安全性能。阻燃添加剂的主要作用是改善负极和电解液的热稳定性，从而达到阻燃效果。3-苯基磷酸酯TPP和3-丁基磷酸酯TBP也可作为锂离子电池电解液阻燃添加剂。

（二）阻燃添加剂

有机磷化物阻燃剂主要包括一些烷基磷酸酯、烷基亚磷酸酯、氟化磷酸酯以及磷腈类化合物。这些化合物常温下是液体，与非水介质有一定的互溶性，是锂离子电池电解液重要的阻燃添加剂。烷基磷酸酯如磷酸三甲酯（TMP）、磷酸三乙酯（TEP）、磷酸三丁酯（TBP）、磷酸三苯酯（TPP）、二甲基甲基磷酸酯（DMMP）、亚丙基磷酸乙酯（EEP），磷腈类化合物如六甲基磷腈（HMPN），烷基亚磷酸酯如亚磷酸三甲酯（TMPI）、三-(2，2，2-三氟乙基）亚磷酸酯（TTFP），氟化磷酸酯如三-(2，2，2-三氟乙基）磷酸酯（TFP）、二-(2，2，2-三氟乙基)-甲基磷酸酯（BMP）、(2，2，2-三氟乙基)-二乙基磷酸酯（TDP），苯辛基磷酸盐（DPOF）等都是良好的阻燃添加剂。比较发现TEP和TMP在石墨电极上不稳定，而HMPN的熔点和黏度较高。为了改善这些缺点，在磷酸盐中引入了氟元素，合成了TFP、BMP和TDP，并考察了它们对锂离子电池电解液的阻燃作用和电化学性能的影响，发现三种添加剂都能保持电解液的电导率和优良的电化学性能。其中，氟化磷酸酯的阻燃效果明显优于相应的烷基磷酸酯，并以TFP的综合性能最佳。

1. 有机卤化物阻燃剂

有机卤化物阻燃剂主要是指含氟的有机阻燃剂。锂离子电池-水溶剂中的H被F取代后，其物化性质会发生一系列变化，如熔点降低（有助于提高锂离子电池低温性能）、黏度降低（有利于载流子迁移，提高电解质电导率）、化学和电化学稳定性提高（改善了电池循环性能）、闪点升高等。以氟取代氢降低了溶剂分子的含氢量，也就降低了溶剂的可燃性。因此，利用F元素的阻燃特性，以有机氟化溶剂作添加剂或共溶剂可以改善电池在受热、过充电状态下的安全性能。作锂离子电池添加剂或共溶剂的氟化有机溶剂主要包括氟代环状碳酸酯、氟代链状碳酸酯以及烷基-全氟代烷基醚等。

2. 复合阻燃剂

复合阻燃剂兼有多种阻燃剂的特性，其阻燃元素间的协同作用可提高阻燃剂的阻燃效果，降低阻燃剂用量，因此成为现代阻燃剂的发展方向。目前，锂离子电池电解液中的复合阻燃添加剂主要是磷 - 氮类化合物（P-N）和卤化磷酸酯（P-X），阻燃剂通过两种阻燃元素的协同作用发挥阻燃效果。卤化磷酸酯主要是氟代磷酸酯。与烷基磷酸酯相比，氟代磷酸酯具有下列优点。

（1）F 和 P 都是具有阻燃作用的元素。阻燃剂中同时含有 F 元素和 P 元素，阻燃效果更加明显。

（2）电解液组分中含有 F 原子有助于在电极界面形成优良的 SEI 膜，改善电解液与负极材料间的相容性。

（3）F 原子削弱了分子间的黏性力，使分子、离子的移动阻力减小，所以氟代磷酸酯的沸点、黏度都比相应的烷基磷酸酯低。

（4）氟代磷酸酯的电化学稳定性和热力学稳定性较好，利于电解液表现出较佳的综合性能。前面提到的 TFP、BMP、TDP、DPOF 等本身就是复合阻燃添加剂。

虽然有多种物质作为阻燃剂都可以得到很好的阻燃效果，但是目前各种阻燃剂存在的缺点也是显而易见的。首先，阻燃添加剂对锂离子电池带来的最大影响是降低了电池的循环稳定性。许多研究者发现，如果单独使用阻燃添加剂，在电池的首次循环过程中阻燃剂不能在电池的碳素类负极材料上分解形成稳定的 SEI 膜，石墨层结构剥离比较严重，电池的循环性衰减较快，电池的安全性提高也不明显。解决的办法是在电解液中再加入成膜添加剂如碳酸亚乙烯酯（VC）或碳酸乙烯亚乙酯（VEC）。这时，由于成膜添加剂的还原电位高于阻燃添加剂的还原电位，结果在放电过程中成膜添加剂优先还原，还原产物在石墨负极表面形成良好的 SEI 膜，有效抑制了阻燃剂的分解和由于共嵌入而导致的石墨负极脱落。但随着膜厚增加，电池内阻增加又会导致电池容量降低。其次，由于烷基磷酸酯黏度通常都比较大，因此在电解质中加入这类阻燃添加剂会在一定程度上降低电解液的电导率和电化学稳定性，影响电池的大电流充放电能力。

四、热敏感添加剂

为了防止过充状态热失控行为的发生，实际应用中电池外部往往配置一个正温度系数（PTC）电阻片。当电池温度超过某一个设定值时，电阻的阻值会随着温度的升高而迅速增加。利用这一 PTC 效应，当电池温度出现异常升高时降低或切断充放电电流。这一方法虽然简单，但并不十分可靠。由于电池外壳的温度升高要滞后于电池内部，配置在电池外壳上的 TC 电阻片并不能及时、准确地感受到电池内部的实际温度。对电池充放电表明，当电池在室温附近正常工作时，PTC 材料对电池没有任何影响。当电极温度在 80 ~ 100℃，PTC 效应逐渐显现出来。随着温度的升高，材料电阻增大。当温度超过 100℃时，电池电阻急剧增大，电池充电电流迅速减小，大大提高了电池的安全性能。当电池回归正常温度范围时，PTC 材料自身的阻抗又变小，电池也能正常充放电。与电聚合过充保护剂相比，PTC 添加剂材料的优势是非常明显的，因此值得大力开发。但是，目前已发现的具有 PTC 效应的材料大多数是无机物如 $BaTiO_3$、V_2O_5 等，此类材料产生 PTC 效应的温度较高，因此不能应用于锂离子电池。为锂离子电池找到合适温度效应的 PTC 材料是关键，目前这方面的研究很少。

为提高锂离子电池的安全性能，在电解液中添加 SEI 膜促进剂、过充保护剂、阻燃剂等方面的研究已取得了较大的成果，部分添加剂已经实用化。目前含 SEI 膜促进剂电解液的锂离子电池在作为后备电源方面体现出整体性能优势，而含有安全机制电解液的锂离子电池的安全性也提高到人们可以接受的程度。通过采用专门的充电电路、设置安全阀和热敏电阻等外部手段和内在的电化学安全机制相结合，可以使锂离子电池的安全性能得到保证。

安全问题是对锂离子电池实际应用的一个重大挑战。大电流充放电时，电池内部的热积累极易导致热失控，甚至引起电池的燃烧和爆炸。其症结主要源自具有低燃点的有机电解液，所以减少电解液的可燃性成为解决锂电池安全问题的主要途径。但研究表明，电池安全性能的提高常以其电化学性能的下降为代价。这主要归因于电解液组分的改变影响了碳负极表面 SEI 膜的组成和性能。目前提出选择功能性添加剂，如氟代苯基硼烷类和磷氰类化合物等，它们能使电池的安全性能得到改善，而且由于其含量较少，所以对电化学性能的影响也较小，成为研究的热点。

五、材料表面包覆

（一）氧化物包覆

在锂离子电池中，可以通过用一些金属氧化物包覆材料颗粒的表面，以避免在材料表面发生一些不希望发生的反应并保护体相材料。例如，表面包覆 MgO 的 $LiCoO_2$ 正极材料，可以使得商品 $LiCoO_2$ 的电化学性能得到显著改善。

目前关于包覆用的氧化物的材料种类较多，由于 Al_2O_3 是较早用于包覆的氧化物，因此对它的研究也比较系统。Al_2O_3 包覆最初只是用于提高正极材料的循环稳定性，但是之后对 Al_2O_3-$LiCoO_2$ 材料的研究表明，Al_2O_3 能够明显提高正极材料的过充热稳定性。

对于氧化物提高材料热稳定性的机理，目前研究者的观点却不尽相同，有学者认为 Al_2O_3 是较好的导热材料，包覆增加了材料的表面积，使材料的散热能力增加，从而提高了热稳定性。但是增加了散热能力并不能够减少总的放热量，而多数研究者发现氧化物包覆可以减少总的放热量、提高放热温度。另外有人认为提高热稳定性的原因主要是减少了活性材料与电解液之间的反应面积。包覆材料能够稳定基体材料的相变也是提高性能的一个主要原因。

(二) 磷酸盐包覆（M=Al、Fe、Co）

在磷酸盐材料中 $AlPO_4$ 包覆正极材料是研究较早的一种，目前对它的研究也较为系统。研究表明，$AlPO_4$-$LiCoO_2$ 比 $Li_{1.05}Mn_{1.95}O_4$ 有更好的耐过充性能，两种电池在 2C、12V 过充中都没有发生热失控，但是 $Li_{1.05}Mn_{1.95}O_4$ 电池最高表面温度达到 110℃，而 $AlPO_4$-$LiCoO_2$ 电池最高表面温度仅为 90℃。与 Al_2O_3 包覆相比，$AlPO_4$ 包覆具有更好的耐过充性能，1C、12V 过充测试中，Al_2O_3-$LiCoO_2$ 电池表面温度超过 500℃发生热失控，而 $AlPO_4$-$LiCoO_2$ 最高温度仅为 60℃。$FePO_4$ 及 $Co_2(PO_4)_2$ 作为包覆材料也表现出较好的耐过充性能。对于 MPO_4 提高正极材料的过充稳定性的机理分析，主要是表面的包覆材料中 P-O 共价键的结合很牢固，这对材料过充稳定性有很大的帮助。最近研究表明，与 MPO_4 结构相似的硅酸盐也表现出相似的性能，这对包覆材料的开发又开辟了一片新的空间。

(三) 其他包覆

Al_2O_3 在包覆正极材料时会受到电解液中 HF 酸的腐蚀从而在材料表面生成稳定的 AlF_3，研究表明，AlF_3 包覆 $LiNi_{1/3}$-$Mn_{1/3}Co_{1/3}O_2$ 能够明显提高材料的热稳定性。其他氧化物在表面包覆中也同样可能会捕捉氢氟酸生成氟化物，因此其他氟化物也可以在正极材料表面修饰中使用。此外，$Al(OH)_3$ 包覆、碳包覆和有机物包覆也可以提高正极材料的热稳定性。总之，尽管目前不能从理论上确定哪种类型的包覆材料最适合于表面修饰，但是包覆材料通常应具有较高的稳定性，材料包覆后稳定了被包覆材料在过充中的结构，可减少脱锂后正极材料与电解液之间的反应，同时减少正极材料过充中的释氧，因此提高了正极材料的耐过充性能。

六、材料掺杂改性

(一) 阳离子掺杂

最初阳离子掺杂的主要目的在于提高材料结构稳定性从而提高材料循环性能，随着人们对掺杂的深入研究发现，掺杂后材料在深度脱锂状态下具有较稳定的结构，使材料热稳定性明显提高。镁离子掺杂能够明显提高 $LiNi_{0.6}Co_{0.25}Mn_{0.15}O_2$ 的热稳定性，脱锂 80% 状态下放热温度比未掺杂时提高 20℃。多种元素的掺杂能够进一步提高材料的热稳定性，S.Madhavi 等人研究了 Al、Mg 的掺杂对 $LiNi_{0.7}Co_{0.3}O_2$ 热稳定性的影响，4.3V 充电态的 $LiNi_{0.7}Co_{0.3}O_2$ 放热始于 223℃，当 Al 掺杂后材料的放热起始温度并没有发生移动，但是放热量明显减少。当掺入 Mg 后，$Li(Ni_{0.7}Co_{0.3})_{0.9}Al_{0.05}Mg_{0.05}O_2$ 放热起始温度提高到 256℃，热稳定性进一步得到提高。

（二）氟离子掺杂

氟离子取代正极材料中的部分氧离子能够稳定正极材料的结构，使材料在循环过程中及过充条件下的稳定性增加，从而提高材料的安全性。另外，F 的掺杂减少了材料在高电位下的释氧，抑制电解液的氧化，从而提高材料的安全性。

与包覆相比，离子掺杂只是起到稳定材料结构的作用，不能减少脱锂材料与电解液之间直接接触的面积，掺杂材料的包覆对材料热稳定有很大的提高，但是工艺相对复杂。

七、隔膜防护

当电池由于针刺或挤压等造成很大的电流通过电池，造成电池温度上升时，电池内部的多孔隔膜迅速软化，由于电池卷芯较紧，隔膜受到挤压，多孔结构相互粘连而形成一种几乎完全封闭的结构，因而不能再为离子的传输提供通道，此时流过电池的电流被迅速切断，安全性能较好的电池针刺后温度迅速上升，但是在达到隔膜的软化温度时开始下降，电池不再发生危险。

但是如果隔膜在升温时没有形成较好的封闭结构，或者受力不均匀引发收缩变形造成电池内部短路，此时电池就很容易上升到很高的温度而发生危险。采用熔点分别为 125℃、300℃的两种隔膜组成复合隔膜，制成 5A · h 软包装电池和 10A · h 方形电池分别进行了过充电、过放电、短路、针刺等安全测试。试验结果表明，由于复合隔膜提高了电池的耐温能力，从而提高了电池的安全性。

第三节　锂离子电池结构的设计

电池的使用环境千差万别，不同的电池有不同的使用环境要求，甚至相同的电池使用环境也有天壤之别，更要关注的是电池在误用或滥用条件下如何保证安全，长期循环的锂离子电池的耐热扰动及耐滥用能力变差。为避免电池在滥用时由于电池内特定的能量输入导致组成物质物理或化学反应产生大量的热，需对不同结构的电池采用针对性设计。

一、单体锂离子电池内的安全机构

圆柱形锂离子电池。正极板和负极板卷成螺旋状，插在圆筒形的容器中，两极板之间夹入薄膜状隔板。在充放电过程中，为了使锂离子能够通过隔板，隔板上有亚微米级的微孔，电解液为有机溶剂。方形锂离子电池也有类似的安全机构。

使用过程中，为了防止因过充电、过放电、超温而损坏，单体锂离子电池内设有以下三种安全机构。

(1) 单体锂离子电池内，正极和正极板引线之间串联有正温度系数热敏电阻PTC。在正常工作温度下，PTC的阻值很小，不影响电池充放电。当因电池短路或过电流而使电池内部温度升高时，PTC的阻值增大。当电池内部温度超过设定的极限温度后，PTC将自动切断正极与正极板之间的电路，从而使锂离子电池停止工作。应当说明，锂离子电池的最高工作温度为60℃，但是在某些特殊情况下，锂离子电池的环境温度可能超过60℃。因此设定温度保护极限时，应当留有一定的余量。但是电池内部温度绝对不能超过120℃，否则电池内部将产生热失控，从而引起电池起火或爆炸。

(2) 锂离子电池的隔板选用特殊的材料，在正常工作范围内，锂离子可通过隔板上的微孔，在正负极板之间移动，当因电池短路或过电流而使电池内部温度超过极限温度时，隔板上的微孔将因隔板材料自动溶解而阻塞，锂离子不能在正负极板之间移动，电池内的化学反应终止，从而有效地防止锂离子电池起火或爆炸。

(3) 在单体锂离子电池的顶盖上，装有安全出气孔，电池正常工作时，该出气孔关闭。当因过充电而使电池内部气体压力超过极限值时，除了切断内部电路外，安全出气孔还将自动打开，使内部的气体迅速释放，有效地防止电池因内部气体压力过大而爆炸。

二、防爆设计

(一) 安全阀

当电池过充后电解液分解产生气体，或者由于受热后电解液汽化造成电池内部气体压力增加，防爆阀或防爆膜破裂，释放电池的内压。此外一般圆柱形电池正极盖帽中的防爆阀在变形的同时切断与电极片的连接，从而防止电池发生危险。

(二) 电池内安装温限或压限装置

如使用透气片，当达到一定温度或一定压力时，透气片破裂，气体逸出，电池不致爆炸。或使用紧急阀，当达到危险温度或危险压力（需经实际测试得出）时，通过紧急阀断开外部电路，使电池停止工作以避免燃烧或爆炸。

三、防过充设计

锂电池芯过充到电压高于4.2V后，会产生副作用。过充电压越高，危险性也就越高。锂电芯电压高于4.2V后，正极材料内剩下的锂原子数量不到一半，此时储存格常会垮掉，让电池容量产生永久性的下降。如果继续充电，由于负极的储存格已经装满了锂原子，后续的锂金属会堆积于负极材料表面。这些锂原子会由负极表面往锂离子来的方向长出树枝状结晶。这些锂金属结晶会穿过隔膜纸，使正负极短路。有时在短路发生前电池就先爆炸，这是因为在过充过程中，电解液等材料会裂解产生气体，使得电池外壳或压力阀鼓胀破裂，让氧气进去与堆积在负极表面的锂原子反应，进而爆炸。因此，锂电池充电时，一定要设定电压上限，才可以同时兼顾到电池的寿命、容量和安全性。最理想的充电电压上限为4.2V。

（一）外部串联具有正温度系数（PTC）的电阻片

研究结果表明，过充状态下高反应活性电极材料、电解液的氧化分解以及它们之间直接的化学反应引起的热失控是导致锂离子电池不安全行为的主要原因。为防止电池过充状态下的热失控，常常在应用中电池外部配置一个正温度系数（Positive Temperature Coefficient，PTC）电阻片。当电池温度超过一定值时，电阻片的阻值会随着温度的升高而迅速增加，利用这一PTC效应，当电池温度出现异常升高时降低或者切断充放电电流。当锂离子电池中因大电流、热等原因产生大量气体，内部压力很大时，将铝片向上挤压，发生弯曲形变，从而与正极引线发生分离使电流回路发生短路，从而起到抑制内部反应继续扩大，对电池提供一个保护作用的效果。

（二）泄气阀

对于圆柱形电池，由于电池内部具有放于正极端子与电极卷之间的限流装置PTC，电池过充时当电解液发生分解、电池温度迅速上升时，该装置开始作用并切断电流。而对于方形铝壳电池内部没有限流装置，并且由于铝比较软、易变形，所以需要在电池外部加上保护外壳来提高安全性。

采用铝塑包装膜制作的锂离子电池，尽管电池内部也没有限流装置，但是周密的设计加上电池外安全装置使电池更安全，尤其对于蜂窝电话使用的情况，这种结构已经在聚合物电池制造商普及。

对于圆柱与方形钢壳结构的锂离子电池，具有安全设计的顶部泄气阀结构，当电池内部产生大量气体时，内压升高，泄气阀开启自动泄气排压。除此功能外，还可以降低电池的温度以消除电池热失控。而对于铝塑包装膜电池，由于外包装是软性的铝塑膜，电池内部没有保护装置，因此对电池的设计要求更加苛刻。但是与圆柱钢壳电池相比，当发生误用与滥用时随着化学反应产生的气体逐步增大时，会将包装膜鼓胀或将铝膜焊封位置鼓破而泄压，从而保证了电池安全。

(三) 温度敏感电极

其原理与在电池外配置正温度系数的电阻片类似，在电极活性物涂层与集流体之间嵌入一层具有 PTC 效应的材料，使电极本身具有 PTC 效应。这样电极就能根据自身的温度变化调节通过电极的阻抗，准确及时地启动自我限流功能，从而为电池的热失控提供及时的保护。当以聚合物复合 PTC 材料作为电极黏结剂时，其在常温时作为导电网络将各个微区的反应电流汇集到电极集流体。当电极温度上升至一定值时，PTC 效应使原本的导电通道变成高阻网络，引起电极阻抗急剧增加而达到限流的作用。另一种电极结构是在电极活性物质层与导电基体之间放置一个 PTC 薄层，形同三明治结构。在常温时，导电性良好的 PTC 层并不影响活性物质层与基体间的电流传输，因此不会影响电极的正常充放电行为。当电极温度升高至需要控制时，PTC 层电阻的剧增形同在活性物质层与基体间建立起了阻塞层，抑制了两者之间电流的通过，从而降低或切断电极充放电电流。

(四) 电压敏感隔膜

电压敏感隔膜对电池的保护原理主要是利用聚合物在一定电位下的导电能力，当电池过充时，电聚合隔膜成为电子导体，使电池内部短路，防止电压进一步升高从而提高电池的安全性。

采用具有电化学活性的聚合物作为电池隔膜骨架材料，在电池正常的充放电压范围内，隔膜中的电活性聚合物处于未掺杂的本征态，隔膜为电子绝缘体，仅提供离子传输。

当电池处于过充状态时，正极电势上升，电活性聚合物因被氧化而发生 P 型掺杂，变成电子良导体，从而造成电池内部短路，消耗外部充电电流，防止电池电压进一步上升。

当停止过充后，正极电位由于隔膜形成的内部短路而降低。当低于活性聚合物材料的电氧化掺杂电势时，导电聚合物因可逆脱杂而恢复为绝缘态，此时隔膜恢复其正常功能。

利用导电聚合物的这种可逆掺杂脱杂性质可实现电池的可逆过充保护。

艾新平等在 $Li/LiMn_2O_4$ 电池中使用 PPP/PAn 复合膜，能够有效地将电压限制在 4.3V 以内。采用聚三苯胺和 PTFE 制作的隔膜可以将电压钳制在 3.8V 以下。除了以导电聚合物为骨架的电压敏感隔膜外，还可以直接将聚 3- 丁基噻吩注入锂离子电池，常用聚丙烯隔膜制备出电压敏感隔膜，该膜可以将 TiS、Li 电池的过充电压有效抑制在 4.0V 以下。选择适合电位的导电聚合物对电压敏感膜的应用有很大的影响，具有较高电压导通性的隔膜才能适用于多数锂离子电池正极材料。

尽管电压敏感隔膜能够实现电池内部组件本身提高电池耐过充能力的目标，但是目前仍处在研究阶段，电压敏感材料的电压工作范围不够理想，另外，新型隔膜的强度、韧性、吸液性仍需要改进。

四、防过放设计

锂电芯放电时也要有电压下限。当电芯电压低于 2.4V 时，部分材料会开始被破坏。又由于电池会自放电，放越久电压会越低，因此，放电时最好不要放到 2.4V 才停止。锂电池从 3.0V 放电到 2.4V 期间，所释放的能量只占电池容量的 3% 左右。因此，3.0V 是一个理想的放电截止电压。

充放电时，除了电压的限制，电流的限制也有其必要。电流过大时，锂离子来不及进入储存格，会聚集于材料表面。这些锂离子获得电子后，会在材料表面产生锂原子结晶，这与过充一样，会造成危险性。万一电池外壳破裂，就会爆炸。因此，对锂离子电池的保护，至少要包含充电电压上限、放电电压下限及电流上限三项。一般锂电池组内，除了锂电池芯外，都会有一片保护板，这片保护板主要就是提供这三项保护。

锂离子电池组放电时，要使用特殊的放电回路，以使某一电池的电压下降到下限时能自动断开放电回路，不使该电池出现过放电。电池组用完后应及时从设备中取出，切勿再用。

五、电极设计

在充电过程中，正极容量过多，会出现金属锂在负极表面沉积；负极容量过多，电池容量损失较严重，涂布厚度的均一性也会影响锂离子在活性物质中的嵌脱。若负极膜较厚、不均一，因充电过程中各处极化大小不同，有可能发生金属锂在负极表面的局部沉积。使用条件不当，也会引起电池短路。低温条件下，锂离子的沉积速度大于嵌入速度，会导致金属锂沉积在电极表面，从而引起短路。所以电极在设计上需要注意大小、形状、表面状态。

改善电流在电极上的均匀分布是提高电池安全性的有效措施。电流在电极上的整体分布存在两个著名的效应："极耳效应"和"边沿效应"，极大地影响电极活性物质的有效利用率。锂离子电池众多问题的产生就在极耳区。为改善锂离子电池电流均匀性，可在合理的空间内，通过加大极耳导流面积和采用多极耳设计形式，提高电池的安全性。

第四节　锂离子电池充电器的设计

一、锂离子电池

必须严格控制锂离子电池的充放电，以防止出现过充电和过放电情况。锂离子电池充电应使用专门的锂离子电池充电器，充电终止电压由充电器控制，对锂离子电池提供过充电保护、过放电保护、短路保护等。对于锂离子电池组的充放电，应有相应的电池管理系统。

锂离子电池充电过程通常可分为预充电、恒流充电、恒压充电和维护充电等。

在预充电状态下，充电器检测电池是否短路，电池组的极性是否接错。为了防止因充电电流过大而损坏锂离子电池，在预充电状态下，充电电流将以一定的速率逐渐上升，达到额定值后，充电电流才稳定不变。在恒流充电状态下，充电器还连续监控电池组的电压和温度，当单体电池的电压达到4.2V或电池组的温度超过60℃后，充电器将立即停止对锂离子电池充电，因而可有效地防止锂离子电池因过充电或温度过高带来的电池损坏与安全性问题。在恒压充电状态下，充电器可保证充电电压稳定在额定值的 ±50mV之内，有效地避免因电压波动过大而影响电池的寿命。在恒压充电过程中，智能充电器连续监控电池组的电压、电流、温度和充电时间。当单体电池的电压超过4.2V、温度超过60℃、充电电流超过规定值时，智能充电器都会立即中止锂离子电池充电。万一在电压、电流和温度控制失效的情况下，充电时间达到规定的最长充电时间后，充电器也能自动停止充电，从而可靠地避免锂离子电池因过充电而起火或爆炸。在维护充电状态下，充电电流将降到补偿自放电所需的最小电流，即使充电器长期加到电池组上，锂离子电池组也不会因过充电而损坏。

锂离子电池在实际应用中为了提高安全性，需要保护电路以防止过充或过放，并防止电池性能劣化。对保护IC的要求是：过充电保护的高精度；降低保护IC的耗电；过电流（短路）保护需有低检测电压及高精度；耐高电压；低电池功耗；0V可充电。

电池之所以要求在充电或放电过程中以及滥用条件下具有特殊的保护，是因为锂离子电池缺乏像水溶液体系气体重结合反应所固有的平衡调节机构，尤其当电池多只串联时需要及时的外置保护系统。基本的外置保护系统包括一个由芯片控制的旁路，当某只电池出现问题时如先于其他电池达到了充电或放电状态时，旁路电路被激活直到平衡达到，几近停止的充电或放电过程才继续。通过电池的充电状态（SOC）与开路电压（OCV）之间的关系，电路自动检测电压信号使旁路电路自动激发从而使电池达到接近满充或放尽，这样可以防止电池过充或过放。为了防止电池组内部温度过高，保护系统能够监控电池的温度并且当温度达到一定值时启动冷却系统。保护系统也可以在电池出现短路和其他瞬间事件时进行滥用保护，如果出现滥用或误用，锂离子电池可能由于出现大电流而遭到损坏。此时，其他安全装置进一步进行保护或限制损坏程度。例如，串联设置的限流装置，采用前述的聚合物开关 PTC，还有安全阀和聚烯烃隔膜。

二、多接口锂离子电池充电器

(一) 硬件电路设计

1. 锂离子电池充电器设计结构图

它由充电电源选择模块、锂离子电池充电模块、电压升压模块三部分组成。在设计中，该锂离子电池充电器可由一节普通的干电池或 USB 接口来供给对锂离子电池进行安全稳定的充电。

2. CN3051A/52A 简介

CN3051A/52A 是 500mAUSB 接口兼容的线性锂离子电池充电器电路。CN3051A 或 CN3052A 内部集成功率晶体管，不需要额外接外部的用来电流检测的电阻和阻流二极管。CN3051A/52A 可以用 USB 接口或交流适配器对单节锂离子或者锂 - 聚合物电池进行充电。该芯片只需要极少的外部元件，由于其内部有集成的功率晶体管，设计电路时不需要外接外部电流检测电阻和阻流二极管。这样电路变得简单，成本也相应大大降低。调制输出电压为 4.1V（CN3051A）或者 4.2V（CN3052A），精度达 1%。它的输入电压在 4.35V 到 6V。芯片对锂离子电池充电电流的大小可以通过一个外部电阻调整。当芯片上充电的输入电压 (交流适配器或者 USB 电源) 掉电时，CN3051A/CN3052A 自动进入低功耗的睡眠模式，此时锂离子电池的电流消耗小于 3μA，从而增加了充电器的待机时间。该芯片还有其他功能，包括输入电压过低锁存，自动再充电，芯片有可控制芯片工作的使能输入端、电池温度监控以及状态指示等功能。

CN3051A/CN3052A 芯片最主要的优点是它可以在充电的锂离子电池电压很低时采用小电流的预充电模式。这样就可以激活锂离子电池进行深度放电，并减少由此所带来的额外功耗。它还可以采用恒流、恒压或恒温的方式对锂离子电池进行充电，这样不仅可以保证供给锂离子电池充电时的充电电流最大化，又可以防止该充电芯片过热。当用户想通过自编程来控制该芯片对锂离子电池进行持续恒流充电时，它可提供的最大持续恒流充电电流最高可达 500mA。

3. 干电池升压电路

该锂离子电池可以用一节普通的 1.5V 的干电池来对锂离子电池进行充电。这是个升压电路。这个电路就是使 1.5V 的干电池的电压升到锂离子电池可以充电所需要的 5.0V 电压。这部分选用的是 ON 公司生产的 NCP1402 系列微功率 DC-DC 升压型转换器。NCP1402 系列微功率 DC-DC 升压型转换器是专为利用一个或两个电池组供设备而设计的。它总共有五个标准调节输出电压。在这个锂离子充电器中选用的是 5.0V 输出电压的芯片。该芯片片内集成有（脉冲频率调制）振荡器、PFM 制器、PFM 比较器、软启动电路、基准参考电压阻、驱动器、功率开关 MOSFET 和电流限制保护。它采用 SOT-23-5 小封装，可广泛用于手机、寻呼机、PDA、MP3、掌上游戏机、数码相机和手持仪器等便携式装置。

NCP1402 的起动电压可达 0.8V，这样它就可以在极低的电压下开始工作。一旦开始工作，它可以在 0.3V 电压继续工作。它的最大输出电流为 215mA。正常工作时，它需要外接的元件很少，只需要 3 个元件。它也有好的转换效率，为 85%。它输出电压的纹波很低、精度高。该芯片还有关断功能，在锂离子电池充电完毕时可以自动关闭，从而延长了外接干电池的可充电时间。它内部还有过流保护，过保护电流为 350mA。它一定要选用大阻抗的电感，电感值小时，则其输出电流较大，输出电压也会产生较大的纹波，最后会影响转换器的效率。这里推荐用的是 47uH 的贴片电感，并且其直流电阻要小，它的饱和电流也一定要大于 NCP1402 的峰值电流。二极管 D1 一定用低压降的肖特基二极管。因为在 DC-DC 转换电路中，二极管是一个主要的损耗源。用低压降的肖特基二极管可以减少该充电器的功耗。C1 和 C2 电容在选择时最好选用低 ESR 的贴片钽电容。其中 C1 为输入电容，它是容值为 10uF 的钽电容; C2 为输出电容，它的容值是 68uF 的钽电容。

4. 充电电源选择接口电路

在这个设计中，锂离子电池不仅可以用 USB 接口来充电，也可以用单节普通的 1.5V 的干电池来充电。这样就需要设计一个可以自动选择的电路来切换锂离子电池充电电源。它可以选择外部接入的电源来给锂离子电池充电。在这个选择电路中主要用了一个 P 沟道增强型的 MOSFET（25P03），用它可以自动选择外部的输入电源。在这个电路中，二极管也是一个主要的电能损耗源，为了降低电能损失，D1 一定不要选择压降大的硅管，一定要选择压降比较低的肖特基二极管。肖特基二极管 D1

是用来防止 USB 接口通过电阻 R1 消耗能量。注意，在这个电路中当二者共同存在时，USB 接口具有最高的优先级。

（二）锂离子充电器设计精要

通常认为锂电池是没有记忆效应的，其实锂电池仍然有记忆，它只是和其他充电电池（如镍氢电池）相比情况轻微。如果对锂离子电池长期充电方法正确，锂离子电池也会出现严重的记忆效应。因此，锂离子电池仍然要采取用完再充电的方法才能确保较长的使用时间。充电前，锂离子电池不需要专门放电，放电不当反而会损坏电池。充电时尽量以慢充充电，减少快充方式。充电时间一定不要超过 24h。锂离子电池需要经过 3 至 5 次完全充放电循环后其内部的化学物质才会被全部“激活”，从而使锂离子电池达到最佳使用效果。在使用锂离子电池中应注意的是，锂离子电池放置一段时间后则进入休眠状态，此时容量低于正常值，使用时间亦随之缩短。但锂离子电池很容易被激活，只要经过 3 到 5 次正常的充放电循环就可激活该锂离子电池，恢复正常容量。锂离子电池的寿命决定于反复充放电次数，所以应尽量避免电池有余电时充电，这样会缩短电池的寿命。

由锂离子电池的特性可知，在充电器的设计中一定要注意锂离子电池的过充保护、过放保护和短路保护。在锂离子电池充满电后就要自动停止对其充电。而当锂离子电池用到 3.2V 就会自动停止放电。最重要的是当锂离子电池不小心短路要有保护电路，从而自动断开连接，以保护锂离子电池不受太大的损伤。

在这个锂离子充电器的设计中，当芯片 CN3051A/CN3052A 在充电周期开始时，此时要是待充电的锂离子电池的电压低于 3V，则该充电器就处于预充电状态，充电器将以恒流充电模式充电电流的 10% 对锂离子电池进行充电。在恒流模式时它的充电电流计算公式为 I=1800/R，其中 I 为充电器的充电电流，Rser 是芯片 ISRT 管脚对地的电阻值。为了保证良好的稳定性和温度特性，可用于测量充电电流大小的电阻 Rser 最好用精度为 1% 的金属膜电阻。

芯片 CN3051A/CN3052A 有一个使能输入脚，脚电压如果低于 0.75V 时，则芯片内部的电路和功率晶体管都被关断。当这个引脚的电压超过 2V 电压时，这个芯片将开始工作。当这个管脚的电压在 0.75V 到 2.0V 时，芯片 CN3051A/CN3052A 将处于不确定状态。因此该引脚一定要加一个确定的电压，以保证该芯片可以正常稳定地工作。

在充电器的 PCB 板设计中，要注意以下几点。

（1）芯片 CN3051A/CN3052A 的第二个管脚 ISET 的充电电流的编程电阻一定要靠近芯片 CN3051A/CN3052A。这样就会使第 2 管脚的寄生电容变小。

（2）第4脚的VIN电容和第5管脚的输出电容及串联的电阻也要靠近芯片CN3051A/CN3052A。

（3）芯片CN3051A/CN3052A的走线一定要注意散热性。每个脚的铜层面积一定要大，也要多放些过孔，这样就可以提高电路板的热处理能力。这个芯片还一定要远离除充电器外的热源。

（4）芯片CN3051A/CN3052A的温度可能会很高，用来测量电池温度的NTC电阻一定要远离CN3051A/CN3052A芯片。否则NTC电阻的变化不能正常反映电池温度的变化。这样就会出现不良后果，甚至会引起锂离子电池爆炸。

第五节　改进安全性的其他保护措施

一、电池储存中的安全措施

锂离子电池在储存及使用时，要注意正确的方法，例如，环境温度、湿度等。锂离子电池在储存或使用间隙较长时，电量应保持标准电量的30%～50%，大约每半年要至少充放电一次。此外，不可将锂离子电池进行外部短路或放置在危险的环境中，否则会影响到电池的安全。

二、电池使用中的安全措施

使用条件对锂离子电池的安全性有明显影响，锂离子电池在使用过程中，其安全性越来越低。锂离子电池经高温、高荷电态储存后，锂离子电池的安全性能下降。放电态储存对于锂离子电池是一种较好的储存条件，有利于储存后电池综合性能的保持。另外，采用安全的保护电路和电池管理系统，防止用户的电池外部过热、短路、过充电、过放电，以提高锂离子电池的安全性。

温度对电池系统的运行、充放电效率、功率与能量、安全与可靠性、寿命和成本都有重要影响。对于电池组而言，其表面不同位置（点）存在温差，组间阻抗不一致，而电池局部热传导的差异，可进一步增大阻抗的差异，同时电池组间热传输效率也存在差异，其强烈依赖于电池的形状与尺寸及组合方式，从而进一步增大电池组间温差与阻抗。

对于动力电池用锂离子电池组，可以采用物理与化学热控方法，如强迫对流散热法（冷水循环、风机抽走热量）和PCM法（相变材料如工业石蜡，放电时石蜡吸收电池内部产生的热而熔化，充电时石蜡将凝固）来提高电池（组）的安全性。

三、浅析锂离子电池的安全问题及措施

(一) 影响锂离子电池安全问题的因素

1. 滥用

目前商业化的锂离子电池大部分采用的是有机溶剂电解质，其极易燃烧，特别是电解液中的线型碳酸酯具有较高的蒸气压和较低的闪点。在一些滥用状态下，如在高温、过充电、针刺穿透以及挤压等情况下，容易导致电极和有机电解液之间发生反应，如有机电解液的剧烈氧化、还原或正极分解产生的氧气进一步与有机电解液反应等，这些反应产生的大量热量如不能及时散失到周围环境中，必将导致热失控的产生，最终导致电池的燃烧或爆炸。

2. 电解质对锂离子电池安全问题的影响

电解液作为锂离子电池的血液，电解液的性质直接决定了电池的性能，对电池的容量、工作温度范围、循环性能及安全性能都有重要的作用。

(1) 电解液本身的安全性。电解液本身相当于可燃物，其闪点相对较低。

(2) 电极有机电解液相互作用的热稳定性是制约锂离子电池安全性的首要因素。

电解液使用的溶剂通常为有机碳酸酯类化合物，其活性高、易燃烧。处于充电状态时，正极材料为强氧化性化合物，而负极材料为强还原性化合物；在滥用情况下，强氧化性的正极材料稳定性一般较差，很容易释放出氧气，碳酸酯极易与氧气反应，释放出大量的热和气体，反应所产生的热量又进一步加速了正极的分解，从而促进了更多热反应的进行，同时强还原性负极的活泼性接近于金属锂，其与氧接触会立即燃烧并引燃电解液、隔膜等，从而导致电池的热失控，使电池产生燃烧和爆炸。同时由于在上述反应过程中生成的氧气量有限，导致电解液的不完全燃烧，但这种燃烧仍会产生大量的热和气体，导致电池系统的破坏，也由此打开一个缺口，使得气体或气溶胶从电池内部喷出，与空气充分发生反应，导致剧烈的燃烧，甚至爆炸。

3. 电池的环境温度

当电池的环境温度足以引发正极电解液反应的时候，就会导致电池的热失控状态，而高活性的不稳定电解液就像在电池热失控这把火上浇了一桶油，从而使得电池燃烧，进而发生爆炸。

(二) 提高和改善电池安全性能的途径

1. 正确使用电池避免滥用

(1) 按照标准的时间和程序充电。电池的激活并不需要特别的方法，在手机正

常使用中锂电池会自然激活。过充和过放电会对锂电池，特别是液体锂造成巨大的伤害。

（2）当出现手机电量过低提示时，应该尽量及时充电。“尽量把手机电池的电量用完，最好用到自动关机”的做法其实只是对于镍电池而言，目的是避免记忆效应发生，对锂电池来说并不存在记忆效应。

2. 改进电解液体系

使用相对更安全的电解液体系，即使热失控发生，也不会因为易燃电解质存在而导致电池燃烧或者爆炸。对电解液的改善则应从以下方面着手。

（1）提高电解液中有机溶剂纯度。微量杂质的存在对电池性能的影响非常大，提高电解液中有机溶剂的纯度，可以保证电解液中有机溶剂较高的氧化电位，减缓 SEI 膜的溶解，防止气胀。

（2）选择热稳定性好的锂盐，锂盐主要有 $LiPF_6$、$LiCl_4$、$LiBF_4$ 和 $LiAsF_6$。使用 $LiC1_4$ 的电池高温性能较差，且 $LiC1_4$ 受撞击容易爆炸；$LiBF_6$ 的热稳定性差，$LiAsF_6$ 有毒且价格昂贵。因此，这三种锂盐仅在实验室有所使用。目前锂离子电池中最常用的电解质盐是 $LiPF_6$。但其热稳定性也不理想，且制备过程比较复杂，遇水容易分解。因此，寻求能替代 $LiPF_6$ 的新型锂盐是提高电池安全性能的途径之一。

（3）电解液主要由有机溶剂和锂盐两部分组成，电解液的性能主要由溶剂和锂盐的配比所决定。在电解液中，若使用熔点低、沸点高且分解电压高的有机溶剂，就能在某种程度上提高锂离子电池安全性能。

（4）电解液中添加阻燃剂。锂离子电池电解液在受热的情况下，容易发生氢氧自由基的链式反应，通过添加阻燃添加剂可以最大限度地阻止和干扰氢氧自由基的链式反应。目前认可的锂离子电池电解液阻燃添加剂的作用机制是自由基捕获机制。这种机制的中心思想是：阻燃添加剂受热时会释放出具有阻燃性能的自由基，其可以捕获气相中的氢自由基或氢氧自由基，从而达到阻止氢氧自由基的链式反应的目的。

四、锂电池的不安全性原因分析

（一）锂电池的不安全性原因分析

锂离子电池安全性问题的根本原因是其内在必备的低电位负极、高电位正极和非水有机溶液体系。主要是：

（1）电池本身含有锂：当过充时，正极材料脱锂，具有强氧化能力，或者正极材料直接放出氧，使电解液氧化。同时，负极表面 SEI 膜先分解，锂不能嵌入负极而沉积出金属锂，伴随这些过程产生的热效应，若温度过高升至 170℃以上，锂可能会熔化，进而使电解液强烈氧化。在短时间内各个反应相继发生致使热量积聚起来，当大于热逸出速率时，电池出现热失控。

(2) 电池内为有机溶剂：电解液中的溶剂主要成分为有机碳酸酯，闪点很低，沸点也较低，在一定条件下会燃烧甚至爆炸。

(3) 内部短路：黏结剂的晶化、铜枝晶的形成、活性物质剥落等均易造成电池内部短路。

(4) 锂有机溶剂与空气接触后更容易起火燃烧。

目前，对于锂离子电池的安全性问题，主要从两大方面来考虑：一是着眼于锂离子电池本身，积极提高电池材料本身性能，改进电池结构设计等；二是着眼于锂离子电池的管理技术，对锂离子电池充放电进行实时监控和及时处理，保证锂离子电池的使用安全。

(二) 锂离子的安全性设计

由于锂离子电池比能量高且电解液大多为有机易燃物等，当电池热量产生速度大于散热速度时，就有可能出现安全性问题。为保证锂离子电池安全使用，需从电极、电池结构、环境适应性、材料选用、成组技术等方面进行安全性设计。

1. 电极

锂枝晶的形成，是锂离子电池短路的原因之一。以碳负极替代金属锂片负极，使锂在负极表面的沉积和溶解变为锂在碳颗粒中的嵌脱，防止了锂枝晶的形成。在充电过程中，正极容量过多，会出现金属锂在负极表面沉积；负极容量过多，电池容量损失较严重，涂布厚度的均一性也会影响锂离子在活性物质中的嵌脱。若负极膜较厚、不均一，因充电过程中各处极化大小不同，有可能发生金属锂在负极表面的局部沉积。使用条件不当，也会引起电池短路。低温条件下，锂离子的沉积速度大于嵌入速度，会导致金属锂沉积在电极表面，从而引起短路。

改善电流在电极上的均匀分布是提高电池安全性的有效措施。电流在电极上的整体分布存在两个著名的效应："极耳效应"和"边沿效应"，极大地影响电极活性物质的有效利用率。采用傅立叶级数形式的电流分布函数表明：电极放大十倍包括相似放大在内，电流分布均匀度将下降十分之一，而不均匀的主要结果为"极耳效应"，严重"极耳效应"就会引起"极耳区"活性物质的脱落。锂离子电池众多问题的产生就在极耳区。为改善锂离子电池电流均匀性，可在合理的空间内，通过加大极耳导流面积和采用多极耳设计形式，提高电池的安全性。

2. 材料、结构

(1) 负极材料。在现代化社会的发展中，负极材料会使得锂离子电池安全性能受到一定的影响，具体体现在以下方面：第一，固态电解质界面膜分解。虽然负极表面固态电解质界面膜分解反应热相对较小，但其分解反应热起始温度较低，在反应热的不断积累中会直接扩散到负极极片，对锂离子电池的热稳定性带来不利影响。因此，固态电解质界面膜直接影响着锂离子电池的高温储存性。第二，电池负极与电解液发生反应。嵌入负极的锂离子在高温状态下会和电解液中的有机溶剂进行反应，而电解液自身的有机溶剂闪点较低，在热量的积累中会出现起火问题。第三，黏结剂。锂离子电池负极中存在一定的质量分数黏结剂，这就使得嵌锂在高温状态下和黏结剂发生反应，使得嵌锂温度不断升高，对电池的安全性能造成一定的影响。

（2）正极材料。正极材料在一定程度上影响着锂离子电池的安全性能，具体体现在热稳定性、过充安全性等方面。尤其是正极材料也会对电解液发生反应出现放热，这样正极活性物质会被分解而产生氧气，氧气与电解液的反应和放热也会对锂电池的安全性能造成一定的影响，不同正极活性物质与电解质发生放热反应产生的温度和分解温度都存在很大差异。

金慧芬等采用加速量热仪对商业化锂离子电池及正负极材料热稳定性进行 ARC 测试，结果表明随着开路电压升高电池起始放热反应温度下降并且电池的自加热速率增大，因而电池安全性下降；循环次数以及容量对电池的起始放热反应温度影响不大，但随着循环次数以及容量的增加，电池的自加热速率增加，因而电池热安全性总体来说也在下降。正负极材料热分析表明，负极在 60℃左右开始放热，而正极在 110℃左右开始放热，但正极放热反应比负极剧烈，是导致电池爆炸失控的主要原因。

研究发现，锂离子电池内可能发生的副反应主要有以下几个方面：负极与电解质的反应；电解质的热分解；电解质在正极区的氧化反应；正极的热分解；负极的热分解。因此，提高热稳定性是提高锂离子电池安全性的基础。

当电池温度迅速上升时，不同正极材料的电池安全性各不相同。其中以磷酸铁锂为正极材料的电池安全性能最好，而镍钴锰酸锂电池又好于钴酸锂电池。由于电池的其他部分基本相同，因此正极材料的安全性就决定了电池的安全性差异。

锂离子电池的性能和稳定性方面，电解液一直是关键影响因素。电解液需要与电池体系的特点相适应，锂盐的浓度、溶剂的种类以及升温速率对电解液体系的热稳定性有影响。合适的添加剂能够弥补电解液在某些方面的不足，特别是对正极和负极表面上保护膜（SEI 膜）的形成，已经取得了许多成果。

以上研究表明：为了提高锂离子电池的安全性，可以采取如下措施。

（1）研制新的正极材料以提高引发脱锂正极材料与电解质的反应温度；

（2）设计安全的电子装置，在电池表面温度达到 180℃前，该装置发出警报或切断环路电流；

(3) 采用沸点高的溶剂组成电解液体系，在电池内引发放热反应时多吸收一部分热量；

(4) 使用新型隔膜材料吸收更多的热量，进一步防止由于隔膜热闭合后正负极内部短路而导致大量地释放热；

(5) 改进锂离子电池安全性的电解液添加剂；

(6) 电池使用条件、电池壳体选材及安全性设计；

(7) 确定合理的使用方式。

3. 电池使用

使用条件对锂离子电池的安全性有明显影响，张传喜提出了锂离子动力电池失效性原则：锂离子电池在使用过程中，其安全性是越来越低。李佳等以锂离子电池的储存和安全性为切入点，研究了不同储存条件（荷电态、温度和时间）对锂离子电池综合性能的影响。经高温、高荷电态储存后，锂离子电池的安全性能下降，不能通过过充电安全测试，结果着火烧毁，着火前电池表面温度可升至100℃以上；而以放电态高温储存后，电池可以顺利通过过充电测试，表面温度最高只有42℃，略高于新电池。由此可以看出，放电态储存对于锂离子电池是一种较好的储存条件，有利于储存后电池综合性能的保持。胡国信等采用安全的保护电路和电池管理系统，防止用户的电池外部过热、短路、过充电、过放电，以提高锂离子电池的安全性。

4. 成组技术

锂离子电池不一致性主要有两个方面的原因。

(1) 在制造过程中，由于工艺问题和材质的不均匀，使电池极板厚度、微孔率、活性物质的活化程度等存在微小差别，这种电池内部结构和材质上的不完全一致性，就会使同一批次出厂的同一型号电池的容量、内阻等参数值不可能完全一致；

(2) 在使用时，由于电池组中各个电池的温度、通风条件、自放电程度、电解液密度等差别的影响，在一定程度上增加了电池电压、内阻及容量等参数的不一致性。

王震坡等根据已验证的不一致性影响电动车电池组使用寿命的数学模型及容量衰减系数的影响因素分析可知，容量衰减系数是随电池使用工况、环境等因素变化而变化的参数。

成组锂离子电池应充分考虑使用工况、电池组的连接方式、电池组的使用环境和电池组中单体电池数量以选择合适的使用寿命，避免由于单体电池的不一致导致成组电池出现安全性问题。

参考文献

[1] 蔺爱国 . 石油化工 [M]. 北京：石油工业出版社，2019.

[2] 余江平，赵茹，唐江明 . 石油化工与安全生产 [M]. 哈尔滨：哈尔滨出版社，2023.

[3] 山红红，张孔远 . 石油化工工艺学 [M]. 北京：科学出版社，2019.

[4] 崔举，王再红，梁瑞 . 化工设备安全管理 [M]. 长春：吉林科学技术出版社，2022.

[5] 李慧 . 化工生产安全技术 [M]. 北京：中国环境出版有限责任公司，2021.

[6] 中国安全生产科学研究院 . 化工安全（2020 版）[M]. 北京：应急管理出版社，2020.

[7] 臧利敏，杨超 . 材料及化工生产安全与环保 [M]. 成都：电子科技大学出版社，2019.

[8] 宋婷，王缠和，安少康 . 化工技术与企业安全管理研究 [M]. 北京：文化发展出版社，2019.

[9] 张晓宇 . 化工安全与环保 [M]. 北京：北京理工大学出版社，2020.

[10] 程金新 . 危险化学品事故侦检 [M]. 北京：现代出版社，2021.

[11] 应急管理部化学品登记中心 . 危险化学品事故应急处置与救援 [M]. 北京：应急管理出版社，2020.

[12] 蔡东升 . 危险化学品事故应急处置指南 [M]. 上海：上海科学普及出版社，2020.

[13] 虞谦，虞汉华 . 危险化学品经营安全管理 [M]. 南京：东南大学出版社，2020.

[14] 杨大瀚 . 中国地方政府危险化学品安全生产监管研究 [M]. 沈阳：东北大学出版社，2020.

[15] 广东省安全生产监督管理局，广东省安全生产技术中心 . 危险化学品企业安全生产监督管理工作指南 [M]. 广州：华南理工大学出版社，2016.

[16] 黄剑波 . 应急管理与安全生产监管简明读本 [M]. 长春：吉林人民出版社，2020.

[17] [加] 易卜拉欣 · 丁塞尔，[土耳其] 哈利勒 S. 哈姆特，纳德 · 加瓦尼 . 电动汽车动力电池热管理技术 [M]. 雍安姣，项阳，吝理妮，等译 . 北京：机械工业出版社，2021.

[18] 肖成伟 . 电动汽车工程手册：第 4 卷动力蓄电池 [M]. 北京：机械工业出版社，2020.

[19] 徐晓明，胡东海 . 动力电池系统设计 [M]. 北京：机械工业出版社，2019.

[20] 李晓宇，王震坡 . 新能源汽车动力电池安全管理算法设计 [M]. 北京：机械工业出版社，2023.

[21] 惠东，李相俊，杨凯，等 . 锂离子电池储能系统集成与一致性管理 [M]. 北京：机械工业出版社，2023.

[22] 金阳 . 锂离子电池储能电站早期安全预警及防护 [M]. 第 1 版 . 北京：机械工业出版社，2022.

[23] 王兵舰，张秀珍 . 锂电池及其安全 [M]. 北京：冶金工业出版社，2022.